线性代数

向 文 黄友霞 金红伟 主编

U0290967

北京邮电大学出版社
www.buptpress.com

内 容 简 介

本书从简单的矩阵讲起，介绍了行列式、线性方程组、相似矩阵以及二次型，建立起“以矩阵为主要工具，以线性方程组为主线，以初等变换为主要方法”的体系结构。全书共5章：矩阵及其基本运算、矩阵的初等变换及运算、线性方程组及向量的线性相关性、相似矩阵、二次型，并在每章附有应用实例，培养学生运用所学知识解决实际问题的能力，达到应用型人才培养的目的。

图书在版编目（CIP）数据

线性代数 / 向文，黄友霞，金红伟主编．-- 北京：北京邮电大学出版社，2016.5（2017.7 重印）
ISBN 978-7-5635-4740-1

Ⅰ．①线… Ⅱ．①向… ②黄… ③金… Ⅲ．①线性代数 Ⅳ．①O151.2

中国版本图书馆 CIP 数据核字（2016）第 076431 号

书　　　名： 线性代数
著作责任者： 向　文　黄友霞　金红伟　主编
责 任 编 辑： 王丹丹　刘　佳
出 版 发 行： 北京邮电大学出版社
社　　　址： 北京市海淀区西土城路 10 号（邮编：100876）
发　行　部： 电话：010-62282185　传真：010-62283578
E-mail： publish@bupt.edu.cn
经　　　销： 各地新华书店
印　　　刷： 保定市中画美凯印刷有限公司
开　　　本： 787 mm×960 mm　1/16
印　　　张： 9.5
字　　　数： 204 千字
版　　　次： 2016 年 5 月第 1 版　　2017 年 7 月第 2 次印刷

ISBN 978-7-5635-4740-1　　定　价：20.00 元

· **如有印装质量问题，请与北京邮电大学出版社发行部联系** ·

前　言

随着科学技术的发展和计算机的广泛应用，线性代数的作用越来越重要，它和高等数学、概率论与数理统计成为高等院校培养应用型人才的三门重要的数学基础课。

这门课大多在大一时开设，且大多数教材以行列式开头，但是行列式既难懂又不直观，其定义的引入也往往缺乏动因。学生学起来晦涩难懂，教师也容易在行列式烦琐的计算上消耗很多学时，从而导致线性代数的教学有种头重脚轻的感觉。这本书抛弃了这种传统的做法，遵循大一学生的认知规律，首先从简单的矩阵讲起，进而介绍行列式、线性方程组、相似矩阵以及二次型，建立起"以矩阵为主要工具，以线性方程组为主线，以初等变换为主要方法"的体系结构。

线性代数学完后，不少学生的印象就停留在不停地计算上，不知道在实际中到底如何用，不符合高等院校应用型人才培养的目标。本书在编写时便致力于搭建理论与实践的桥梁，在每章都附有应用举例，能激发学生的积极性，培养学生运用所学知识解决实际问题的能力。

本书结构新颖，内容丰富，阐述深入浅出，有大量实际应用问题。适合作为高等院校理工经管类本科各专业线性代数教材，也可作为自学者选用或者作为电大、函授类理工经管本科各专业使用。全书前 4 章约需 32 学时，第 5 章约需 6 学时。

本书第 1、2 章由黄友霞老师编写，第 3、4 章由向文老师编写，第 5 章由金红伟老师负责编写。首先衷心感谢教研室同事以及北京邮电大学出版社老师提供的帮助与给出的合理化建议。同时在编写过程中，参考了大量的国内外相关教材和资料，并选用了其中部分例题和习题，谨向相关作者、编者表示感谢。由于编者水平有限，加之时间比较仓促，书中难免有不妥之处，敬请广大专家、同行和读者批评指正，以便在今后的教学实践中不断完善和提高。

该著作出版受北京市教委青年英才项目资助。项目编号：YETP1953。

前言

目　　录

第 1 章　矩阵及其基本运算 …… 1

1.1　线性方程组与矩阵 …… 1

1.1.1　线性方程组及高斯消元法 …… 1

1.1.2　矩阵的概念 …… 3

习题 1.1 …… 8

1.2　矩阵的运算 …… 9

1.2.1　矩阵的加法 …… 9

1.2.2　矩阵的数乘 …… 11

1.2.3　矩阵的乘法 …… 12

1.2.4　矩阵的转置 …… 17

习题 1.2 …… 18

1.3　可逆矩阵 …… 20

1.3.1　可逆矩阵的概念 …… 20

1.3.2　可逆矩阵的性质 …… 22

习题 1.3 …… 23

1.4　分块矩阵 …… 23

1.4.1　矩阵的分块 …… 23

1.4.2　分块矩阵的运算性质 …… 24

习题 1.4 …… 28

1.5　应用举例 …… 29

1.5.1　矩阵在销售情况统计中的应用 …… 29

1.5.2　矩阵在电路设计问题中的应用 …… 30

1.5.3　邻接矩阵及其应用 …… 32

第 2 章　矩阵的初等变换及方阵的行列式 …… 34

2.1　矩阵的初等变换与初等矩阵 …… 34

2.1.1　矩阵的初等变换 …… 34

2.1.2　初等矩阵 …… 38

2.1.3　用初等变换求矩阵的逆矩阵 …… 40

习题 2.1 …… 42
2.2 矩阵的秩…… 43
2.2.1 引例…… 43
2.2.2 矩阵的标准形与矩阵的秩…… 45
2.2.3 矩阵秩的性质…… 47
习题 2.2 …… 48
2.3 方阵的行列式…… 49
2.3.1 二、三元线性方程组与二、三阶行列式…… 49
2.3.2 行列式的性质…… 55
2.3.3 行列式的计算…… 58
习题 2.3 …… 61
2.4 行列式的应用…… 63
2.4.1 利用行列式求矩阵的逆矩阵…… 63
2.4.2 行列式与矩阵的秩…… 65
2.4.3 克莱姆法则…… 66
习题 2.4 …… 68
2.5 应用举例…… 69
2.5.1 利用行列式求平行四边形的面积…… 69
2.5.2 行列式在经济上的应用…… 71
2.5.3 矩阵运算在密码学中的应用…… 71

第3章 线性方程组及向量的线性相关性 …… 73

3.1 线性方程组有解的判定定理…… 73
3.1.1 线性方程组求解…… 73
3.1.2 线性方程组解的判定…… 77
习题 3.1 …… 78
3.2 向量的线性组合和线性表示…… 80
3.2.1 n 维向量及其线性运算 …… 80
3.2.2 向量的线性组合和线性表示…… 82
习题 3.2 …… 83
3.3 向量间的线性关系…… 84
3.3.1 线性相关性概念…… 84
3.3.2 线性相关性的判定…… 86
习题 3.3 …… 88
3.4 向量组的秩…… 89

3.4.1　极大线性无关组…………………………………………………… 89
3.4.2　向量组的秩…………………………………………………… 89
习题 3.4 ……………………………………………………………… 90
3.5　线性方程组解的结构…………………………………………… 91
3.5.1　齐次线性方程组解的结构………………………………… 91
3.5.2　非齐次线性方程组解的结构……………………………… 93
习题 3.5 ……………………………………………………………… 95
3.6　应用举例………………………………………………………… 95
3.6.1　交通流量…………………………………………………… 95
3.6.2　市场占有率的稳态向量…………………………………… 97
3.6.3　阅读问题…………………………………………………… 98

第 4 章　相似矩阵 ……………………………………………………… 99

4.1　方阵的特征值与特征向量……………………………………… 99
4.1.1　方阵的特征值的定义……………………………………… 99
4.1.2　特征值、特征向量的基本性质…………………………… 101
习题 4.1 ……………………………………………………………… 103
4.2　相似矩阵及矩阵对角化条件 ………………………………… 104
4.2.1　相似矩阵的定义 ………………………………………… 104
4.2.2　相似矩阵的性质 ………………………………………… 105
4.2.3　方阵对角化 ……………………………………………… 105
习题 4.2 ……………………………………………………………… 110
4.3　正交矩阵 ……………………………………………………… 110
4.3.1　向量的内积 ……………………………………………… 111
4.3.2　正交向量组 ……………………………………………… 112
4.3.3　正交矩阵 ………………………………………………… 113
习题 4.3 ……………………………………………………………… 114
4.4　实对称矩阵的对角化 ………………………………………… 114
4.4.1　实对称矩阵的特征值与特征向量 ……………………… 114
4.4.2　实对称矩阵的对角化 …………………………………… 115
习题 4.4 ……………………………………………………………… 116
4.5　应用举例 ……………………………………………………… 117
4.5.1　色盲遗传模型 …………………………………………… 117
4.5.2　兔子与狐狸的生态模型 ………………………………… 118

第 5 章　二次型………………………………………… 121
5.1　二次型的概念 ……………………………………… 121
5.1.1　二次型及其矩阵表示 …………………………… 121
5.1.2　二次型的标准形 ………………………………… 122
习题 5.1 ……………………………………………………… 123
5.2　实二次型的标准形 ………………………………… 124
习题 5.2 ……………………………………………………… 128
5.3　实二次型的正定性 ………………………………… 128
5.3.1　正定二次型概念及其判断 ……………………… 128
5.3.2　正定矩阵及其判别 ……………………………… 129
习题 5.3 ……………………………………………………… 130
5.4　应用举例 …………………………………………… 131
5.4.1　多元函数极值 …………………………………… 131
5.4.2　证明不等式 ……………………………………… 132
5.4.3　二次曲线 ………………………………………… 132
参考答案……………………………………………………… 134

第 1 章　矩阵及其基本运算

矩阵是数学中的一个重要概念，也是线性代数的一个主要研究对象之一.作为一种数学工具，它在工程技术和经济管理等方面有着广泛的应用.本章将从大家熟悉的二、三元线性方程组出发，引出矩阵的概念，然后介绍矩阵的一些运算，在 1.5 节将给出与这些运算相关的应用实例.

1.1　线性方程组与矩阵

1.1.1　线性方程组及高斯消元法

方程思想是数学中一种最基本、最常用的思想，通过列方程或者方程组可以解决大量的实际问题.然而在工程技术和生产实际中经常要考虑多个变量的问题，这些变量间的关系往往比较复杂，鉴于其简单和便利性，线性方程组可能是解决这类问题最有效的工具了.

例 1.1　康熙皇帝有一年微服私访，在集市上看见甲、乙两个公差在欺负一个伙计，伙计求两公差："这位大爷，按我们事先讲好的价钱，您买 1 匹马、1 头牛，是 10 两银子；您买 2 匹马，4 头牛，是 28 两银子.可是现在您买了 3 匹马，5 头牛一共只给了我 30 两，我可亏不起这么多啊！"这时，身穿便服的康熙走到公差的面前说："买卖公平，这是天经地义的事，该多少就是多少，怎么能仗势欺人？"甲公差见此人教训他们，大怒："你知道一匹马，一头牛是什么价？"康熙冷笑道："马每匹 6 两，牛每头 4 两！"这时，随从亮出康熙的身份，两公差连忙跪下求饶.请问，康熙皇帝算对了吗，是怎么算出来的呢？公差应该付给伙计多少两银子？

解：设马每匹 x_1 两银子，牛每头 x_2 两银子，根据伙计与公差事先的约定，可以建立以下方程组：

$$\begin{cases} x_1 + x_2 = 10 \\ 2x_1 + 4x_2 = 28 \end{cases}$$

这是一个二元一次线性方程组，将上式中第二个方程两端同时乘以 1/2 可得：

$$\begin{cases} x_1 + x_2 = 10 \\ x_1 + 2x_2 = 14 \end{cases}$$

根据加减消元法，将上式第一个方程乘以-1加到第二个方程，可得：

$$\begin{cases} x_1+x_2=10 \\ x_2=4 \end{cases}$$

然后将x_2的值代入第一个方程可得：

$$\begin{cases} x_1=6 \\ x_2=4 \end{cases}$$

可见康熙皇帝的答案完全正确.按照他们约定的单价，公差应该付给伙计$3\times6+5\times4=38$两银子.

例 1.2 求解三元一次方程组

$$\begin{cases} 2x_1+3x_2-3x_3=9 \\ x_1+2x_2+x_3=4 \\ 3x_1+7x_2+4x_3=19 \end{cases} \tag{1.1}$$

解：交换(1.1)式中的第一个方程和第二个方程的位置可得

$$\begin{cases} x_1+2x_2+x_3=4 \\ 2x_1+3x_2-3x_3=9 \\ 3x_1+7x_2+4x_3=19 \end{cases} \tag{1.2}$$

分别将(1.2)式中的第一个方程的-2倍和-3倍加到第二、三个方程可得：

$$\begin{cases} x_1+2x_2+x_3=4 \\ -x_2-5x_3=1 \\ x_2+x_3=7 \end{cases} \tag{1.3}$$

将(1.3)式中的第二个方程加到第三个方程后可得：

$$\begin{cases} x_1+2x_2+x_3=4 \\ -x_2-5x_3=1 \\ -4x_3=8 \end{cases} \tag{1.4}$$

形如(1.4)的方程组称为**行阶梯形方程组**.这样的阶梯形方程组可以通过“回代”的方式方便的逐个求出它的解.具体过程如下：

将(1.4)的第三个方程两端同乘以$-1/4$可得：

$$\begin{cases} x_1+2x_2+x_3=4 \\ -x_2-5x_3=1 \\ x_3=-2 \end{cases} \tag{1.5}$$

将x_3的值依次代入(1.5)式的第二和第一个方程可得：

$$\begin{cases} x_1+2x_2=6 \\ -x_2=-9 \\ x_3=-2 \end{cases} \tag{1.6}$$

将(1.6)式第二个方程两端同乘以－1 可得：

$$\begin{cases} x_1+2x_2 = 6 \\ x_2 = 9 \\ x_3=-2 \end{cases} \tag{1.7}$$

然后(1.7)式中第二个方程乘以－2 加到第一个方程可得：

$$\begin{cases} x_1 = -12 \\ x_2 = 9 \\ x_3 = -2 \end{cases} \tag{1.8}$$

不难看出方程组(1.8)也是一个行阶梯形方程组，与(1.4)式不同的是，它只保留了系数均为 1 的对角线方向的项，像这样的行阶梯形方程组又叫**行最简形方程组**，得到它也就求出了方程组的解.

从以上两个例子求解的过程不难发现，在用消元法求方程组的解时，对原方程组反复施行了以下三种变换：

(1) 互换两个方程的位置；

(2) 用一个非零数 k 乘以某个方程；

(3) 把一个方程的 k 倍加到另外一个方程上去.

对方程组实行以上三种变换后，并没有改变其解，故称以上三种变换为**同解变换**，也称在实行上述变换过程中出现的方程组与原方程组为**同解方程组**，或者叫**等价方程组**. 例如方程组(1.1)与(1.2)便是同解方程组.

以上求解方程组的方法称为消元法，它是线性方程组求解的一种基本方法，在约公元前 200 年就有中国人提出来了. 大约 1800 年，享有"数学王子"美誉的德国数学家高斯重新发现并对此方法作了严格证明，因而此方法一直被后来的学者称为"高斯消元法".

1.1.2　矩阵的概念

重新观察方程组(1.1)的求解过程可以发现，自始至终，方程组中的变量 x_1,x_2,x_3 并没有参与任何运算，参与运算过程的只是每个方程中这些变量的系数以及右端的常数列. 如果把方程组(1.1)的左端的系数和右端的常数列写成如下的数表：

$$(A \vdots b)=\begin{pmatrix} 2 & 3 & -3 & 9 \\ 1 & 2 & 1 & 4 \\ 3 & 7 & 4 & 19 \end{pmatrix}$$

其中，上述数表的行号表示方程的序号，前三列的列号表示未知数的序号(最后一列为右端常数列，如此也可以很方便地根据数表的形式恢复出方程组的形式). 同时，如果用 $r_i \leftrightarrow r_j$ 表示互换表中的第 i 行和第 j 行，$kr_i(k\neq 0)$表示将第 i 行的数全部变成原来的 k 倍，r_i+kr_j 表示将第 j 行的 k 倍加到第 i 行上去，则上述求解的过程完全可以直接描述成如下数表的变换过程：

$$(A \vdots b)=\begin{pmatrix}2&3&-3&9\\1&2&1&4\\3&7&4&19\end{pmatrix}\xrightarrow{r_1\leftrightarrow r_2}\begin{pmatrix}1&2&1&4\\2&3&-3&9\\3&7&4&19\end{pmatrix}\xrightarrow[r_3-3r_1]{r_2-2r_1}\begin{pmatrix}1&2&1&4\\0&-1&-5&1\\0&1&1&7\end{pmatrix}$$

$$\xrightarrow{r_3+r_2}\begin{pmatrix}1&2&1&4\\0&-1&-5&1\\0&0&-4&8\end{pmatrix}\xrightarrow{r_3\times\left(-\frac{1}{4}\right)}\begin{pmatrix}1&2&1&4\\0&-1&-5&1\\0&0&1&-2\end{pmatrix}\xrightarrow[r_1-r_3]{r_2+5r_3}\begin{pmatrix}1&2&0&6\\0&-1&0&-9\\0&0&1&-2\end{pmatrix}$$

$$\xrightarrow{r_2\times(-1)}\begin{pmatrix}1&2&0&6\\0&1&0&9\\0&0&1&-2\end{pmatrix}\xrightarrow{r_1-2r_2}\begin{pmatrix}1&0&0&-12\\0&1&0&9\\0&0&1&-2\end{pmatrix}$$

以上是这种矩形的数表在解方程组的过程中的应用,类似的问题还有:

例 1.3 假设某蔬菜批发市场批发蔬菜,它的两个分店二月份的蔬菜批发情况如表 1.1(单位:吨)所示.

表 1.1 二月份蔬菜批发情况

	大白菜	土豆	西红柿
一号店	15	28	12
二号店	14	16	25

将表中的数据摘出,且不改变他们的相对位置,便可得如下矩形数表:

$$\begin{pmatrix}15&28&12\\14&16&25\end{pmatrix}$$

从表中可以清楚地看出这个蔬菜批发市场两个分店的销售情况. 如第二行第三列的数据是“25”,表示二号店第三种蔬菜(西红柿)的销售量是 25 吨.

例 1.4 某航空公司在 A,B,C,D 四城市之间开辟了若干航线,表 1.2 表示了四城市间的航班情况,若从出发地到目的地有航班,则用“1”表示,若没有,则用“0”表示.

表 1.2 四个城市航班情况

	A(到达)	B(到达)	C(到达)	D(到达)
A(出发)	0	1	1	0
B(出发)	1	0	1	0
C(出发)	1	0	0	1
D(出发)	0	1	0	0

同样,上面的航班信息可以用如下矩形数表简单地表示.

$$\begin{pmatrix} 0 & 1 & 1 & 0 \\ 1 & 0 & 1 & 0 \\ 1 & 0 & 0 & 1 \\ 0 & 1 & 0 & 0 \end{pmatrix}$$

一般说来，不同类型的实际问题，会有不同形式的矩形数表，数学上把这种数字或者符号按一定规律排列成的一个矩形的结构称为矩阵.

定义 1.1　由 $m\times n$ 个数 $a_{ij}(i=1,2,\cdots,m,j=1,2,\cdots,n)$ 排成的 m 行 n 列的矩形表格

$$\begin{matrix} a_{11} & a_{12} & \cdots & a_{1n} \\ a_{21} & a_{22} & \cdots & a_{2n} \\ \vdots & \vdots & & \vdots \\ a_{m1} & a_{m2} & \cdots & a_{mn} \end{matrix}$$

称为 m 行 n 列的矩阵，简称 $m\times n$ 矩阵.

矩阵通常用大写字母 $\boldsymbol{A},\boldsymbol{B},\boldsymbol{C},\cdots$ 表示，为便于分辨，通常用括弧将矩阵两边括起来，记为如下形式：

$$\begin{pmatrix} a_{11} & a_{12} & \cdots & a_{1n} \\ a_{21} & a_{22} & \cdots & a_{2n} \\ \vdots & \vdots & & \vdots \\ a_{m1} & a_{m2} & \cdots & a_{mn} \end{pmatrix}$$

简记作 $\boldsymbol{A}=(a_{ij})_{m\times n}$，其中 a_{ij} 是第 i 行第 j 列交叉位置的数，也称之为矩阵 $\boldsymbol{A}$ 的第 i 行第 j 列的元素.

元素是实数的矩阵称为实矩阵，元素为复数的矩阵称为复矩阵. 对矩阵 $\boldsymbol{A}=(a_{ij})_{m\times n}$，若 $m=n$，称 $\boldsymbol{A}$ 为 n 阶矩阵，也叫 n 阶方阵，记作 $\boldsymbol{A}_n$，此时 a_{ii} 称为 $\boldsymbol{A}$ 的对角元素，元素 $a_{ii}(i=1,2,\cdots,n)$ 所在的直线称为矩阵 $\boldsymbol{A}$ 的主对角线.

若 $m=1$，则 $\boldsymbol{A}=(a_{11}\quad a_{12}\quad \cdots\quad a_{1n})$，称之为行矩阵，又称行向量；若 $n=1$，则 $\boldsymbol{A}=\begin{pmatrix} a_{11} \\ a_{21} \\ \vdots \\ a_{m1} \end{pmatrix}$，称之为列矩阵，又称列向量.

矩阵的行数和列数称为矩阵的型. 两个矩阵如果行数相等，列数也相等，则称之为同型矩阵.

例如，例 1.2 中方程组的系数数表 $\boldsymbol{A}=\begin{pmatrix} 2 & 3 & -3 \\ 1 & 2 & 1 \\ 3 & 7 & 4 \end{pmatrix}$ 是一个 3×3 的实矩阵，称之为方

程组(1.1)的**系数矩阵**,将方程组的右端常数列 $\boldsymbol{b}=\begin{pmatrix}9\\4\\19\end{pmatrix}$ 放在系数矩阵最后一列后面,所构成的 3×4 的实矩阵 $\boldsymbol{B}=\begin{pmatrix}2&3&-3&9\\1&2&1&4\\3&7&4&19\end{pmatrix}$ 称为方程组(1.1)的**增广矩阵**. 再如,例 1.4 中的数表 $\begin{pmatrix}0&1&1&0\\1&0&1&0\\1&0&0&1\\0&1&0&0\end{pmatrix}$ 是一个 4 阶方阵,这个矩阵中出现的元素只有 0 和 1,称具有这种结构特点的矩阵为**布尔矩阵**,布尔矩阵在研究离散系统问题方面有非常广泛的用途.

下面介绍一些今后常用的特殊矩阵.

零矩阵 $m\times n$ 个元素全为 0 的矩阵称为零矩阵,记作 $\boldsymbol{O}_{m\times n}$ 或 $\boldsymbol{O}$.

对角矩阵 除了主对角线上的元素以外,其余元素全为 0 的 n 阶方阵称为对角矩阵. 如

$$\boldsymbol{A}=\begin{pmatrix}a_{11}&0&0&0\\0&a_{22}&0&0\\0&0&\ddots&0\\0&0&0&a_{nn}\end{pmatrix}$$

对角矩阵也可以简记为 $\boldsymbol{A}=\mathrm{diag}(a_{11},a_{22},\cdots,a_{nn})$.

数量矩阵 当对角矩阵主对角线上的元素都相同时,称它为数量矩阵. 如

$$\boldsymbol{A}=\begin{pmatrix}a&0&\cdots&0\\0&a&\cdots&0\\\vdots&\vdots&&\vdots\\0&0&\cdots&a\end{pmatrix}_{n\times n}$$

单位矩阵 在上述数量矩阵中,若 $a=1$,则称之为 n 阶单位矩阵,单位矩阵通常用大写字母 $\boldsymbol{E}$ 或 $\boldsymbol{I}$ 表示,记为 $\boldsymbol{E}_n$ 或 $\boldsymbol{I}_n$(本教材用 $\boldsymbol{E}_n$ 表示),即

$$\boldsymbol{E}_n=\begin{pmatrix}1&0&\cdots&0\\0&1&\cdots&0\\\vdots&\vdots&&\vdots\\0&0&\cdots&1\end{pmatrix}_{n\times n} \quad 或\ \boldsymbol{E}_n=\begin{pmatrix}1&&&\\&1&&\\&&\ddots&\\&&&1\end{pmatrix}_{n\times n}$$

在不强调阶数的时候,通常直接用 $\boldsymbol{E}$ 表示单位阵.

上三角形矩阵 形如

$$\begin{pmatrix} a_{11} & a_{12} & \cdots & a_{1n} \\ 0 & a_{22} & \cdots & a_{2n} \\ 0 & 0 & & \vdots \\ 0 & 0 & \cdots & a_{mn} \end{pmatrix}$$

的矩阵称为上三角形矩阵.

下三角形矩阵　形如

$$\begin{pmatrix} a_{11} & 0 & 0 & 0 \\ a_{21} & a_{22} & 0 & 0 \\ \vdots & \vdots & & \vdots \\ a_{m1} & a_{m2} & \cdots & a_{mn} \end{pmatrix}$$

的矩阵称为下三角形矩阵.

例如,$\begin{pmatrix} 0 & 0 & 0 \\ 0 & 0 & 0 \end{pmatrix}$是一个 2×3 的零矩阵;$\begin{pmatrix} 1 & 0 \\ 0 & 1 \end{pmatrix}$是一个 2 阶单位阵.

对于更加一般的含有 n 个变量由 m 个方程构成的线性方程组

$$\begin{cases} a_{11}x_1+a_{12}x_2+\cdots+a_{1n}x_n=b_1 \\ a_{21}x_1+a_{22}x_2+\cdots+a_{2n}x_n=b_2 \\ \qquad\qquad\vdots \\ a_{m1}x_1+a_{m2}x_2+\cdots+a_{mn}x_n=b_m \end{cases}$$

其中 $x_1,x_2,\cdots,x_n$ 是未知数,$a_{ij}(i=1,2,\cdots,m,j=1,2,\cdots,n)$是系数,$b_1,b_2,\cdots,b_m$ 是常数项.

将上述方程组中对应的系数按顺序排成矩形数表

$$\boldsymbol{A}=\begin{pmatrix} a_{11} & a_{12} & \cdots & a_{1n} \\ a_{21} & a_{22} & \cdots & a_{2n} \\ \vdots & \vdots & & \vdots \\ a_{m1} & a_{m2} & \cdots & a_{mn} \end{pmatrix}$$

则 $\boldsymbol{A}$ 是一个 $m\times n$ 的矩阵,称为方程组的**系数矩阵**.

将方程组的右端常数列放在系数矩阵 $\boldsymbol{A}$ 第 n 列的后面,可得如下矩阵

$$\boldsymbol{B}=\begin{pmatrix} a_{11} & a_{12} & \cdots & a_{1n} & b_1 \\ a_{21} & a_{22} & \cdots & a_{2n} & b_2 \\ \vdots & \vdots & & \vdots & \vdots \\ a_{m1} & a_{m2} & \cdots & a_{mn} & b_m \end{pmatrix}$$

$\boldsymbol{B}$ 是一个 $m\times(n+1)$的矩阵,称为方程组的**增广矩阵**.

定义 1.2　设 $\boldsymbol{A}=(a_{ij})_{m\times n}$,$\boldsymbol{B}=(b_{ij})_{m\times n}$,若 $a_{ij}=b_{ij}(i=1,2,\cdots,m,j=1,2,\cdots,n)$,则称矩阵 $\boldsymbol{A}$ 与矩阵 $\boldsymbol{B}$ 相等,记作 $\boldsymbol{A}=\boldsymbol{B}$.

显然,两个矩阵要相等,首先要保证它们是同型矩阵.

例 1.5 设 $\boldsymbol{A}=\begin{pmatrix}3&1&2\\5&9&12\end{pmatrix}$,$\boldsymbol{B}=\begin{pmatrix}3&1&2x\\5&3y&4z\end{pmatrix}$,若 $\boldsymbol{A}=\boldsymbol{B}$,则 x,y,z 分别为多少?

解:根据矩阵相等的定义,有 $2x=2,3y=9,4z=12$,所以 $x=1,y=3,z=3$.

习题 1.1

1. 判断题

(1) 矩阵的行数和列数一定相等.

(2) 任何两个零矩阵都相等.

(3) 任何两个单位矩阵都相等.

(4) 数量矩阵一定是对角矩阵,对角矩阵不一定是数量矩阵.

2. 设 $\begin{pmatrix}a+2b&-1\\0&2\\2&3\end{pmatrix}=\begin{pmatrix}1&-1\\0&2\\a-b&3\end{pmatrix}$,求 a,b.

3. 设某四个城市的单向航线如图 1.1 所示,其中箭头表示对应的城市存在单向航线.若令 $a_{ij}=1$ 表示从 i 城市到 j 城市有一条单向航线;$a_{ij}=0$ 表示从 i 城市到 j 城市没有单向航线.则图 1.1 可用什么样的矩阵表示?

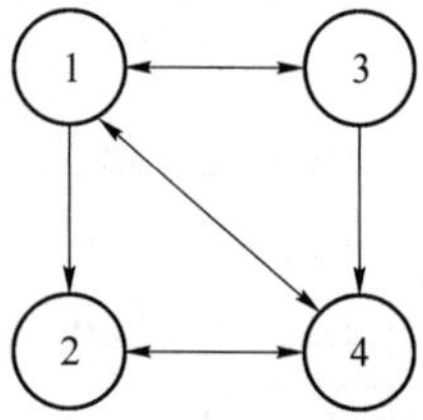

图 1.1

4. 试写出线性方程组

$$\begin{cases}x_1-x_2+x_3+2x_4=1\\2x_1+3x_2-x_3-x_4=-1\\4x_1+x_2+x_3+x_4=0\\x_1+4x_2-2x_3+3x_4=-2\end{cases}$$

的系数矩阵和增广矩阵.

5. 当 a,b 为何值时,矩阵 $\begin{pmatrix} 2 & 0 & a+2b+3 \\ 5 & 1 & a+b \\ 1 & 4 & 3 \end{pmatrix}$ 为下三角形矩阵?

1.2　矩阵的运算

矩阵之所以是理论分析的重要工具,能够在实践中发挥巨大的作用,不单是因为利用矩阵能够简单、直观地描述一些事物和现象,更重要的是因为我们能够对矩阵施行一些运算,而利用这些运算又能帮助我们解决更多的实际问题.

本节将在一些实例的基础上,依次介绍矩阵的加法、减法、数乘、乘法和转置运算,这些运算几乎都是以数和数之间的运算为基础展开的,但是有些运算法则和数的运算法则有很大的不同,请读者在学习的过程中仔细区分.

1.2.1　矩阵的加法

例 1.6　某大型通信行业设备供应商为国内甲、乙、丙三大网络运营商供应建设通信基站所需的两种主要设备,假设供应商一、二季度为每家运营商提供的两种设备的数量(单位:万台)分别如表 1.3、1.4 所示:

表 1.3　一季度设备供应情况

	设备 1	设备 2
运营商甲	1	8
运营商乙	3	6
运营商丙	8	4

表 1.4　二季度设备供应情况

	设备 1	设备 2
运营商甲	2	12
运营商乙	5	8
运营商丙	10	6

请问:在上半年供应商向三大运营商提供的 1,2 两类设备的总量分别是多少?

解:根据题意,上半年向运营商甲提供的 1 类设备的总数量为 $1+2=3$(万台),2 类设备的总数量为 $8+12=20$(万台);上半年向运营商乙提供的 1 类设备的总数量为 $3+5=8$(万台),2 类设备的总数量为 $6+8=14$(万台);上半年向运营商丙提供的 1 类设备的总数量为 $8+10=18$(万台),2 类设备的总数量为 $4+6=10$(万台).

如果把已知条件中的两个矩阵分别用 $\boldsymbol{A},\boldsymbol{B}$ 表示,则

$$\boldsymbol{A}=\begin{pmatrix} 1 & 8 \\ 3 & 6 \\ 8 & 4 \end{pmatrix},\boldsymbol{B}=\begin{pmatrix} 2 & 12 \\ 5 & 8 \\ 10 & 6 \end{pmatrix},$$

而上述运算的结果也可表示为一个矩阵 $\boldsymbol{C}$,且

$$C=\begin{pmatrix}1+2 & 8+12\\ 3+5 & 6+8\\ 8+10 & 4+6\end{pmatrix}=\begin{pmatrix}3 & 20\\ 8 & 14\\ 18 & 10\end{pmatrix},$$

这里矩阵 $\boldsymbol{C}$ 就是矩阵 $\boldsymbol{A}$ 与 $\boldsymbol{B}$ 的和，记作 $\boldsymbol{C}=\boldsymbol{A}+\boldsymbol{B}$.

定义 1.3 设 $\boldsymbol{A}=(a_{ij})_{m\times n}$，$\boldsymbol{B}=(b_{ij})_{m\times n}$ 是同型矩阵，将它们的对应位置的元素相加得到 m 行 n 列的矩阵 $\boldsymbol{C}=(c_{ij})_{m\times n}$，其中 $c_{ij}=a_{ij}+b_{ij}\,(i=1,2,\cdots,m,j=1,2,\cdots,n)$，称 $\boldsymbol{C}$ 为 $\boldsymbol{A}$ 与 $\boldsymbol{B}$ 的和，记作 $\boldsymbol{C}=\boldsymbol{A}+\boldsymbol{B}$，也即

$$C=\begin{pmatrix}a_{11}+b_{11} & a_{12}+b_{12} & \cdots & a_{1n}+b_{1n}\\ a_{21}+b_{21} & a_{22}+b_{22} & \cdots & a_{2n}+b_{2n}\\ \vdots & \vdots & & \vdots\\ a_{m1}+b_{m1} & a_{m2}+b_{m2} & \cdots & a_{mn}+b_{mn}\end{pmatrix}.$$

注意：只有同型矩阵才能相加，且同型矩阵之和与原矩阵仍是同型矩阵.

例如，$\boldsymbol{A}=\begin{pmatrix}2 & -5\\ 3 & 5\end{pmatrix}$，$\boldsymbol{B}=\begin{pmatrix}1 & 4\\ 2 & 3\end{pmatrix}$，则 $\boldsymbol{A}+\boldsymbol{B}=\begin{pmatrix}2+1 & -5+4\\ 3+2 & 5+3\end{pmatrix}=\begin{pmatrix}3 & -1\\ 5 & 8\end{pmatrix}$.

在例 1.6 中，若供应商想知道二季度与一季度设备供应情况的差额是多少，则需要对其中的矩阵 $\boldsymbol{A}$，$\boldsymbol{B}$ 做下述运算

$$B-A=\begin{pmatrix}2-1 & 12-8\\ 5-3 & 8-6\\ 10-8 & 6-4\end{pmatrix}=\begin{pmatrix}1 & 4\\ 2 & 2\\ 2 & 2\end{pmatrix}$$

这便是矩阵与矩阵的减法.

定义 1.4 设 $m\times n$ 矩阵 $\boldsymbol{A}=(a_{ij})_{m\times n}$，称矩阵 $(-a_{ij})_{m\times n}$ 为 $\boldsymbol{A}$ 的**负矩阵**，记作 $-\boldsymbol{A}$，即

$$-A=\begin{pmatrix}-a_{11} & -a_{12} & \cdots & -a_{1n}\\ -a_{21} & -a_{22} & \cdots & -a_{2n}\\ \vdots & \vdots & & \vdots\\ -a_{m1} & -a_{m2} & \cdots & -a_{mn}\end{pmatrix}$$

若 $\boldsymbol{A}$，$\boldsymbol{B}$ 都是 $m\times n$ 矩阵，规定 $\boldsymbol{A}-\boldsymbol{B}=\boldsymbol{A}+(-\boldsymbol{B})$. 可见，矩阵的减法是用加法来定义的，且若 $\boldsymbol{A}=(a_{ij})_{m\times n}$，$\boldsymbol{B}=(b_{ij})_{m\times n}$，则 $\boldsymbol{A}-\boldsymbol{B}=(a_{ij}-b_{ij})_{m\times n}$.

例如，若 $\boldsymbol{A}=\begin{pmatrix}2 & -5\\ 3 & 5\end{pmatrix}$，$\boldsymbol{B}=\begin{pmatrix}1 & 4\\ 2 & 3\end{pmatrix}$，则 $\boldsymbol{A}-\boldsymbol{B}=\begin{pmatrix}2-1 & -5-4\\ 3-2 & 5-3\end{pmatrix}=\begin{pmatrix}1 & -9\\ 1 & 2\end{pmatrix}$.

由上述定义不难发现，矩阵与矩阵之间的加（减）法实质是两矩阵对应位置的数的加（减）法，而数的加法是满足交换律、结合律等运算规律的，因此有：

(1) $\boldsymbol{A}+\boldsymbol{B}=\boldsymbol{B}+\boldsymbol{A}$.

(2) $(\boldsymbol{A}+\boldsymbol{B})+\boldsymbol{C}=\boldsymbol{A}+(\boldsymbol{B}+\boldsymbol{C})$.

(3) $\boldsymbol{A}+\boldsymbol{O}=\boldsymbol{O}+\boldsymbol{A}=\boldsymbol{A}$.

(4) $\boldsymbol{A}+(-\boldsymbol{A})=\boldsymbol{O}$.

利用矩阵的减法,还可以得到:

(5) $\boldsymbol{A}+\boldsymbol{B}=\boldsymbol{C}$ 当且仅当 $\boldsymbol{A}=\boldsymbol{C}-\boldsymbol{B}$.

(6) $\boldsymbol{A}+\boldsymbol{B}=\boldsymbol{A}+\boldsymbol{C}$ 当且仅当 $\boldsymbol{B}=\boldsymbol{C}$.

1.2.2　矩阵的数乘

在例 1.6 中,若要讨论一季度平均每个月每类设备的供应情况,又该怎么做呢?

由于一季度的设备供应情况为

$$\boldsymbol{A}=\begin{pmatrix}1 & 8\\ 3 & 6\\ 8 & 4\end{pmatrix}.$$

因此,平均每个月的设备供应情况应该可以用下面的运算来表示

$$\boldsymbol{C}=\frac{1}{3}\boldsymbol{A}=\begin{pmatrix}1/3 & 8/3\\ 1 & 2\\ 8/3 & 4/3\end{pmatrix}.$$

这里相当于用 $\boldsymbol{A}$ 的每个元素都乘了 1/3,这就是矩阵的数乘运算.

定义 1.5　设 $m\times n$ 矩阵 $\boldsymbol{A}=(a_{ij})_{m\times n}$,数 λ 与矩阵 $\boldsymbol{A}$ 的乘积记作 $\lambda\boldsymbol{A}$,且

$$\lambda\boldsymbol{A}=\begin{pmatrix}\lambda a_{11} & \lambda a_{12} & \cdots & \lambda a_{1n}\\ \lambda a_{21} & \lambda a_{22} & \cdots & \lambda a_{2n}\\ \vdots & \vdots & & \vdots\\ \lambda a_{m1} & \lambda a_{m2} & \cdots & \lambda a_{mn}\end{pmatrix}$$

称此矩阵为数 λ 和矩阵 $\boldsymbol{A}$ 的数量乘积,简称为矩阵的数乘.

注意:$\lambda\boldsymbol{A}=\boldsymbol{A}\lambda$,且数 λ 与矩阵 $\boldsymbol{A}$ 相乘后的结果 $\lambda\boldsymbol{A}$ 仍为矩阵,并且 $\lambda\boldsymbol{A}$ 与 $\boldsymbol{A}$ 同型.

例 1.7　设 $\lambda=2$,$\boldsymbol{A}=\begin{pmatrix}3 & 2 & -4\\ 0 & 4 & 5\end{pmatrix}$,求 $\lambda\boldsymbol{A}$.

解:$\lambda\boldsymbol{A}=2\begin{pmatrix}3 & 2 & -4\\ 0 & 4 & 5\end{pmatrix}=\begin{pmatrix}6 & 4 & -8\\ 0 & 8 & 10\end{pmatrix}$.

例 1.8　设 $\boldsymbol{A}=\begin{pmatrix}6 & -1\\ 3 & 0\\ 2 & 3\end{pmatrix}$,$\boldsymbol{B}=\begin{pmatrix}1 & -1\\ 0 & 2\\ 5 & 3\end{pmatrix}$,求 $\boldsymbol{A}+3\boldsymbol{B}$.

解:$\boldsymbol{A}+3\boldsymbol{B}=\begin{pmatrix}6 & -1\\ 3 & 0\\ 2 & 3\end{pmatrix}+3\begin{pmatrix}1 & -1\\ 0 & 2\\ 5 & 3\end{pmatrix}=\begin{pmatrix}6 & -1\\ 3 & 0\\ 2 & 3\end{pmatrix}+\begin{pmatrix}3 & -3\\ 0 & 6\\ 15 & 9\end{pmatrix}=\begin{pmatrix}9 & -4\\ 3 & 6\\ 17 & 12\end{pmatrix}$.

矩阵的数量乘法满足以下运算规律:

(1) 分配律：$(\lambda+\mu)\boldsymbol{A}=\lambda\boldsymbol{A}+\mu\boldsymbol{A}$，$\lambda(\boldsymbol{A}+\boldsymbol{B})=\lambda\boldsymbol{A}+\lambda\boldsymbol{B}$.

(2) 结合律：$(\lambda\mu)\boldsymbol{A}=\lambda(\mu\boldsymbol{A})=\mu(\lambda\boldsymbol{A})$.

(3) $1\cdot\boldsymbol{A}=\boldsymbol{A}$，$-1\cdot\boldsymbol{A}=-\boldsymbol{A}$，$0\cdot\boldsymbol{A}=\boldsymbol{O}$.

其中 λ,μ 为任意实数，$\boldsymbol{A},\boldsymbol{B}$ 为同型矩阵.

矩阵的加法和矩阵的数乘统称为矩阵的线性运算，与数的线性运算类似的是，零矩阵扮演着数 0 的角色，负矩阵扮演着相反数的角色.

1.2.3 矩阵的乘法

在例 1.6 中，若设备的单价用列矩阵 $\boldsymbol{C}=\begin{pmatrix}500\\350\end{pmatrix}$（此矩阵表示设备 1 单价为 500 元/台，设备 2 单价为 350 元/台）来表示，则一季度三大运营商应分别支付给供应商多少费用？

要解决上述问题，则需要将例 1.6 中矩阵 $\boldsymbol{A}$ 的每一行的两个元素与矩阵 $\boldsymbol{C}$ 中的两个元素对应相乘后再相加，也就是运营商甲应支付的费用为 $1\times500+8\times350=3\ 300$（万元）；运营商乙应支付的费用为 $3\times500+6\times350=3\ 600$（万元）；运营商丙应支付的费用为 $8\times500+4\times350=5\ 400$（万元）.

以上计算过程可以用下面的式子表示，即

$$\boldsymbol{AC}=\begin{pmatrix}1&8\\3&6\\8&4\end{pmatrix}\begin{pmatrix}500\\350\end{pmatrix}=\begin{pmatrix}1\times500+8\times350\\3\times500+6\times350\\8\times500+4\times350\end{pmatrix}=\begin{pmatrix}3\ 300\\3\ 600\\5\ 400\end{pmatrix}$$

以上计算的只是运营商购买设备的费用，如果考虑后期运行期间设备的维护费用，将两种费用的单价用矩阵 $\boldsymbol{D}=\begin{pmatrix}500&30\\350&15\end{pmatrix}$ 来表示，则一季度三大运营商的费用支出情况又如何计算呢？

仿照上面的计算过程，三大运营商的费用支出应该可以按如下的算式计算

$$\boldsymbol{AD}=\begin{pmatrix}1&8\\3&6\\8&4\end{pmatrix}\begin{pmatrix}500&30\\350&15\end{pmatrix}=\begin{pmatrix}1\times500+8\times350&1\times30+8\times15\\3\times500+6\times350&3\times30+6\times15\\8\times500+4\times350&8\times30+4\times15\end{pmatrix}=\begin{pmatrix}3\ 300&150\\3\ 600&180\\5\ 400&300\end{pmatrix}$$

从结果矩阵中，能够很直观看出各个运营商在购买设备和维护设备两个方面的费用支出情况. 这里用到的两个矩阵之间的这种运算就是矩阵的乘法.

定义 1.6 设有 $m\times s$ 矩阵 $\boldsymbol{A}=(a_{ij})_{m\times s}$，$s\times n$ 矩阵 $\boldsymbol{B}=(b_{ij})_{s\times n}$，则 $\boldsymbol{A}$ 与 $\boldsymbol{B}$ 的乘积 $\boldsymbol{AB}$ 定义为

$$\boldsymbol{AB}=\boldsymbol{C}=(c_{ij})_{m\times n}$$

其中 $c_{ij}=a_{i1}b_{1j}+a_{i2}b_{2j}+a_{i3}b_{3j}+\cdots+a_{is}b_{sj}=\sum\limits_{k=1}^{s}a_{ik}b_{kj}\ (i=1,2,\cdots,m,j=1,2,\cdots,n)$.

为便于读者理解矩阵的乘法，下面举一个具体的例子.

例 1.9　设 $\boldsymbol{A}=\begin{pmatrix}2&3&1\\3&5&6\end{pmatrix}$，$\boldsymbol{B}=\begin{pmatrix}3&2&1&4\\2&1&3&5\\1&3&2&2\end{pmatrix}$，令 $\boldsymbol{C}=(c_{ij})=\boldsymbol{AB}$，请问 $\boldsymbol{C}$ 是几行几列的矩阵，$\boldsymbol{C}$ 的第二行第三列的元素 c_{23} 是多少。

解：根据已知条件，$\boldsymbol{A}$ 是 2 行 3 列，$\boldsymbol{B}$ 为 3 行 4 列，按照矩阵乘法的定义，$\boldsymbol{C}=\boldsymbol{AB}$ 应为 2×4 的矩阵，且其第二行第三列的元素 c_{23} 应当是 $\boldsymbol{A}$ 的第二行的元素 3,5,6 与 $\boldsymbol{B}$ 的第三列的元素 1,3,2 对应相乘然后相加的结果，即 $c_{23}=3\times1+5\times3+6\times2=30$.

例 1.10　设 $\boldsymbol{A}=\begin{pmatrix}-2&1\\-1&0\\0&2\end{pmatrix}$，$\boldsymbol{B}=\begin{pmatrix}1&2&-3\\-2&0&1\end{pmatrix}$，求 $\boldsymbol{AB}$.

解：

$$\begin{aligned}\boldsymbol{AB}&=\begin{pmatrix}-2&1\\-1&0\\0&2\end{pmatrix}\begin{pmatrix}1&2&-3\\-2&0&1\end{pmatrix}\\&=\begin{pmatrix}-2\times1+1\times(-2)&-2\times2+1\times0&-2\times(-3)+1\times1\\-1\times1+0\times(-2)&-1\times2+0\times0&-1\times(-3)+0\times1\\0\times1+2\times(-2)&0\times2+2\times0&0\times(-3)+2\times1\end{pmatrix}\\&=\begin{pmatrix}-4&-4&7\\-1&-2&3\\-4&0&2\end{pmatrix}\end{aligned}$$

由矩阵乘法的定义可以看出，不是任何两个矩阵都是能够做乘法的，只有当矩阵 $\boldsymbol{A}$ 的列数等于矩阵 $\boldsymbol{B}$ 的行数时，$\boldsymbol{AB}$ 才有意义，且 $\boldsymbol{AB}$ 的型与 $\boldsymbol{A}$ 的型及 $\boldsymbol{B}$ 的型有密切的关系，若 $\boldsymbol{A}$ 为 $m\times s$ 的矩阵，$\boldsymbol{B}$ 为 $s\times n$ 的矩阵，则 $\boldsymbol{AB}$ 为 $m\times n$ 的矩阵.

矩阵的乘法与数的乘法有一些相似的性质，满足结合律、分配律.

性质 1　$(\boldsymbol{AB})\boldsymbol{C}=\boldsymbol{A}(\boldsymbol{BC})$.

性质 2　$(\boldsymbol{A}+\boldsymbol{B})\boldsymbol{C}=\boldsymbol{AC}+\boldsymbol{BC}$，$\boldsymbol{C}(\boldsymbol{A}+\boldsymbol{B})=\boldsymbol{CA}+\boldsymbol{CB}$.

性质 3　$\lambda\boldsymbol{AB}=(\lambda\boldsymbol{A})\boldsymbol{B}=\boldsymbol{A}(\lambda\boldsymbol{B})$，其中 λ 是数.

性质 4　$\boldsymbol{E}_m\boldsymbol{A}_{m\times n}=\boldsymbol{A}_{m\times n}$，$\boldsymbol{A}_{m\times n}\boldsymbol{E}_n=\boldsymbol{A}_{m\times n}$；$\boldsymbol{O}_{p\times m}\boldsymbol{A}_{m\times n}=\boldsymbol{O}_{p\times n}$，$\boldsymbol{A}_{m\times n}\boldsymbol{O}_{n\times p}=\boldsymbol{O}_{m\times p}$.

性质 4 说明单位矩阵和零矩阵在矩阵乘法中的作用与 1 和 0 在数中的乘法类似.

性质 1～性质 4 的证明略.

为进一步了解矩阵乘法的意义及其与数的乘法的区别，接着看以下例题.

例 1.11　设 $\boldsymbol{A}=(1\quad2\quad3)$，$\boldsymbol{B}=\begin{pmatrix}3\\2\\1\end{pmatrix}$，求 $\boldsymbol{AB}$，$\boldsymbol{BA}$.

解: $\boldsymbol{AB}=(1\quad 2\quad 3)\begin{pmatrix}3\\2\\1\end{pmatrix}=(1\times3+2\times2+3\times1)=(10)$.

$$\boldsymbol{BA}=\begin{pmatrix}3\\2\\1\end{pmatrix}(1\quad 2\quad 3)=\begin{pmatrix}3\times1 & 3\times2 & 3\times3\\2\times1 & 2\times2 & 2\times3\\1\times1 & 1\times2 & 1\times3\end{pmatrix}=\begin{pmatrix}3 & 6 & 9\\2 & 4 & 6\\1 & 2 & 3\end{pmatrix}.$$

显然两个结果矩阵不同型,$\boldsymbol{AB}\neq\boldsymbol{BA}$.

例 1.12 设 $\boldsymbol{A}=\begin{pmatrix}1 & -2\\1 & -2\end{pmatrix}$,$\boldsymbol{B}=\begin{pmatrix}2 & 2\\1 & 1\end{pmatrix}$,求 $\boldsymbol{AB}$,$\boldsymbol{BA}$.

解: $\boldsymbol{AB}=\begin{pmatrix}1 & -2\\1 & -2\end{pmatrix}\begin{pmatrix}2 & 2\\1 & 1\end{pmatrix}=\begin{pmatrix}0 & 0\\0 & 0\end{pmatrix}=\boldsymbol{O}$,$\boldsymbol{BA}=\begin{pmatrix}2 & 2\\1 & 1\end{pmatrix}\begin{pmatrix}1 & -2\\1 & -2\end{pmatrix}=\begin{pmatrix}4 & -8\\2 & -4\end{pmatrix}$,这里仍然有 $\boldsymbol{AB}\neq\boldsymbol{BA}$.

例 1.13 设 $\boldsymbol{A}=\begin{pmatrix}1 & 1\\1 & 1\end{pmatrix}$,$\boldsymbol{B}=\begin{pmatrix}1 & 0\\0 & 1\end{pmatrix}$,$\boldsymbol{C}=\begin{pmatrix}0 & 1\\1 & 0\end{pmatrix}$,求 $\boldsymbol{AB}$,$\boldsymbol{AC}$.

解:容易求得 $\boldsymbol{AB}=\begin{pmatrix}1 & 1\\1 & 1\end{pmatrix}$,$\boldsymbol{AC}=\begin{pmatrix}1 & 1\\1 & 1\end{pmatrix}$,显然 $\boldsymbol{AB}=\boldsymbol{AC}$,且 $\boldsymbol{A}\neq\boldsymbol{O}$,但是 $\boldsymbol{B}\neq\boldsymbol{C}$.

由以上两例可知,矩阵的乘法与数的乘法有以下区别:

(1) 矩阵乘法不满足交换律,一般情况下,$\boldsymbol{AB}\neq\boldsymbol{BA}$.

对于两个 n 阶矩阵 $\boldsymbol{A}$,$\boldsymbol{B}$,若 $\boldsymbol{AB}=\boldsymbol{BA}$,则称方阵 $\boldsymbol{A}$ 与 $\boldsymbol{B}$ 是可交换的.

(2) 若 $\boldsymbol{AB}=\boldsymbol{O}$,不能推出 $\boldsymbol{A}=\boldsymbol{O}$ 或者 $\boldsymbol{B}=\boldsymbol{O}$.

(3) 矩阵乘法没有消去律,即由 $\boldsymbol{AB}=\boldsymbol{AC}$,$\boldsymbol{A}\neq\boldsymbol{O}$ 不能推出 $\boldsymbol{B}=\boldsymbol{C}$.

例 1.14 (1)设 $\begin{cases}y_1=2x_1+3x_2-x_3\\y_2=-x_1+4x_2\end{cases}$ 是变量 x_1,x_2,x_3 到 y_1,y_2 的线性变换,试将此线性变换改写成矩阵乘积的形式.

(2) 若 $\begin{cases}y_1=2x_1+3x_2-x_3\\y_2=-x_1+4x_2\end{cases}$,$\begin{cases}x_1=-3t_1+t_2\\x_2=7t_1+3t_2\\x_3=-t_1+5t_2\end{cases}$,试求从变量 t_1,t_2 到 y_1,y_2 的线性变换.

解:(1) 令 $\boldsymbol{x}=\begin{pmatrix}x_1\\x_2\\x_3\end{pmatrix}$,$\boldsymbol{y}=\begin{pmatrix}y_1\\y_2\end{pmatrix}$,$\boldsymbol{A}=\begin{pmatrix}2 & 3 & -1\\-1 & 4 & 0\end{pmatrix}$,则上述线性变换可改写成 $\boldsymbol{y}=\boldsymbol{Ax}$.

(2) 令 $\boldsymbol{x}=\boldsymbol{Bt}$,其中 $\boldsymbol{t}=\begin{pmatrix}t_1\\t_2\end{pmatrix}$,$\boldsymbol{B}=\begin{pmatrix}-3 & 1\\7 & 3\\-1 & 5\end{pmatrix}$,则有 $\boldsymbol{y}=\boldsymbol{Ax}=\boldsymbol{ABt}=\begin{pmatrix}16 & 6\\31 & 11\end{pmatrix}\begin{pmatrix}t_1\\t_2\end{pmatrix}$,所

以 $\begin{cases} y_1 = 16t_1 + 6t_2 \\ y_2 = 31t_1 + 11t_2 \end{cases}$.

有了矩阵乘法后，线性方程组与线性变换的描述变得异常简洁.

例如，对于上一节讨论过的线性方程组

$$\begin{cases} a_{11}x_1 + a_{12}x_2 + \cdots + a_{1n}x_n = b_1 \\ a_{21}x_1 + a_{22}x_2 + \cdots + a_{2n}x_n = b_2 \\ \qquad\qquad\vdots \\ a_{m1}x_1 + a_{m2}x_2 + \cdots + a_{mn}x_n = b_m \end{cases}$$

设

$$\boldsymbol{A} = \begin{pmatrix} a_{11} & a_{12} & \cdots & a_{1n} \\ a_{21} & a_{22} & \cdots & a_{2n} \\ \vdots & \vdots & & \vdots \\ a_{m1} & a_{m2} & \cdots & a_{mn} \end{pmatrix}, \boldsymbol{x} = \begin{pmatrix} x_1 \\ x_2 \\ \vdots \\ x_n \end{pmatrix}, \boldsymbol{b} = \begin{pmatrix} b_1 \\ b_2 \\ \vdots \\ b_m \end{pmatrix}$$

则方程组可描述为 $\boldsymbol{Ax} = \boldsymbol{b}$.

对于线性变换

$$\begin{cases} y_1 = a_{11}x_1 + a_{12}x_2 + \cdots + a_{1n}x_n \\ y_2 = a_{21}x_1 + a_{22}x_2 + \cdots + a_{2n}x_n \\ \qquad\qquad\vdots \\ y_m = a_{m1}x_1 + a_{m2}x_2 + \cdots + a_{mn}x_n \end{cases}$$

设

$$\boldsymbol{A} = \begin{pmatrix} a_{11} & a_{12} & \cdots & a_{1n} \\ a_{21} & a_{22} & \cdots & a_{2n} \\ \vdots & \vdots & & \vdots \\ a_{m1} & a_{m2} & \cdots & a_{mn} \end{pmatrix}, \boldsymbol{x} = \begin{pmatrix} x_1 \\ x_2 \\ \vdots \\ x_n \end{pmatrix}, \boldsymbol{y} = \begin{pmatrix} y_1 \\ y_2 \\ \vdots \\ y_m \end{pmatrix}$$

则上述线性变换可描述为 $\boldsymbol{y} = \boldsymbol{Ax}$.

若

$$\boldsymbol{A} = \begin{pmatrix} 1 & & & \\ & 1 & & \\ & & \ddots & \\ & & & 1 \end{pmatrix} = \boldsymbol{E}_n$$

则有

$$\begin{cases} y_1 = x_1 \\ y_2 = x_2 \\ \quad\vdots \\ y_n = x_n \end{cases}$$

称这个线性变换为恒等变换.

从上述形式可知,线性变换与其系数矩阵是一一对应的(恒等变换与单位阵对应).线性变换是线性代数中非常重要的概念之一,它在计算机图形学、信号处理等领域有着非常广泛的应用,下面给出几个简单的线性变换的例子,为了更直观,可通过几何图形来理解.

在二维平面上有一个单位方块,其四个顶点分别为(0,0),(1,0),(1,1),(0,1),若

$$\boldsymbol{A}_1=\begin{pmatrix}-1 & 0\\ 0 & 1\end{pmatrix},\boldsymbol{A}_2=\begin{pmatrix}1.5 & 0\\ 0 & 1\end{pmatrix},\boldsymbol{A}_3=\begin{pmatrix}\cos\dfrac{\pi}{6} & -\sin\dfrac{\pi}{6}\\ \sin\dfrac{\pi}{6} & \cos\dfrac{\pi}{6}\end{pmatrix}$$

则与这三个矩阵对应的线性变换将以上四个点分别变成(0,0),(−1,0),(−1,1),(0,1)和(0,0),(1.5,0),(1.5,1),(0,1)以及(0,0),(0.866,0.5),(0.366,1.366),(−0.5,0.866).利用 MATLAB 软件,可分别作出这四组点在平面上围成的方块,具体如图 1.2~1.5 所示,图 1.2 表示的是原始的四个点所围的小方块,图 1.3~1.5 分别表示的是经过 $\boldsymbol{A}_1$,$\boldsymbol{A}_2$,$\boldsymbol{A}_3$ 所对应的线性变换变换之后的情形.可以看出,矩阵 $\boldsymbol{A}_1$ 使原图对纵轴生成镜像,矩阵 $\boldsymbol{A}_2$ 使原图往横轴方向拉伸了,矩阵 $\boldsymbol{A}_3$ 使原图绕原点沿逆时针方向旋转了 $\dfrac{\pi}{6}$.

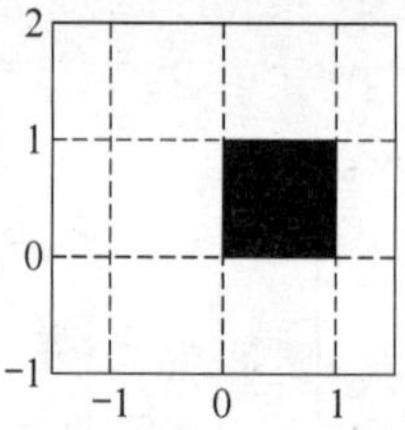

图 1.2

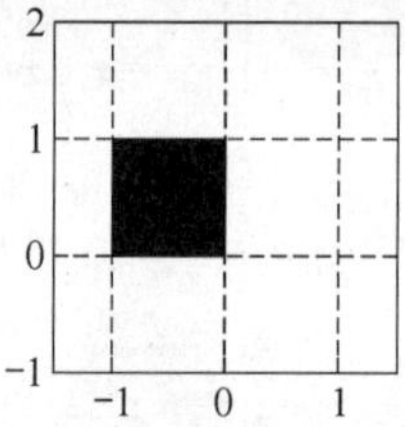

图 1.3

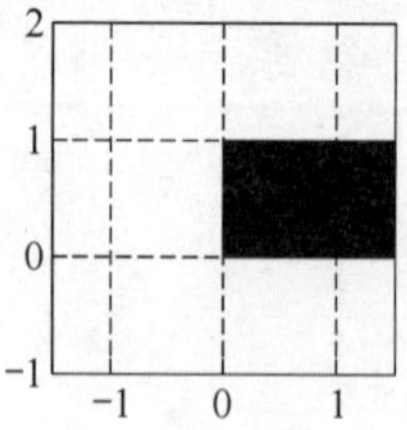

图 1.4

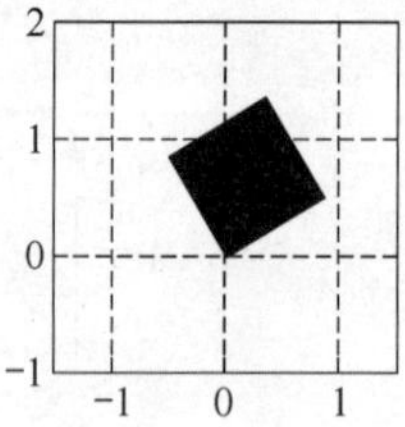

图 1.5

有了矩阵的乘法,就可以定义矩阵的幂.设 $\boldsymbol{A}$ 是 n 阶方阵,定义

$$\boldsymbol{A}^1=\boldsymbol{A},\boldsymbol{A}^2=\boldsymbol{A}^1\boldsymbol{A}^1,\cdots,\boldsymbol{A}^{k+1}=\boldsymbol{A}^k\boldsymbol{A}^1$$

其中 k 为整数,这就是说,$\boldsymbol{A}^k$ 就是 k 个 $\boldsymbol{A}$ 连乘.显然只有方阵的幂才有意义.

根据矩阵乘法的结合律，方阵的幂应具有如下运算规律：

$$\boldsymbol{A}^k\boldsymbol{A}^l=\boldsymbol{A}^{k+l},(\boldsymbol{A}^k)^l=\boldsymbol{A}^{kl}$$

其中 k,l 为正整数.

注意：$(\boldsymbol{AB})^k\neq\boldsymbol{A}^k\boldsymbol{B}^k$，这是因为矩阵的乘法不满足交换律，只有当 $\boldsymbol{A}$ 与 $\boldsymbol{B}$ 可交换时，才有 $(\boldsymbol{AB})^k=\boldsymbol{A}^k\boldsymbol{B}^k$. 因此，有（$\boldsymbol{A}$ 与 $\boldsymbol{B}$ 可交换除外）

$$(\boldsymbol{A}+\boldsymbol{B})^2\neq\boldsymbol{A}^2+2\boldsymbol{AB}+\boldsymbol{B}^2$$

$$\boldsymbol{A}^2-\boldsymbol{B}^2\neq(\boldsymbol{A}+\boldsymbol{B})(\boldsymbol{A}-\boldsymbol{B})$$

1.2.4　矩阵的转置

定义 1.7　把矩阵 $\boldsymbol{A}$ 的行换成同序数的列得到的一个新的矩阵，叫作 $\boldsymbol{A}$ 的转置矩阵，记作 $\boldsymbol{A}^{\mathrm{T}}$.

例如矩阵

$$\boldsymbol{A}=\begin{pmatrix}1 & 2 & 0\\ 3 & -1 & 1\end{pmatrix}$$

的转置矩阵为

$$\boldsymbol{A}^{\mathrm{T}}=\begin{pmatrix}1 & 3\\ 2 & -1\\ 0 & 1\end{pmatrix}.$$

转置也是矩阵的一种基本运算，由转置的定义可知，若 $\boldsymbol{A}$ 为 $m\times n$ 的矩阵，则 $\boldsymbol{A}^{\mathrm{T}}$ 为 $n\times m$ 的矩阵，并且转置的运算满足以下规律：

(1) $(\boldsymbol{A}^{\mathrm{T}})^{\mathrm{T}}=\boldsymbol{A}$.

(2) $(\boldsymbol{A}+\boldsymbol{B})^{\mathrm{T}}=\boldsymbol{A}^{\mathrm{T}}+\boldsymbol{B}^{\mathrm{T}}$.

(3) $(\lambda\boldsymbol{A})^{\mathrm{T}}=\lambda\boldsymbol{A}^{\mathrm{T}}$，其中 λ 是数.

(4) $(\boldsymbol{AB})^{\mathrm{T}}=\boldsymbol{B}^{\mathrm{T}}\boldsymbol{A}^{\mathrm{T}}$.

这里仅对性质(4)作简要说明. 设 $\boldsymbol{A}=(a_{ij})_{m\times s}$，$\boldsymbol{B}=(b_{ij})_{s\times n}$，则 $\boldsymbol{AB}$ 为 $m\times n$ 的矩阵，$(\boldsymbol{AB})^{\mathrm{T}}$ 为 $n\times m$ 矩阵，而 $\boldsymbol{B}^{\mathrm{T}}\boldsymbol{A}^{\mathrm{T}}$ 也为 $n\times m$ 矩阵. 又因为

$(\boldsymbol{AB})^{\mathrm{T}}$ 中第 i 行第 j 列的元素
$=\boldsymbol{AB}$ 中第 j 行第 i 列的元素
$=\boldsymbol{A}$ 的第 j 行的元素与 $\boldsymbol{B}$ 的第 i 列的元素的对应乘积之和
$=\boldsymbol{B}$ 的第 i 列的元素与 $\boldsymbol{A}$ 的第 j 行的元素的对应乘积之和
$=\boldsymbol{B}^{\mathrm{T}}$ 的第 i 行的元素与 $\boldsymbol{A}^{\mathrm{T}}$ 的第 j 列的元素的对应乘积之和
$=\boldsymbol{B}^{\mathrm{T}}\boldsymbol{A}^{\mathrm{T}}$ 第 i 行第 j 列的元素.

所以

$$(\boldsymbol{AB})^{\mathrm{T}}=\boldsymbol{B}^{\mathrm{T}}\boldsymbol{A}^{\mathrm{T}}$$

例 1.15 已知 $\boldsymbol{A}=\begin{pmatrix}2&0&-1\\1&3&2\end{pmatrix}$，$\boldsymbol{B}=\begin{pmatrix}1&7&-1\\4&2&3\\2&0&1\end{pmatrix}$，求$(\boldsymbol{AB})^{\mathrm{T}}$.

解：本题的两种解法如下.

方法一，因为

$$\boldsymbol{AB}=\begin{pmatrix}2&0&-1\\1&3&2\end{pmatrix}\begin{pmatrix}1&7&-1\\4&2&3\\2&0&1\end{pmatrix}=\begin{pmatrix}0&14&-3\\17&13&10\end{pmatrix},$$

所以

$$(\boldsymbol{AB})^{\mathrm{T}}=\begin{pmatrix}0&14&-3\\17&13&10\end{pmatrix}^{\mathrm{T}}=\begin{pmatrix}0&17\\14&13\\-3&10\end{pmatrix}.$$

方法二，

$$(\boldsymbol{AB})^{\mathrm{T}}=\boldsymbol{B}^{\mathrm{T}}\boldsymbol{A}^{\mathrm{T}}=\begin{pmatrix}1&4&2\\7&2&0\\-1&3&1\end{pmatrix}\begin{pmatrix}2&1\\0&3\\-1&2\end{pmatrix}=\begin{pmatrix}0&17\\14&13\\-3&10\end{pmatrix}.$$

定义 1.8 若方阵 $\boldsymbol{A}$ 满足条件$(\boldsymbol{A})^{\mathrm{T}}=\boldsymbol{A}$，则称 $\boldsymbol{A}$ 为对称矩阵；若满足条件$(\boldsymbol{A})^{\mathrm{T}}=-\boldsymbol{A}$，则称为反对称矩阵.

例如 $\boldsymbol{A}=\begin{pmatrix}1&2&3\\2&4&5\\3&5&6\end{pmatrix}$为对称矩阵，$\boldsymbol{B}=\begin{pmatrix}0&2&3\\-2&0&-5\\-3&5&0\end{pmatrix}$为反对称矩阵.

由对称矩阵的定义可知，若 $\boldsymbol{A}=(a_{ij})_{n\times n}$为对称矩阵，则有 $a_{ij}=a_{ji}$；若 $\boldsymbol{A}=(a_{ij})_{n\times n}$为反对称矩阵，则有 $a_{ij}=-a_{ji}$，反之亦然.

习题 1.2

1. 判断题

(1) 如果 $\boldsymbol{A}^2=\boldsymbol{O}$，则 $\boldsymbol{A}=\boldsymbol{O}$.

(2) $\boldsymbol{A},\boldsymbol{B},\boldsymbol{C}$ 为 n 阶方阵，若 $\boldsymbol{AB}=\boldsymbol{AC}$，则 $\boldsymbol{B}=\boldsymbol{C}$.

(3) 若 $\boldsymbol{A}$ 为对称矩阵，则 $\boldsymbol{A}^{\mathrm{T}}$ 也为对称矩阵.

(4) 若 $\boldsymbol{A}$ 为$m\times n$ 矩阵，若 $\boldsymbol{B}$ 为 $n\times p$ 矩阵，则 $\boldsymbol{AB}$ 为 $m\times p$ 矩阵.

2. 选择题

(1) $\boldsymbol{A}$ 是 $m\times k$ 矩阵，$\boldsymbol{B}$ 是 $k\times t$ 矩阵，若 $\boldsymbol{B}$ 的第 j 列元素全为零，则下列结论正确的是(　　).

(A) $\boldsymbol{AB}$ 的第 j 列元素全等于零　　　(B) $\boldsymbol{AB}$ 的第 j 行元素全等于零

(C) $\boldsymbol{BA}$ 的第 j 列元素全等于零　　(D) $\boldsymbol{BA}$ 的第 j 行元素全等于零

(2) 设 $\boldsymbol{A},\boldsymbol{B}$ 为 n 阶方阵,$\boldsymbol{E}$ 为 n 阶单位阵,则以下命题中正确的是(　　).

(A) $(\boldsymbol{A}+\boldsymbol{B})^2=\boldsymbol{A}^2+2\boldsymbol{AB}+\boldsymbol{B}^2$　　(B) $\boldsymbol{A}^2-\boldsymbol{B}^2=(\boldsymbol{A}+\boldsymbol{B})(\boldsymbol{A}-\boldsymbol{B})$

(C) $(\boldsymbol{AB})^2=\boldsymbol{A}^2\boldsymbol{B}^2$　　(D) $\boldsymbol{A}^2-\boldsymbol{E}^2=(\boldsymbol{A}+\boldsymbol{E})(\boldsymbol{A}-\boldsymbol{E})$

(3) 已知 $\boldsymbol{A}=\begin{pmatrix}4 & 6\\1 & -2\end{pmatrix},\boldsymbol{B}=\begin{pmatrix}1 & 3 & 5\\2 & 4 & 6\end{pmatrix}$,下列运算可行的是(　　).

(A) $\boldsymbol{A}+\boldsymbol{B}$　　(B) $\boldsymbol{A}-\boldsymbol{B}$　　(C) $\boldsymbol{AB}$　　(D) $\boldsymbol{AB}-\boldsymbol{BA}$

(4) 设 $\boldsymbol{A},\boldsymbol{B}$ 是两个 $m\times n$ 矩阵,$\boldsymbol{C}$ 是 n 阶矩阵,那么(　　).

(A) $(\boldsymbol{A}+\boldsymbol{B})\boldsymbol{C}=\boldsymbol{CA}+\boldsymbol{CB}$　　(B) $(\boldsymbol{A}^{\mathrm{T}}+\boldsymbol{B}^{\mathrm{T}})\boldsymbol{C}=\boldsymbol{A}^{\mathrm{T}}\boldsymbol{C}+\boldsymbol{B}^{\mathrm{T}}\boldsymbol{C}$

(C) $\boldsymbol{C}^{\mathrm{T}}(\boldsymbol{A}+\boldsymbol{B})=\boldsymbol{C}^{\mathrm{T}}\boldsymbol{A}+\boldsymbol{C}^{\mathrm{T}}\boldsymbol{B}$　　(D) $(\boldsymbol{A}+\boldsymbol{B})\boldsymbol{C}=\boldsymbol{AC}+\boldsymbol{BC}$

(5) 设 $\boldsymbol{A},\boldsymbol{B}$ 为 n 阶对称矩阵,下列矩阵中不一定为对称矩阵的是(　　).

(A) $\boldsymbol{A}+2\boldsymbol{B}$　　(B) $\boldsymbol{AB}-\boldsymbol{BA}$

(C) $\boldsymbol{AB}+\boldsymbol{BA}$　　(D) $\boldsymbol{ABA}$

3. 设 $\boldsymbol{A}=\begin{pmatrix}2 & 4 & 1\\0 & 3 & 5\end{pmatrix},\boldsymbol{B}=\begin{pmatrix}-1 & 3 & 1\\2 & 0 & 5\end{pmatrix},\boldsymbol{C}=\begin{pmatrix}0 & 1 & 2\\-3 & -1 & 3\end{pmatrix}$,求 $3\boldsymbol{A}-2\boldsymbol{B}+\boldsymbol{C}$.

4. 设 $\boldsymbol{A}=\begin{pmatrix}6 & -1\\3 & 0\\2 & 3\end{pmatrix},\boldsymbol{B}=\begin{pmatrix}1 & -1\\0 & 2\\5 & 3\end{pmatrix}$,求 $\boldsymbol{A}+3\boldsymbol{B},\boldsymbol{A}^{\mathrm{T}}-2\boldsymbol{B}^{\mathrm{T}}$.

5. 计算下列矩阵的乘积.

(1) $\begin{pmatrix}2\\1\\3\end{pmatrix}(1\quad 3\quad 2)$　(2) $(2\quad 1\quad 3)\begin{pmatrix}1\\3\\2\end{pmatrix}$　(3) $\begin{pmatrix}1 & 0 & 0\\0 & 1 & 0\\0 & 0 & 1\end{pmatrix}\begin{pmatrix}2 & 1\\4 & 3\\7 & 9\end{pmatrix}$

(4) $\begin{pmatrix}2 & 1 & 4 & 3\\1 & -1 & 3 & 4\end{pmatrix}\begin{pmatrix}1 & 3 & 1\\0 & -1 & 2\\1 & -3 & 1\\0 & 2 & -2\end{pmatrix}$　(5) $\begin{pmatrix}2\\-1\\3\end{pmatrix}(2\quad -1)\begin{pmatrix}1 & -1\\3 & -2\end{pmatrix}$

6. 设

$$\boldsymbol{A}=\begin{pmatrix}1 & 2 & 1\\0 & 0 & 2\\0 & 0 & 1\end{pmatrix},\boldsymbol{B}=\begin{pmatrix}1 & 3 & 0\\0 & 1 & 1\\0 & 0 & 1\end{pmatrix}.$$

计算(1)$\boldsymbol{AB}-\boldsymbol{BA}$;(2)$\boldsymbol{A}^{\mathrm{T}}\boldsymbol{B},\boldsymbol{B}^{\mathrm{T}}\boldsymbol{A}$.

7. 设 $\boldsymbol{A}=\begin{pmatrix}1 & 1 & 1\\-1 & 1 & 1\\1 & -1 & 1\end{pmatrix},\boldsymbol{B}=\begin{pmatrix}1 & 2 & 1\\1 & 3 & -1\\2 & 1 & 2\end{pmatrix}$. 求(1)$(\boldsymbol{A}-\boldsymbol{B})(\boldsymbol{A}+\boldsymbol{B})$;(2)$\boldsymbol{A}^2-\boldsymbol{B}^2$.

8. 已知两个线性变换：

$$\begin{cases}x_1=y_1+y_2+y_3\\x_2=y_1-y_2+y_3\\x_3=y_1+2y_2+2y_3\end{cases},\begin{cases}y_1=z_1-z_2-z_3\\y_2=-z_1+2z_2-z_3\\y_3=z_1-2z_2+z_3\end{cases}.$$

求从变量 z_1,z_2,z_3 到变量 x_1,x_2,x_3 的线性变换.

9. 求下列方阵的 k 次幂,其中 $k=2,3,\cdots$.

(1) 设 $\boldsymbol{A}=\begin{pmatrix}1&\lambda\\0&1\end{pmatrix}$,求 $\boldsymbol{A}^k$.

(2) 设 $\boldsymbol{B}=\begin{pmatrix}1&0\\\lambda&1\end{pmatrix}$求 $\boldsymbol{B}^k$.

10. (1) 设 $\boldsymbol{A},\boldsymbol{B}$ 为 n 阶矩阵,且 $\boldsymbol{A}$ 为对称矩阵,证明 $\boldsymbol{B}^{\mathrm{T}}\boldsymbol{A}\boldsymbol{B}$ 也是对称矩阵.

(2) 设 $\boldsymbol{A},\boldsymbol{B}$ 都是 n 阶对称矩阵,证明 $\boldsymbol{AB}$ 是对称矩阵的充分必要条件是 $\boldsymbol{AB}=\boldsymbol{BA}$.

1.3 可逆矩阵

1.3.1 可逆矩阵的概念

从上一节中有关线性变换的几何意义的图 1.2～1.5 的讨论中知道,若将原始方块四个顶点对应的向径记为列向量 $\boldsymbol{x}=\begin{pmatrix}x_1\\x_2\end{pmatrix}$,变换后对应的向径分别记为列向量 $\boldsymbol{y}_1=\begin{pmatrix}y_{i1}\\y_{i2}\end{pmatrix}$ $(i=1,2,3)$则后面三幅图分别对应着以下三个线性变换:

$$\boldsymbol{y}_1=\boldsymbol{A}_1\boldsymbol{x},\boldsymbol{y}_2=\boldsymbol{A}_2\boldsymbol{x},\boldsymbol{y}_3=\boldsymbol{A}_3\boldsymbol{x} \tag{1.9}$$

其中

$$\boldsymbol{A}_1=\begin{pmatrix}-1&0\\0&1\end{pmatrix},\boldsymbol{A}_2=\begin{pmatrix}1.5&0\\0&1\end{pmatrix},\boldsymbol{A}_3=\begin{pmatrix}\cos\frac{\pi}{6}&-\sin\frac{\pi}{6}\\\sin\frac{\pi}{6}&\cos\frac{\pi}{6}\end{pmatrix}$$

观察后面三幅图,不难发现,对图 1.3 中的方块作它关于纵轴的镜像、将图 1.4 沿横轴负方向压缩、将图 1.5 中的方块绕原点顺时针旋转$\frac{\pi}{6}$,都能得到图 1.2 中的原始方块,这说明以上三个线性变换都存在相应的逆变换,能将相应的向量 $\boldsymbol{y}_i$ $(i=1,2,3)$变回成向量 $\boldsymbol{x}$,这说明存在与 $\boldsymbol{A}_1,\boldsymbol{A}_2,\boldsymbol{A}_3$ 对应的三个矩阵 $\boldsymbol{B}_1,\boldsymbol{B}_2,\boldsymbol{B}_3$,使得

$$\boldsymbol{x}=\boldsymbol{B}_1\boldsymbol{y}_1,\boldsymbol{x}=\boldsymbol{B}_2\boldsymbol{y}_2,\boldsymbol{x}=\boldsymbol{B}_3\boldsymbol{y}_3 \tag{1.10}$$

将(1.10)代入(1.9)中可得到

$$\boldsymbol{x}=\boldsymbol{A}_1\boldsymbol{B}_1\boldsymbol{x},\boldsymbol{x}=\boldsymbol{A}_2\boldsymbol{B}_2\boldsymbol{x},\boldsymbol{x}=\boldsymbol{A}_3\boldsymbol{B}_3\boldsymbol{x}$$

这说明

$$\boldsymbol{A}_1\boldsymbol{B}_1=\boldsymbol{A}_2\boldsymbol{B}_2=\boldsymbol{A}_3\boldsymbol{B}_3=\boldsymbol{E}_2$$

前面提到过，单位阵 $\boldsymbol{E}$ 在矩阵中的地位与 1 在数中的地位类似. 对任何一个非零数 a，都存在另一个数 a^{-1}，使得 $a\times a^{-1}=1$，这里称 a^{-1} 为 a 的倒数，也叫 a 的逆元. 与此类似的，上式中的矩阵 $\boldsymbol{B}_1,\boldsymbol{B}_2,\boldsymbol{B}_3$ 就分别是矩阵 $\boldsymbol{A}_1,\boldsymbol{A}_2,\boldsymbol{A}_3$ 的“逆元”.

下面介绍可逆矩阵与逆矩阵的概念.

定义 1.9　设 $\boldsymbol{A}$ 为 n 阶矩阵，$\boldsymbol{E}_n$ 为 n 阶单位阵，若存在 n 阶矩阵 $\boldsymbol{B}$，使得

$$\boldsymbol{AB}=\boldsymbol{BA}=\boldsymbol{E}_n$$

则称 $\boldsymbol{A}$ 为可逆矩阵，$\boldsymbol{B}$ 为 $\boldsymbol{A}$ 的逆矩阵.

例如，$\boldsymbol{A}=\begin{pmatrix}1 & -1\\ 1 & 1\end{pmatrix}$，$\boldsymbol{B}=\begin{pmatrix}1/2 & 1/2\\ -1/2 & 1/2\end{pmatrix}$，因为

$$\boldsymbol{AB}=\boldsymbol{BA}=\boldsymbol{E}_2$$

所以 $\boldsymbol{A}$、$\boldsymbol{B}$ 均为可逆矩阵，并且 $\boldsymbol{A}$ 为 $\boldsymbol{B}$ 的逆矩阵，$\boldsymbol{B}$ 为 $\boldsymbol{A}$ 的逆矩阵.

如果矩阵 $\boldsymbol{A}$ 是可逆的，则它的逆矩阵一定是唯一的. 这是因为：若 $\boldsymbol{B}$、$\boldsymbol{C}$ 都是 $\boldsymbol{A}$ 的逆矩阵，则有

$$\boldsymbol{B}=\boldsymbol{BE}=\boldsymbol{B}(\boldsymbol{AC})=(\boldsymbol{BA})\boldsymbol{C}=\boldsymbol{EC}=\boldsymbol{C}$$

所以 $\boldsymbol{A}$ 的逆矩阵一定是唯一的.

采用数的逆元类似的表示方式，将 $\boldsymbol{A}$ 的逆矩阵记作 $\boldsymbol{A}^{-1}$，读成“$\boldsymbol{A}$ 的逆矩阵”. 即若 $\boldsymbol{AB}=\boldsymbol{BA}=\boldsymbol{E}$，则 $\boldsymbol{B}=\boldsymbol{A}^{-1}$.

注意：(1) 只有方阵才可讨论逆矩阵.

(2) 并不是每一个方阵都是可逆的，例如，零方阵就是不可逆的.

定理 1.1　设 $\boldsymbol{A}$、$\boldsymbol{B}$ 是 n 阶方阵，若 $\boldsymbol{AB}=\boldsymbol{E}$（或 $\boldsymbol{BA}=\boldsymbol{E}$），则方阵 $\boldsymbol{A}$、$\boldsymbol{B}$ 是可逆的，且 $\boldsymbol{A}^{-1}=\boldsymbol{B}$，$\boldsymbol{B}^{-1}=\boldsymbol{A}$.（证明略）

定理 1.1 表明对 n 阶方阵 $\boldsymbol{A}$，若能找到 n 阶方阵 $\boldsymbol{B}$，使得 $\boldsymbol{AB}=\boldsymbol{E}$，则 $\boldsymbol{B}$ 就是 $\boldsymbol{A}$ 的逆矩阵，这个结论也提供了一种求矩阵逆矩阵的方法.

例 1.16　设 $\boldsymbol{A}=\begin{pmatrix}4 & 1\\ 2 & 1\end{pmatrix}$，求 $\boldsymbol{A}$ 的逆矩阵.

解：设 $\boldsymbol{A}^{-1}=\begin{pmatrix}a & b\\ c & d\end{pmatrix}$，则有

$$\boldsymbol{AA}^{-1}=\begin{pmatrix}4 & 1\\ 2 & 1\end{pmatrix}\begin{pmatrix}a & b\\ c & d\end{pmatrix}=\begin{pmatrix}4a+c & 4b+d\\ 2a+c & 2b+d\end{pmatrix}=\begin{pmatrix}1 & 0\\ 0 & 1\end{pmatrix},$$

从而

$$\begin{cases} 4a+c=1 \\ 4b+d=0 \\ 2a+c=0 \\ 2b+d=1 \end{cases},$$

由此方程组可解出 $a=1/2, b=-1/2, c=-1, d=2$，所以 $\boldsymbol{A}^{-1}=\begin{pmatrix} 1/2 & -1/2 \\ -1 & 2 \end{pmatrix}$.

一般的，设 $\boldsymbol{A}=\begin{pmatrix} a & b \\ c & d \end{pmatrix}$，若 $ad-bc\neq 0$，则 $\boldsymbol{A}$ 可逆，且

$$\boldsymbol{A}^{-1}=\frac{1}{ad-bc}\begin{pmatrix} d & -b \\ -c & a \end{pmatrix} \tag{1.11}$$

因此，对于二阶可逆的方阵，可以用这个公式直接求逆矩阵.

1.3.2 可逆矩阵的性质

如同矩阵的其他基本运算一样，矩阵的求逆运算也满足一些运算规律，具体如下：

设 n 阶方阵 $\boldsymbol{A}$、$\boldsymbol{B}$ 可逆，λ 是数，且 $\lambda\neq 0$，则

(1) $\boldsymbol{A}^{-1}$ 也可逆，且 $(\boldsymbol{A}^{-1})^{-1}=\boldsymbol{A}$.

(2) $\lambda\boldsymbol{A}$ 可逆，且 $(\lambda\boldsymbol{A})^{-1}=\frac{1}{\lambda}\boldsymbol{A}^{-1}$.

(3) $\boldsymbol{A}^{\mathrm{T}}$ 也可逆，且 $(\boldsymbol{A}^{\mathrm{T}})^{-1}=(\boldsymbol{A}^{-1})^{\mathrm{T}}$.

(4) $\boldsymbol{AB}$ 可逆，且 $(\boldsymbol{AB})^{-1}=\boldsymbol{B}^{-1}\boldsymbol{A}^{-1}$.

例如，在例 1.16 中，$\boldsymbol{A}=\begin{pmatrix} 4 & 1 \\ 2 & 1 \end{pmatrix}$，$\boldsymbol{A}^{-1}=\begin{pmatrix} 1/2 & -1/2 \\ -1 & 2 \end{pmatrix}$，则 $2\boldsymbol{A}=\begin{pmatrix} 8 & 2 \\ 4 & 2 \end{pmatrix}$，根据公式(1.11)可知

$$(2\boldsymbol{A})^{-1}=\frac{1}{8}\begin{pmatrix} 2 & -2 \\ -4 & 8 \end{pmatrix}=\begin{pmatrix} 1/4 & -1/4 \\ -1/2 & 1 \end{pmatrix},$$

显然 $(2\boldsymbol{A})^{-1}=1/2\boldsymbol{A}^{-1}$.

再如，对上述矩阵 $\boldsymbol{A}$，$\boldsymbol{A}^{\mathrm{T}}=\begin{pmatrix} 4 & 2 \\ 1 & 1 \end{pmatrix}$，由公式(1.11)可知，

$$(\boldsymbol{A}^{\mathrm{T}})^{-1}=\frac{1}{2}\begin{pmatrix} 1 & -2 \\ -1 & 4 \end{pmatrix}=\begin{pmatrix} 1/2 & -1 \\ -1/2 & 2 \end{pmatrix}$$ 显然 $(\boldsymbol{A}^{\mathrm{T}})^{-1}=(\boldsymbol{A}^{-1})^{\mathrm{T}}$.

以上四条性质读者可以利用定理 1.1 自行验证，这里就不赘述了.

注意：(1) n 阶单位阵 $\boldsymbol{E}_n$ 的逆矩阵是它本身.

(2)若

$$\boldsymbol{A}_n=\begin{pmatrix}\lambda_1 & & & \\ & \lambda_2 & & \\ & & \ddots & \\ & & & \lambda_n\end{pmatrix},(\lambda_1\lambda_2\cdots\lambda_n\neq 0),$$

则

$$(\boldsymbol{A}_n)^{-1}=\begin{pmatrix}\frac{1}{\lambda_1} & & & \\ & \frac{1}{\lambda_2} & & \\ & & \ddots & \\ & & & \frac{1}{\lambda_n}\end{pmatrix}.$$

利用逆矩阵的定义和性质求矩阵的逆矩阵只适用于少数低阶的或者特殊结构的矩阵,有关逆矩阵的计算的更系统的方法将在第二章一一为读者介绍.

习题 1.3

1. 求下列矩阵的逆矩阵.

(1) $\begin{pmatrix}3 & -1\\ -2 & 1\end{pmatrix}$　(2) $\begin{pmatrix}2 & 0 & 0\\ 0 & 3 & 0\\ 0 & 0 & 4\end{pmatrix}$

2. 设 $\boldsymbol{A}=\begin{pmatrix}1 & 2 & 3\\ 2 & 2 & 1\\ 3 & 4 & 3\end{pmatrix}$,验证 $\boldsymbol{A}^{-1}=\begin{pmatrix}1 & 3 & -2\\ -3/2 & -3 & 5/2\\ 1 & 1 & -1\end{pmatrix}$,并求$(\boldsymbol{A}^{\mathrm{T}})^{-1}$.

3. 设 $\boldsymbol{A}=\begin{pmatrix}3 & 0 & 0\\ 0 & 2 & 0\\ 0 & 0 & 3\end{pmatrix}$,$\boldsymbol{AB}+\boldsymbol{E}=\boldsymbol{A}^2+\boldsymbol{B}$ 求矩阵 $\boldsymbol{B}$.

4. 已知矩阵 $\boldsymbol{A}$ 满足 $\boldsymbol{A}^2-\boldsymbol{A}=2\boldsymbol{E}$,证明 $\boldsymbol{A}$,$\boldsymbol{A}+2\boldsymbol{E}$ 均可逆,并求 $\boldsymbol{A}^{-1}$,$(\boldsymbol{A}+2\boldsymbol{E})^{-1}$.

1.4　分块矩阵

1.4.1　矩阵的分块

在处理阶数较高的矩阵时,通常采取的运算技巧是,将矩阵用横直线或者纵直线分成若干块，然后将每一个小块视为“元素”，以达到“化大矩阵为小矩阵”的目的. 熟练掌握分块的方法和分块之后的运算规律将会为研究矩阵带来方便.

例如，

$$\boldsymbol{A}=\left(\begin{array}{ccc:cc}1&0&0&0&2\\0&1&0&1&3\\0&0&1&1&0\\ \hdashline 0&0&0&4&1\\0&0&0&1&4\end{array}\right)=\begin{pmatrix}\boldsymbol{E}_3&\boldsymbol{A}_1\\\boldsymbol{0}&\boldsymbol{A}_2\end{pmatrix},$$

其中 $\boldsymbol{A}_1=\begin{pmatrix}0&2\\1&3\\1&0\end{pmatrix}$，$\boldsymbol{A}_2=\begin{pmatrix}4&1\\1&4\end{pmatrix}$，称 $\boldsymbol{A}=\begin{pmatrix}\boldsymbol{E}_3&\boldsymbol{A}_1\\\boldsymbol{0}&\boldsymbol{A}_2\end{pmatrix}$ 为 2×2 分块矩阵.

一个矩阵的分块方式很多，比如，对上述矩阵 $\boldsymbol{A}$，还可以将分割线平移到在其他的行或者列之间，将矩阵同样可分成四个子块；同时，也可增加上面的纵直线和横直线的条数，将矩阵 $\boldsymbol{A}$ 分成含有更多子块的分块阵. 除了这些分块的方式以外，下面再以上述矩阵 $\boldsymbol{A}$ 为例，列举两种常见的分块方式.

分法 1　按列分块，可记为 $\boldsymbol{A}=(\boldsymbol{\alpha}_1\quad\boldsymbol{\alpha}_2\quad\boldsymbol{\alpha}_3\quad\boldsymbol{\alpha}_4\quad\boldsymbol{\alpha}_5)$，其中

$$\boldsymbol{\alpha}_1=\begin{pmatrix}1\\0\\0\\0\\0\end{pmatrix},\boldsymbol{\alpha}_2=\begin{pmatrix}0\\1\\0\\0\\0\end{pmatrix},\boldsymbol{\alpha}_3=\begin{pmatrix}0\\0\\1\\0\\0\end{pmatrix},\boldsymbol{\alpha}_4=\begin{pmatrix}0\\1\\1\\4\\1\end{pmatrix},\boldsymbol{\alpha}_5=\begin{pmatrix}2\\3\\0\\1\\4\end{pmatrix}.$$

分法 2　按行分块，可记为 $\boldsymbol{A}=\begin{pmatrix}\boldsymbol{\beta}_1^{\mathrm{T}}\\\boldsymbol{\beta}_2^{\mathrm{T}}\\\boldsymbol{\beta}_3^{\mathrm{T}}\\\boldsymbol{\beta}_4^{\mathrm{T}}\\\boldsymbol{\beta}_5^{\mathrm{T}}\end{pmatrix}$，其中

$$\boldsymbol{\beta}_1^{\mathrm{T}}=(1\quad0\quad0\quad0\quad2),\boldsymbol{\beta}_2^{\mathrm{T}}=(0\quad1\quad0\quad1\quad3),\boldsymbol{\beta}_3^{\mathrm{T}}=(0\quad0\quad1\quad1\quad0),$$
$$\boldsymbol{\beta}_4^{\mathrm{T}}=(0\quad0\quad0\quad4\quad1),\boldsymbol{\beta}_5^{\mathrm{T}}=(0\quad0\quad0\quad1\quad4).$$

1.4.2　分块矩阵的运算性质

正如前面所言，对矩阵分块，是为了简化运算，所以在实际中，主要根据矩阵进行的运算和矩阵元素的特征来考虑如何分块.

下面讨论分块矩阵的运算性质.

(1) 分块矩阵的加法和减法

用分块矩阵作加、减法时，两个同型矩阵 $\boldsymbol{A}$、$\boldsymbol{B}$ 必须采取完全相同的分法，以确保两者

子块的行、列数完全相同，如

$$\boldsymbol{A}=\begin{pmatrix}\boldsymbol{A}_{11} & \cdots & \boldsymbol{A}_{1r}\\ \vdots & & \vdots\\ \boldsymbol{A}_{s1} & \cdots & \boldsymbol{A}_{sr}\end{pmatrix},\boldsymbol{B}=\begin{pmatrix}\boldsymbol{B}_{11} & \cdots & \boldsymbol{B}_{1r}\\ \vdots & & \vdots\\ \boldsymbol{B}_{s1} & \cdots & \boldsymbol{B}_{sr}\end{pmatrix},$$

且对应子块 $\boldsymbol{A}_{ij}$ 与 $\boldsymbol{B}_{ij}$ 的行、列数均相同，则

$$\boldsymbol{A}\pm\boldsymbol{B}=\begin{pmatrix}\boldsymbol{A}_{11}\pm\boldsymbol{B}_{11} & \cdots & \boldsymbol{A}_{1r}\pm\boldsymbol{B}_{1r}\\ \vdots & & \vdots\\ \boldsymbol{A}_{s1}\pm\boldsymbol{B}_{s1} & \cdots & \boldsymbol{A}_{sr}\pm\boldsymbol{B}_{sr}\end{pmatrix}.$$

(2) 分块矩阵的数乘

设 $\boldsymbol{A}=\begin{pmatrix}\boldsymbol{A}_{11} & \cdots & \boldsymbol{A}_{1r}\\ \vdots & & \vdots\\ \boldsymbol{A}_{s1} & \cdots & \boldsymbol{A}_{sr}\end{pmatrix}$，$\lambda$ 为常数，则 $\lambda\boldsymbol{A}=\begin{pmatrix}\lambda\boldsymbol{A}_{11} & \cdots & \lambda\boldsymbol{A}_{1r}\\ \vdots & & \vdots\\ \lambda\boldsymbol{A}_{s1} & \cdots & \lambda\boldsymbol{A}_{sr}\end{pmatrix}$.

(3) 分块矩阵的乘积

设 $\boldsymbol{A}$ 为 $m\times l$ 的矩阵，$\boldsymbol{B}$ 为的 $l\times n$ 矩阵，若利用分块阵计算 $\boldsymbol{A}$ 与 $\boldsymbol{B}$ 的乘积，则应使得分块后的分块阵保持 $\boldsymbol{A}$ 的列数等于 $\boldsymbol{B}$ 的行数不变，如

$$\boldsymbol{A}=\begin{pmatrix}\boldsymbol{A}_{11} & \cdots & \boldsymbol{A}_{1t}\\ \vdots & & \vdots\\ \boldsymbol{A}_{s1} & \cdots & \boldsymbol{A}_{st}\end{pmatrix},\boldsymbol{B}=\begin{pmatrix}\boldsymbol{B}_{11} & \cdots & \boldsymbol{B}_{1r}\\ \vdots & & \vdots\\ \boldsymbol{B}_{t1} & \cdots & \boldsymbol{B}_{tr}\end{pmatrix},$$

且要求 $\boldsymbol{A}_{i1},\boldsymbol{A}_{i2},\cdots,\boldsymbol{A}_{it}$ 的列数分别等于 $\boldsymbol{B}_{1j},\boldsymbol{B}_{2j},\cdots,\boldsymbol{B}_{tj}$ 的行数，也即 $\boldsymbol{A}$ 的列分法与 $\boldsymbol{B}$ 的行分法相同，这样

$$\boldsymbol{AB}=\boldsymbol{C}=\begin{pmatrix}\boldsymbol{C}_{11} & \cdots & \boldsymbol{C}_{1r}\\ \vdots & & \vdots\\ \boldsymbol{C}_{s1} & \cdots & \boldsymbol{C}_{sr}\end{pmatrix},$$

其中 $\boldsymbol{C}_{ij}=\boldsymbol{A}_{i1}\boldsymbol{B}_{1j}+\boldsymbol{A}_{i2}B_{2j}+\cdots+\boldsymbol{A}_{it}\boldsymbol{B}_{tj}\,(i=1,2,\cdots,s,j=1,2,\cdots,r)$.

在做分块矩阵的乘法时，要注意小块矩阵相乘的次序，只能是 $\boldsymbol{A}_{ik}\boldsymbol{B}_{kj}$，不能是 $\boldsymbol{B}_{kj}\boldsymbol{A}_{ik}$. 可以证明，分块相乘得到的 $\boldsymbol{AB}$ 的结果与不分块直接相乘求得的结果完全相同.

(4) 分块矩阵的转置

设 $\boldsymbol{A}=\begin{pmatrix}\boldsymbol{A}_{11} & \boldsymbol{A}_{12} & \cdots & \boldsymbol{A}_{1t}\\ \boldsymbol{A}_{21} & \boldsymbol{A}_{22} & \cdots & \boldsymbol{A}_{2t}\\ \vdots & \vdots & & \vdots\\ \boldsymbol{A}_{s1} & \boldsymbol{A}_{s2} & \cdots & \boldsymbol{A}_{st}\end{pmatrix}$，则 $\boldsymbol{A}^{\mathrm{T}}=\begin{pmatrix}\boldsymbol{A}_{11}^{\mathrm{T}} & \boldsymbol{A}_{21}^{\mathrm{T}} & \cdots & \boldsymbol{A}_{s1}^{\mathrm{T}}\\ \boldsymbol{A}_{12}^{\mathrm{T}} & \boldsymbol{A}_{22}^{\mathrm{T}} & \cdots & \boldsymbol{A}_{s2}^{\mathrm{T}}\\ \vdots & \vdots & & \vdots\\ \boldsymbol{A}_{1t}^{\mathrm{T}} & \boldsymbol{A}_{2t}^{\mathrm{T}} & \cdots & \boldsymbol{A}_{st}^{\mathrm{T}}\end{pmatrix}$.

(5) 分块对角阵

当 n 阶方阵 $\boldsymbol{A}$ 的非零元集中在主对角线附近时，可分块为

$$A=\begin{pmatrix}A_1 & & & \\ & A_2 & & \\ & & \ddots & \\ & & & A_s\end{pmatrix}$$

其中$A_i(i=1,2,\cdots,s)$是方阵.此时称A为分块对角阵,又称为准对角阵.

例如

$$A=\left(\begin{array}{cc:cc}5 & 2 & 0 & 0\\ 2 & 1 & 0 & 0\\ \hdashline 0 & 0 & 8 & 3\\ 0 & 0 & 5 & 2\end{array}\right)=\begin{pmatrix}A_1 & \\ & A_2\end{pmatrix},$$

其中$A_1=\begin{pmatrix}5 & 2\\ 2 & 1\end{pmatrix}$,$A_2=\begin{pmatrix}8 & 3\\ 5 & 2\end{pmatrix}$,$\begin{pmatrix}A_1 & \\ & A_2\end{pmatrix}$便是一个$2\times 2$的分块对角阵.

分块对角阵有一些较好的运算性质,比如

若

$$A=\begin{pmatrix}A_1 & & & \\ & A_2 & & \\ & & \ddots & \\ & & & A_s\end{pmatrix},$$

且$A_i(i=1,2,\cdots,s)$可逆,则矩阵A可逆,且

$$A^{-1}=\begin{pmatrix}A_1^{-1} & & & \\ & A_2^{-1} & & \\ & & \ddots & \\ & & & A_s^{-1}\end{pmatrix}.$$

再如,

$$A^{T}=\begin{pmatrix}A_1^{T} & & & \\ & A_2^{T} & & \\ & & \ddots & \\ & & & A_s^{T}\end{pmatrix}$$

还有

$$A^{k}=\begin{pmatrix}A_1^{k} & & & \\ & A_2^{k} & & \\ & & \ddots & \\ & & & A_s^{k}\end{pmatrix}.$$

由上述定义不难发现,分块矩阵的运算规则与普通矩阵的运算规则形式上完全一样,

只是在分块的时候要注意运算是否可行.

例 1.17　利用矩阵的分块,求 $\boldsymbol{A}+\boldsymbol{B}, k\boldsymbol{A}, \boldsymbol{AB}, \boldsymbol{A}^{\mathrm{T}}$,其中

$$\boldsymbol{A}=\begin{pmatrix}1&0&0&0\\0&1&0&0\\-1&1&-1&0\\1&-1&0&-1\end{pmatrix},\boldsymbol{B}=\begin{pmatrix}-1&1&1&0\\0&2&0&1\\0&0&2&1\\0&0&1&1\end{pmatrix}.$$

解:将 $\boldsymbol{A}$、$\boldsymbol{B}$ 分块如下:

$$\boldsymbol{A}=\left(\begin{array}{cc:cc}1&0&0&0\\0&1&0&0\\\hdashline -1&1&-1&0\\1&-1&0&-1\end{array}\right)=\begin{pmatrix}\boldsymbol{E}_2&\boldsymbol{0}\\\boldsymbol{A}_1&-\boldsymbol{E}_2\end{pmatrix},\boldsymbol{B}=\left(\begin{array}{cc:cc}-1&1&1&0\\0&2&0&1\\\hdashline 0&0&2&1\\0&0&1&1\end{array}\right)=\begin{pmatrix}\boldsymbol{B}_1&\boldsymbol{E}_2\\\boldsymbol{0}&\boldsymbol{B}_2\end{pmatrix}.$$

其中

$$\boldsymbol{A}_1=\begin{pmatrix}-1&1\\1&-1\end{pmatrix},\boldsymbol{B}_1=\begin{pmatrix}-1&1\\0&2\end{pmatrix},\boldsymbol{B}_2=\begin{pmatrix}2&1\\1&1\end{pmatrix}.$$

则

$$\boldsymbol{A}+\boldsymbol{B}=\begin{pmatrix}\boldsymbol{E}_2&\boldsymbol{0}\\\boldsymbol{A}_1&-\boldsymbol{E}_2\end{pmatrix}+\begin{pmatrix}\boldsymbol{B}_1&\boldsymbol{E}_2\\\boldsymbol{0}&\boldsymbol{B}_2\end{pmatrix}=\begin{pmatrix}\boldsymbol{E}_2+\boldsymbol{B}_1&\boldsymbol{E}_2\\\boldsymbol{A}_1&-\boldsymbol{E}_2+\boldsymbol{B}_2\end{pmatrix},$$

$$k\boldsymbol{A}=\begin{pmatrix}k\boldsymbol{E}_2&\boldsymbol{0}\\k\boldsymbol{A}_1&-k\boldsymbol{E}_2\end{pmatrix},\boldsymbol{AB}=\begin{pmatrix}\boldsymbol{E}_2&\boldsymbol{0}\\\boldsymbol{A}_1&-\boldsymbol{E}_2\end{pmatrix}\begin{pmatrix}\boldsymbol{B}_1&\boldsymbol{E}_2\\\boldsymbol{0}&\boldsymbol{B}_2\end{pmatrix}=\begin{pmatrix}\boldsymbol{B}_1&\boldsymbol{E}_2\\\boldsymbol{A}_1\boldsymbol{B}_1&\boldsymbol{A}_1-\boldsymbol{B}_2\end{pmatrix},$$

$$\boldsymbol{A}^{\mathrm{T}}=\begin{pmatrix}\boldsymbol{E}_2&\boldsymbol{A}_1^{\mathrm{T}}\\\boldsymbol{0}&-\boldsymbol{E}_2\end{pmatrix},$$

分别计算 $\boldsymbol{E}_2+\boldsymbol{B}_1, -\boldsymbol{E}_2+\boldsymbol{B}_2, k\boldsymbol{E}_2, k\boldsymbol{A}_1, \boldsymbol{A}_1\boldsymbol{B}_1, \boldsymbol{A}_1-\boldsymbol{B}_2, \boldsymbol{A}_1^{\mathrm{T}}$,代入以上四式可得:

$$\boldsymbol{A}+\boldsymbol{B}=\begin{pmatrix}0&1&1&0\\0&3&0&1\\-1&1&1&1\\1&-1&1&0\end{pmatrix},k\boldsymbol{A}=\begin{pmatrix}k&0&0&0\\0&k&0&0\\-k&k&-k&0\\k&-k&0&-k\end{pmatrix},$$

$$\boldsymbol{AB}=\begin{pmatrix}-1&1&1&0\\0&2&0&1\\1&1&-3&0\\-1&-1&0&-2\end{pmatrix},\boldsymbol{A}^{\mathrm{T}}=\begin{pmatrix}1&0&-1&1\\0&1&1&-1\\0&0&-1&0\\0&0&0&-1\end{pmatrix}.$$

不难验证,如果不分块直接计算,结果与上述结果完全相同,但有的计算量会大一些.

例 1.18　设 $\boldsymbol{A}=\begin{pmatrix}5&2&0&0\\2&1&0&0\\0&0&8&3\\0&0&5&2\end{pmatrix}$,求 $\boldsymbol{A}^2$.

解:将已知矩阵按如下方式分块可得

$$A=\left(\begin{array}{cc:cc}5&2&0&0\\2&1&0&0\\ \hdashline 0&0&8&3\\0&0&5&2\end{array}\right)=\begin{pmatrix}A_1&\\&A_2\end{pmatrix},$$

其中 $A_1=\begin{pmatrix}5&2\\2&1\end{pmatrix}$,$A_2=\begin{pmatrix}8&3\\5&2\end{pmatrix}$,这是一个 2×2 的分块对角阵,根据分块对角阵的运算性质有:

$$A^2=\begin{pmatrix}A_1^2&\\&A_2^2\end{pmatrix},$$

而

$$A_1^2=\begin{pmatrix}5&2\\2&1\end{pmatrix}\begin{pmatrix}5&2\\2&1\end{pmatrix}=\begin{pmatrix}29&12\\12&5\end{pmatrix},A_2^2=\begin{pmatrix}8&3\\5&2\end{pmatrix}\begin{pmatrix}8&3\\5&2\end{pmatrix}=\begin{pmatrix}79&30\\50&19\end{pmatrix},$$

所以

$$A^2=\begin{pmatrix}29&12&0&0\\12&5&0&0\\0&0&79&30\\0&0&50&19\end{pmatrix}.$$

习题 1.4

1. 设 $A=\begin{pmatrix}1&-1&1&0\\3&2&0&1\\3&0&0&0\\0&3&0&0\end{pmatrix}$,$B=\begin{pmatrix}2&1&0&0\\-3&1&0&0\\1&0&3&0\\0&1&0&3\end{pmatrix}$,利用矩阵分块求 AB,BA.

2. 设 n 阶方阵 A 及 s 阶方阵 B 都可逆,验证下列结论.

(1) $\begin{pmatrix}0&A\\B&0\end{pmatrix}^{-1}=\begin{pmatrix}0&B^{-1}\\A^{-1}&0\end{pmatrix}$. (2) $\begin{pmatrix}A&0\\C&B\end{pmatrix}^{-1}=\begin{pmatrix}A^{-1}&0\\-B^{-1}CA^{-1}&B^{-1}\end{pmatrix}$.

3. 求下列矩阵的逆矩阵.

(1) $\begin{pmatrix}5&2&0&0\\2&1&0&0\\0&0&8&3\\0&0&5&2\end{pmatrix}$. (2) $\begin{pmatrix}1&0&0&0\\1&2&0&0\\2&1&3&0\\1&2&1&4\end{pmatrix}$.

1.5 应用举例

线性代数是以向量和矩阵为研究对象，以实向量空间为背景的一个重要的数学工具.本节将介绍几个矩阵及其基本运算在经济管理、工程技术以及图论等方面的应用案例，读者可根据自己的需求选择性地阅读本节内容.

1.5.1 矩阵在销售情况统计中的应用

例 1.19 已知某奶制品销售商欲根据去年一季度在甲、乙两个城市三个一线品牌的牛奶的销售相关数据来制定今年一季度的销售方案.在数据统计过程中，他们将目标锁定在牛奶消费的 A,B 两类主要群体.经过市场调研他们发现，这两类消费群体习惯于在当地的两个大型连锁超市 1、2 购买牛奶，并且还发现超市 1、2 三种品牌牛奶的单价、城市甲、乙两类消费群体人员的数目以及两类消费者一季度购买不同品牌的牛奶的数量分别如表 1.5～1.7 所示，请问一季度这两类消费者在每个超市用于购买牛奶的费用支出分别是多少？一季度甲乙两个城市每种品牌的牛奶的销售量是多少？

表 1.5　超市 1、2 一季度牛奶单价(单位:元/盒)

	超市 1	超市 2
品牌 1	3	4
品牌 2	4	5
品牌 3	3	2

表 1.6　城市甲、乙牛奶消费群体的人员数量(单位:万人)

	消费群体 A	消费群体 B
城市甲	200	300
城市乙	500	450

表 1.7　消费者 A、B 一季度的牛奶购买量(单位:盒/人)

	品牌 1	品牌 2	品牌 3
消费群体 A	25	20	40
消费群体 B	30	10	30

解:设以上三个表格中的矩阵分别为

$$A=\begin{pmatrix}3&4\\4&5\\3&2\end{pmatrix},B=\begin{pmatrix}200&300\\500&450\end{pmatrix},C=\begin{pmatrix}25&20&40\\30&10&30\end{pmatrix}.$$

若把每个超市每个消费者用于购买牛奶的费用用矩阵 D 表示,则

$$D=CA=\begin{pmatrix}25&20&40\\30&10&30\end{pmatrix}\begin{pmatrix}3&4\\4&5\\3&2\end{pmatrix}=\begin{pmatrix}275&280\\220&230\end{pmatrix}.$$

这说明一季度消费群体 A 中每人在超市 1、2 用于购买牛奶的费用支出分别是 275、280 元;消费群体 B 中每人在超市 1、2 用于购买牛奶的费用支出分别是 220、230 元.如表 1.8 所示。

表 1.8　每个超市每个消费者用于购买牛奶的费用(单位:元/人)

	超市 1	超市 2
消费群体 A	275	280
消费群体 B	220	230

若把甲乙两个城市每种品牌的牛奶的销售量用矩阵 F 来表示,则

$$F=BC=\begin{pmatrix}200&300\\500&450\end{pmatrix}\begin{pmatrix}25&20&40\\30&10&30\end{pmatrix}=\begin{pmatrix}14\ 000&7\ 000&17\ 000\\26\ 000&14\ 500&33\ 500\end{pmatrix}.$$

这说明一季度甲城市三种品牌的牛奶的销量分别为 14 000,7 000,17 000 万盒;乙城市三种品牌的牛奶的销量分别为 26 000,14 500,33 500 万盒,如表 1.9 所示。

表 1.9　甲乙两个城市每种品牌的牛奶的销售量(单位:万盒)

	品牌 1	品牌 2	品牌 3
城市甲	14 000	7 000	17 000
城市乙	26 000	14 500	33 500

1.5.2　矩阵在电路设计问题中的应用

电路是电子元件的核心,参数的计算是电路设计的重要环节.电路的设计主要依据客观需要和物理学定理.在实际操作中,经常把电路分割为局部电路,每一个电路都用一个网络"黑盒子"来表示.

假设某一个"黑盒子"的输入为 u_1, i_1,输出为 u_2, i_2(如图 1.6 所示),令

$$\begin{pmatrix} u_2 \\ i_2 \end{pmatrix} = \mathbf{A} \begin{pmatrix} u_1 \\ i_1 \end{pmatrix},$$

其中 $\mathbf{A}$ 是二阶方阵，称之为该局部电路的传输矩阵.

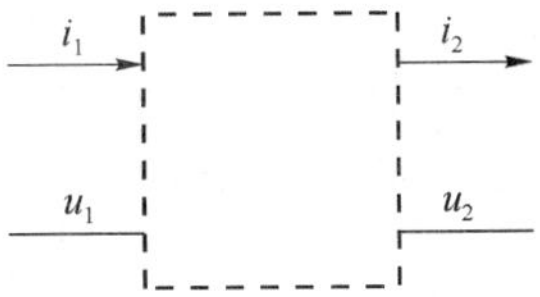

图 1.6

在分析电路的过程中，通常采取的简化处理方式是，将复杂的电路看成是若干个局部电路串接的结果，这样便于计算整个电路的传输矩阵.

例 1.20　设某电路由一个串联电路和一个并联电路串接而成（如图 1.7 所示），求此电路的传输矩阵.

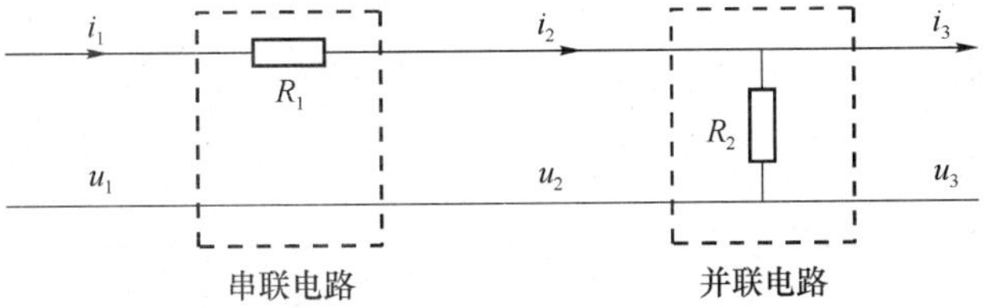

图 1.7

解：显然，上述电路由一个串联电路和一个并联电路串接而成，因此，在第一阶段根据欧姆定理有

$$i_2 = i_1, u_2 = u_1 - i_1 R_1,$$

即

$$\begin{pmatrix} u_2 \\ i_2 \end{pmatrix} = \begin{pmatrix} 1 & -R_1 \\ 0 & 1 \end{pmatrix} \begin{pmatrix} u_1 \\ i_1 \end{pmatrix} = \mathbf{A}_1 \begin{pmatrix} u_1 \\ i_1 \end{pmatrix}.$$

在第二阶段有

$$i_3 = i_2 - \frac{u_2}{R_2}, u_3 = u_2,$$

即

$$\begin{pmatrix} u_3 \\ i_3 \end{pmatrix} = \begin{pmatrix} 1 & 0 \\ -\frac{1}{R_2} & 1 \end{pmatrix} \begin{pmatrix} u_2 \\ i_2 \end{pmatrix} = \mathbf{A}_2 \begin{pmatrix} u_2 \\ i_2 \end{pmatrix}$$

由此可以得到两个局部电路的传输矩阵

$$A_1=\begin{pmatrix}1 & -R_1\\0 & 1\end{pmatrix},A_2=\begin{pmatrix}1 & 0\\-\frac{1}{R_2} & 1\end{pmatrix}.$$

因此,整个电路的传输矩阵

$$A=A_2A_1=\begin{pmatrix}1 & 0\\-\frac{1}{R_2} & 1\end{pmatrix}\begin{pmatrix}1 & -R_1\\0 & 1\end{pmatrix}=\begin{pmatrix}1 & -R_1\\-\frac{1}{R_2} & \frac{R_1}{R_2}+1\end{pmatrix}.$$

1.5.3 邻接矩阵及其应用

图论是应用数学的一个重要分支,图论在通信及交通领域有着广泛的应用.

一个图定义为顶点和边的集合,一般记为 $G=(V,E)$,其中 V 是图中全体顶点的集合,E 为所有边的集合.图可分为有向图和无向图,有向图的边是有向边,无向图的边是无向边.图 1.8 是一个无向图,其顶点集为 $V_1=\{v_1,v_2,v_3,v_4,v_5\}$,边集为 $E_1=\{e_1,e_2,e_3,e_4,e_5,e_6,e_7\}$;图 1.9 是一个有向图,其顶点集为 $V_2=\{v_1,v_2,v_3,v_4\}$,边集为 $E_2=\{e_1,e_2,e_3,e_4,e_5,e_6\}$.需要注意的是,$E_2$ 中的边都是有向边.

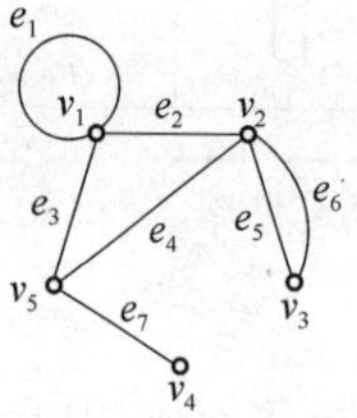

图 1.8

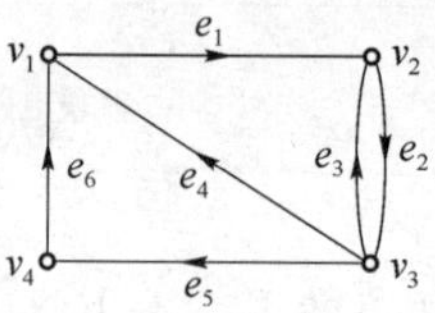

图 1.9

当顶点数目较多,顶点之间的边的连接比较复杂时,用上述集合的方式或直接画图的方式表示图都不方便,为此引进**邻接矩阵**来表示图.如果图中包含 n 个顶点,定义一个 n 阶方阵 $A=(a_{ij})_n$,其中 a_{ij} 表示顶点 v_i 邻接到顶点 v_j 的边的条数.

例如,图 1.9 的邻接矩阵为

$$A=\begin{pmatrix}0 & 1 & 0 & 0\\0 & 0 & 1 & 0\\1 & 1 & 0 & 1\\1 & 0 & 0 & 0\end{pmatrix}$$

图论中通常用是否有通路来表示一个顶点是否可达另一个顶点.所谓**通路**指的是从一个顶点到另一个顶点所经过的边构成的序列.一个通路中包含的边的条数称为这个通路的长度.例如,在图 1.9 中,从顶点 v_1 到顶点 v_2 存在长度 1 为的通路 e_1,从顶点 v_1 到顶点 v_4 存在长度为 3 的通路 $e_1e_2e_5$.

定理 1.2 设 A 为某图的 n 阶邻接矩阵,$A^k=(a_{ij}^{(k)})_{n\times n}$,则 $a_{ij}^{(k)}$ 表示从顶点 v_i 到顶点

v_j 的长度为 k 的通路的条数.

上述定理表明,通过邻接矩阵的幂运算,可以求图中任意两点之间给定长度的通路条数.下面举一个与此相关的应用实例.

例 1.21　设某四个城市之间的单向航线图如图 1.9 所示,问从城市 v_1 经一次中转能否到达城市 v_3?从城市 v_4 能到达城市 v_3 吗,如果能,至少需要中转几次?

解:因为图 1.9 的邻接矩阵

$$\mathbf{A}=\begin{pmatrix}0&1&0&0\\0&0&1&0\\1&1&0&1\\1&0&0&0\end{pmatrix}$$

而

$$\mathbf{A}^2=\begin{pmatrix}0&1&0&0\\0&0&1&0\\1&1&0&1\\1&0&0&0\end{pmatrix}\begin{pmatrix}0&1&0&0\\0&0&1&0\\1&1&0&1\\1&0&0&0\end{pmatrix}=\begin{pmatrix}0&0&1&0\\1&1&0&1\\1&1&1&0\\0&1&0&0\end{pmatrix}$$

$$\mathbf{A}^3=\mathbf{A}^2\mathbf{A}=\begin{pmatrix}0&0&1&0\\1&1&0&1\\1&1&1&0\\0&1&0&0\end{pmatrix}\begin{pmatrix}0&1&0&0\\0&0&1&0\\1&1&0&1\\1&0&0&0\end{pmatrix}=\begin{pmatrix}1&1&0&1\\1&1&1&0\\1&2&1&1\\0&0&1&0\end{pmatrix}$$

要想经过一次中转从城市 v_1 到达城市 v_3,则要求 v_1 到 v_3 之间有长度为 2 的通路,在矩阵 $\mathbf{A}^2$ 中,第一行第三列的元素为 1,这说明存在这样的通路 1 条,所以能经过一次中转从城市 v_1 到达城市 v_3,具体通路为 e_1e_2,也即从城市 v_2 中转即可;从上面 $\mathbf{A}$、$\mathbf{A}^2$、$\mathbf{A}^3$ 的形式可以看出,前两个矩阵的第四行第三列的元素均为 0,而 $\mathbf{A}^3$ 的第四行第三列的元素为 1,这说明从 v_4 到 v_3 不存在长度为 1 和 2 的通路,存在 1 条长度为 3 的通路($e_6e_1e_2$),也就是说要想从 v_4 到 v_3,至少需要中转两次,应先从 v_4 到 v_1,再到 v_2,然后到达 v_3.

第 2 章　矩阵的初等变换及方阵的行列式

在第 1 章介绍高斯消元法时，曾提到了对方程组施行的三种变换，把这三种变换对应地用到方程组的增广矩阵上去，其实就是矩阵的三类初等变换. 本章将进一步介绍矩阵的初等变换，探讨矩阵的初等变换与矩阵的乘积的关系，在此基础上介绍用初等变换求矩阵的行阶梯形、行最简形、标准形、逆矩阵以及矩阵的秩的方法；同时，本章还将介绍方阵的行列式以及行列式的性质和计算.

2.1　矩阵的初等变换与初等矩阵

2.1.1　矩阵的初等变换

回顾第一章求解方程组(1.1)的求解过程，可以看出，通过高斯消元法，先将原方程组化成它所对应的行阶梯形方程组(1.4)，然后接着化成行最简形方程组(1.8)，从而得到了方程组的解.

$$\begin{cases}2x_1+3x_2-3x_3=9\\ x_1+2x_2+x_3=4\\ 3x_1+7x_2+4x_3=19\end{cases}\tag{1.1}$$

$$\begin{cases}x_1+2x_2+x_3=4\\ -x_2-5x_3=1\\ -4x_3=8\end{cases}\tag{1.4}$$

$$\begin{cases}x_1=-12\\ x_2=9\\ x_3=-2\end{cases}\tag{1.8}$$

伴随着这个过程，方程组的增广矩阵有以下变换过程：

$$\boldsymbol{B}=\begin{pmatrix}2&3&-3&9\\1&2&1&4\\3&7&4&19\end{pmatrix}\to\begin{pmatrix}1&2&1&4\\0&-1&-5&1\\0&0&-4&8\end{pmatrix}=\boldsymbol{C}\to\begin{pmatrix}1&0&0&-12\\0&1&0&9\\0&0&1&-2\end{pmatrix}=\boldsymbol{D}$$

从矩阵 $\boldsymbol{B}$ 到矩阵 $\boldsymbol{C}$ 的过程中运用了以下三种变换：

(1) 交换矩阵的某两行(列)，如交换矩阵的第 i 行(列)和第 j 行(列)，记作 $r_i\leftrightarrow r_j$

$(c_i \leftrightarrow c_j)$;

(2) 用非零常数 k 乘矩阵的某一行(列),如以常数 $k \neq 0$ 乘矩阵的第 i 行(列),记作 $kr_i(kc_i)$;

(3) 将矩阵某一行(列)的 k 倍加到另一行(列)上去,如将矩阵第 j 行(列)的 k 倍加到第 i 行(列)上去,记作 $r_i + kr_j(c_i + kc_j)$.

称以上三种变换为矩阵的初等行(列)变换.矩阵的初等行变换与初等列变换统称为**初等变换**.

不难看出,以上三种初等变换都是可逆的,且其逆变换是同一种类型的初等变换.

例如,

$$\boldsymbol{A}=\begin{pmatrix}3 & 1 & 0 & 2\\ 1 & -1 & 2 & -1\\ 1 & 3 & -4 & 4\end{pmatrix}\xrightarrow{r_1 \leftrightarrow r_3}\begin{pmatrix}1 & 3 & -4 & 4\\ 1 & -1 & 2 & -1\\ 3 & 1 & 0 & 2\end{pmatrix}=\boldsymbol{B},$$

$$\boldsymbol{B}=\begin{pmatrix}1 & 3 & -4 & 4\\ 1 & -1 & 2 & -1\\ 3 & 1 & 0 & 2\end{pmatrix}\xrightarrow{r_1 \leftrightarrow r_3}\begin{pmatrix}3 & 1 & 0 & 2\\ 1 & -1 & 2 & -1\\ 1 & 3 & -4 & 4\end{pmatrix}=\boldsymbol{A}.$$

显然,矩阵 $\boldsymbol{A}$ 经过一次第一类初等行变换变成了矩阵 $\boldsymbol{B}$,将 $\boldsymbol{B}$ 作一次相同的变换就变回 $\boldsymbol{A}$ 了.

再如

$$\boldsymbol{A}=\begin{pmatrix}3 & 1 & 0 & 2\\ 1 & -1 & 2 & -1\\ 1 & 3 & -4 & 4\end{pmatrix}\xrightarrow{r_1 + 3r_2}\begin{pmatrix}6 & -2 & 6 & -1\\ 1 & -1 & 2 & -1\\ 1 & 3 & -4 & 4\end{pmatrix}=\boldsymbol{C},$$

$$\boldsymbol{C}=\begin{pmatrix}6 & -2 & 6 & -1\\ 1 & -1 & 2 & -1\\ 1 & 3 & -4 & 4\end{pmatrix}\xrightarrow{r_1 - 3r_2}\begin{pmatrix}3 & 1 & 0 & 2\\ 1 & -1 & 2 & -1\\ 1 & 3 & -4 & 4\end{pmatrix}=\boldsymbol{A}.$$

矩阵 $\boldsymbol{A}$ 经过一次第三类初等行变换(将第二行的 3 倍加到第一行)变成了矩阵 $\boldsymbol{C}$,将 $\boldsymbol{C}$ 作一次相同类型的变换(将第二行的 -3 倍加到第一行)就变回 $\boldsymbol{A}$ 了.

定义 2.1　矩阵 $\boldsymbol{A}$ 经过有限次初等变换变成矩阵 $\boldsymbol{B}$,则称矩阵 $\boldsymbol{A}$ 与 $\boldsymbol{B}$ 等价,记作 $\boldsymbol{A} \sim \boldsymbol{B}$.

例如,在以上例子中,矩阵,$\boldsymbol{A} \sim \boldsymbol{B}$,$\boldsymbol{A} \sim \boldsymbol{C}$.

矩阵的等价关系满足以下性质:

(1) 自身性:$\boldsymbol{A} \sim \boldsymbol{A}$;

(2) 对称性:若 $\boldsymbol{A} \sim \boldsymbol{B}$,则 $\boldsymbol{B} \sim \boldsymbol{A}$;

(3) 传递性:若 $\boldsymbol{A} \sim \boldsymbol{B}$,$\boldsymbol{B} \sim \boldsymbol{C}$,则 $\boldsymbol{A} \sim \boldsymbol{C}$.

例 2.1　对矩阵

$$A=\begin{pmatrix}3 & 1 & 0 & 2\\ 1 & -1 & 2 & -1\\ 2 & 2 & -2 & 3\end{pmatrix}$$

分别进行下列初等变换：

(1) 交换第一、二行；

(2) 用数 3 乘以第二列；

(3) 将第一行的 2 倍加到第三行.

解：(1) 交换第一、二行，即

$$A=\begin{pmatrix}3 & 1 & 0 & 2\\ 1 & -1 & 2 & -1\\ 2 & 2 & -2 & 3\end{pmatrix}\xrightarrow{r_1\leftrightarrow r_2}\begin{pmatrix}1 & -1 & 2 & -1\\ 3 & 1 & 0 & 2\\ 2 & 2 & -2 & 3\end{pmatrix}.$$

(2) 用数 3 乘以第 2 列，即

$$A=\begin{pmatrix}3 & 1 & 0 & 2\\ 1 & -1 & 2 & -1\\ 2 & 2 & -2 & 3\end{pmatrix}\xrightarrow{3c_2}\begin{pmatrix}3 & 3 & 0 & 2\\ 1 & -3 & 2 & -1\\ 2 & 6 & -2 & 3\end{pmatrix}.$$

(3)将第一行的 2 倍加到第三行，即

$$A=\begin{pmatrix}3 & 1 & 0 & 2\\ 1 & -1 & 2 & -1\\ 2 & 2 & -2 & 3\end{pmatrix}\xrightarrow{r_3+2r_1}\begin{pmatrix}3 & 1 & 0 & 2\\ 1 & -1 & 2 & -1\\ 8 & 4 & -2 & 7\end{pmatrix}.$$

定义 2.2 满足下列条件的矩阵称为**行阶梯形矩阵**：

(1) 零行(元素全为零的行)位于矩阵的下方；

(2) 各非零行(元素不全为零的行)的第一个非零元(从左往右的第一个不为零的元素)的列标随着行标的增大而严格增大.

例如，矩阵

$$\begin{pmatrix}1 & 2 & 1 & 4\\ 0 & -1 & -5 & 1\\ 0 & 0 & -4 & 8\end{pmatrix}$$

是一个行阶梯形矩阵，这类矩阵最明显的特点是可以画出上述“阶梯线”，“阶梯线”中的“台阶”数正好等于矩阵非零行的行数.

定义 2.3 满足下列条件的行阶梯形矩阵称为**行最简形矩阵**：

(1) 每个非零行的第一个非零元为 1；

(2) 每个非零行的第一个非零元所在列的其余元素全为 0.

例如，矩阵

$$\begin{pmatrix}1&0&0&-12\\0&1&0&9\\0&0&1&-2\end{pmatrix}$$

是一个行最简形矩阵，当然也是一个行阶梯形矩阵.

由第一章第一节方程组(1.1)的求解过程的矩阵描述可知，对于任何矩阵，总可以经过有限次初等行变换化出它所对应的行阶梯形矩阵，进而化为行最简形.

例 2.2　利用矩阵的初等行变换化简矩阵为行阶梯形和行最简形.

$$\boldsymbol{A}=\begin{pmatrix}3&1&0&2\\1&-1&2&-1\\2&2&-2&3\end{pmatrix}$$

解：

$$\boldsymbol{A}=\begin{pmatrix}3&1&0&2\\1&-1&2&-1\\2&2&-2&3\end{pmatrix}\xrightarrow{r_1\leftrightarrow r_2}\begin{pmatrix}1&-1&2&-1\\3&1&0&2\\2&2&-2&3\end{pmatrix}\xrightarrow[r_3-2r_1]{r_2-3r_1}$$

$$\begin{pmatrix}1&-1&2&-1\\0&4&-6&5\\0&4&-6&5\end{pmatrix}\xrightarrow{r_3-r_2}\begin{pmatrix}1&-1&2&-1\\0&4&-6&5\\0&0&0&0\end{pmatrix}\xrightarrow{r_2\times\frac{1}{4}}$$

$$\begin{pmatrix}1&-1&2&-1\\0&1&-3/2&5/4\\0&0&0&0\end{pmatrix}\xrightarrow{r_1+r_2}\begin{pmatrix}1&0&1/2&1/4\\0&1&-3/2&5/4\\0&0&0&0\end{pmatrix}$$

令

$$\boldsymbol{B}=\begin{pmatrix}1&-1&2&-1\\0&4&-6&5\\0&0&0&0\end{pmatrix},\boldsymbol{C}=\begin{pmatrix}1&0&1/2&1/4\\0&1&-3/2&5/4\\0&0&0&0\end{pmatrix},$$

则矩阵 $\boldsymbol{A}\sim\boldsymbol{B},\boldsymbol{A}\sim\boldsymbol{C}$，矩阵 $\boldsymbol{B}$ 是 $\boldsymbol{A}$ 所对应的行阶梯形矩阵，矩阵 $\boldsymbol{C}$ 是 $\boldsymbol{A}$ 的行最简形. 用初等变换化矩阵为行阶梯形或行最简形在后面经常会用到，读者应熟练掌握此方法.

下面再给一个利用矩阵的初等变换解方程组的例子.

例 2.3　解方程组

$$\begin{cases}x_1+x_2-x_3=4\\-x_1-x_2+2x_3=1\\x_1-x_2+2x_3=-4\end{cases}$$

解：对方程组的增广矩阵 $\boldsymbol{B}$ 进行初等行变换得：

$$\begin{pmatrix}1&1&-1&4\\-1&-1&2&1\\1&-1&2&-4\end{pmatrix}\xrightarrow[r_3-r_1]{r_2+r_1}\begin{pmatrix}1&1&-1&4\\0&0&1&5\\0&-2&3&-8\end{pmatrix}\xrightarrow{r_2\leftrightarrow r_3}$$

$$\begin{pmatrix}1&1&-1&4\\0&-2&3&-8\\0&0&1&5\end{pmatrix}\xrightarrow{r_2\times\left(-\frac{1}{2}\right)}\begin{pmatrix}1&1&-1&4\\0&1&-3/2&4\\0&0&1&5\end{pmatrix}\xrightarrow[r_2+\frac{3}{2}r_3]{r_1-r_2}$$

$$\begin{pmatrix}1&0&1/2&0\\0&1&0&23/2\\0&0&1&5\end{pmatrix}\xrightarrow{r_1-\frac{1}{2}r_3}\begin{pmatrix}1&0&0&-5/2\\0&1&0&23/2\\0&0&1&5\end{pmatrix}$$

由此可知,方程组的解为 $x_1=-5/2, x_2=23/2, x_3=5$.

由以上方法可知,当线性方程组 $\boldsymbol{Ax}=\boldsymbol{b}$ 有唯一解时,可以通过将其增广矩阵作初等行变换化为行最简形来求解.然而并不是所有的线性方程组求解的问题都可以按此方法解决,关于线性方程组的解的判定定理和求解方法将在第三章详细介绍.

2.1.2 初等矩阵

值得注意的是,将矩阵 $\boldsymbol{A}$ 通过初等变换变为 $\boldsymbol{B}$ 时,只能记作"$\boldsymbol{A}\to\boldsymbol{B}$",而不能记作"$\boldsymbol{A}=\boldsymbol{B}$",因为初等变换往往会使矩阵里面的部分元素发生变化.如何能在初等变换的过程中用等式来表示变换前后的矩阵的关系呢?这里需引进初等矩阵.

定义 2.4 由单位矩阵 $\boldsymbol{E}_n$ 经过一次初等变换得到的矩阵称为**初等矩阵**.

三种初等变换对应着以下三种初等矩阵:

(1) 互换单位阵 $\boldsymbol{E}_n$ 的第 i 行(列)和第 j 行(列),记作 $\boldsymbol{E}(i,j)$.

(2) 用非零数 k 乘以单位阵 $\boldsymbol{E}_n$ 的第 i 行(列),记作 $\boldsymbol{E}(i(k))$.

(3) 将单位阵 $\boldsymbol{E}_n$ 中第 j 行的 k 倍加到第 i 行或第 i 列的 k 倍加到第 j 列,记作 $\boldsymbol{E}(i,j(k))$.

例 2.4 下列矩阵哪些是初等矩阵,哪些不是,为什么?

$$\boldsymbol{P}_1=\begin{pmatrix}1&0&0\\0&0&1\\0&1&0\end{pmatrix},\boldsymbol{P}_2=\begin{pmatrix}1&0&0\\0&3&0\\0&0&1\end{pmatrix},\boldsymbol{P}_3=\begin{pmatrix}1&0&0\\0&1&4\\0&0&1\end{pmatrix},$$

$$\boldsymbol{P}_4=\begin{pmatrix}0&1&0\\1&0&0\end{pmatrix},\boldsymbol{P}_5=\begin{pmatrix}1&0&0\\0&0&1\\0&2&0\end{pmatrix}$$

解:$\boldsymbol{P}_1,\boldsymbol{P}_2,\boldsymbol{P}_3$ 是初等矩阵,其中 $\boldsymbol{P}_1$ 属于第一类初等矩阵,是交换了 $\boldsymbol{E}_3$ 的第二行(列)和第三行(列)所得;$\boldsymbol{P}_2$ 属于第二类初等矩阵,是将 $\boldsymbol{E}_3$ 的第二行(列)乘以 3 所得;$\boldsymbol{P}_3$ 属于第三类初等矩阵,是将 $\boldsymbol{E}_3$ 中第三行的 4 倍加到第二行上所得(或者是将 $\boldsymbol{E}_3$ 的第二列的 4 倍加到第三列所得).$\boldsymbol{P}_4,\boldsymbol{P}_5$ 不是初等矩阵,因为初等矩阵必须是方阵,因此 $\boldsymbol{P}_4$ 不符合此要求,同时由 $\boldsymbol{E}_3$ 经过两次初等变换才能得到 $\boldsymbol{P}_5$,因而 $\boldsymbol{P}_5$ 不符合初等矩阵的定义.

定理 2.1 初等矩阵都是可逆的,并且 $\boldsymbol{E}(i,j)^{-1}=\boldsymbol{E}(i,j)$, $\boldsymbol{E}(i(k))^{-1}=\boldsymbol{E}\left(i\left(\frac{1}{k}\right)\right)$, $\boldsymbol{E}(i,j(k))^{-1}=\boldsymbol{E}(i,j(-k))$.

以上结论表明，初等矩阵的逆矩阵仍是初等矩阵，且跟原初等矩阵属于同种类型.

下面讨论初等变换与矩阵乘积的关系，通过一个例子来摸索其中的规律.

例 2.5　已知

$$\boldsymbol{A}=\begin{pmatrix} a_{11} & a_{12} & a_{13} & a_{14} \\ a_{21} & a_{22} & a_{23} & a_{24} \\ a_{31} & a_{32} & a_{33} & a_{34} \end{pmatrix},$$

求 $\boldsymbol{E}_3(1,2)\boldsymbol{A}$，$\boldsymbol{A}\boldsymbol{E}_4(1,2)$，$\boldsymbol{E}_3(1,2(2))\boldsymbol{A}$，$\boldsymbol{A}\boldsymbol{E}_4(1,2(2))$.

解：$$\boldsymbol{E}_3(1,2)\boldsymbol{A}=\begin{pmatrix} 0 & 1 & 0 \\ 1 & 0 & 0 \\ 0 & 0 & 1 \end{pmatrix}\begin{pmatrix} a_{11} & a_{12} & a_{13} & a_{14} \\ a_{21} & a_{22} & a_{23} & a_{24} \\ a_{31} & a_{32} & a_{33} & a_{34} \end{pmatrix}=\begin{pmatrix} a_{21} & a_{22} & a_{23} & a_{24} \\ a_{11} & a_{12} & a_{13} & a_{14} \\ a_{31} & a_{32} & a_{33} & a_{34} \end{pmatrix},$$

$$\boldsymbol{A}\boldsymbol{E}_4(1,2)=\begin{pmatrix} a_{11} & a_{12} & a_{13} & a_{14} \\ a_{21} & a_{22} & a_{23} & a_{24} \\ a_{31} & a_{32} & a_{33} & a_{34} \end{pmatrix}\begin{pmatrix} 0 & 1 & 0 & 0 \\ 1 & 0 & 0 & 0 \\ 0 & 0 & 1 & 0 \\ 0 & 0 & 0 & 0 \end{pmatrix}=\begin{pmatrix} a_{12} & a_{11} & a_{13} & a_{14} \\ a_{22} & a_{21} & a_{23} & a_{24} \\ a_{32} & a_{31} & a_{33} & a_{34} \end{pmatrix},$$

$$\begin{aligned}\boldsymbol{E}_3(1,2(2))\boldsymbol{A} &=\begin{pmatrix} 1 & 2 & 0 \\ 0 & 1 & 0 \\ 0 & 0 & 1 \end{pmatrix}\begin{pmatrix} a_{11} & a_{12} & a_{13} & a_{14} \\ a_{21} & a_{22} & a_{23} & a_{24} \\ a_{31} & a_{32} & a_{33} & a_{34} \end{pmatrix} \\ &=\begin{pmatrix} a_{11}+2a_{21} & a_{12}+2a_{22} & a_{13}+2a_{23} & a_{14}+2a_{24} \\ a_{21} & a_{22} & a_{23} & a_{24} \\ a_{31} & a_{32} & a_{33} & a_{34} \end{pmatrix},\end{aligned}$$

$$\boldsymbol{A}\boldsymbol{E}_4(1,2(2))=\begin{pmatrix} a_{11} & a_{12} & a_{13} & a_{14} \\ a_{21} & a_{22} & a_{23} & a_{24} \\ a_{31} & a_{32} & a_{33} & a_{34} \end{pmatrix}\begin{pmatrix} 1 & 2 & 0 & 0 \\ 0 & 1 & 0 & 0 \\ 0 & 0 & 1 & 0 \\ 0 & 0 & 0 & 1 \end{pmatrix}=\begin{pmatrix} a_{11} & 2a_{11}+a_{12} & a_{13} & a_{14} \\ a_{21} & 2a_{21}+a_{22} & a_{23} & a_{24} \\ a_{31} & 2a_{31}+a_{32} & a_{33} & a_{34} \end{pmatrix}.$$

一般地，有下述定理：

定理 2.2　对矩阵 $\boldsymbol{A}_{m\times n}$ 作一次初等行变换，相当于在矩阵 $\boldsymbol{A}_{m\times n}$ 的左侧乘以相应的一个 m 阶初等矩阵，对 $\boldsymbol{A}_{m\times n}$ 作一次初等列变换，相当于在 $\boldsymbol{A}_{m\times n}$ 的右侧乘以一个相应的 n 阶初等矩阵.

例 2.6　已知

$$\boldsymbol{A}=\begin{pmatrix} a_{11} & a_{12} & a_{13} \\ a_{21} & a_{22} & a_{23} \\ a_{31} & a_{32} & a_{33} \end{pmatrix},$$

$$\boldsymbol{B}=\begin{pmatrix} a_{11}+2a_{21} & a_{12}+2a_{22} & a_{13}+2a_{33} \\ a_{21} & a_{22} & a_{23} \\ a_{31} & a_{32} & a_{33} \end{pmatrix},\boldsymbol{C}=\begin{pmatrix} a_{11}+2a_{21} & a_{12}+2a_{22} & a_{13}+2a_{33} \\ a_{31} & a_{32} & a_{33} \\ a_{21} & a_{22} & a_{23} \end{pmatrix},$$

求初等矩阵 $\boldsymbol{P}_1,\boldsymbol{P}_2$，使得 $\boldsymbol{B},\boldsymbol{C}$ 分别能表示成初等矩阵与矩阵 $\boldsymbol{A}$ 的乘积形式，并写出这两个形式.

解：易知，将矩阵 $\boldsymbol{A}$ 第二行的 2 倍加到第一行便得矩阵 $\boldsymbol{B}$，然后交换矩阵 $\boldsymbol{B}$ 的第二行和第三行便得矩阵 $\boldsymbol{C}$，因此，可令

$$\boldsymbol{P}_1=\begin{pmatrix}1&2&0\\0&1&0\\0&0&1\end{pmatrix},\boldsymbol{P}_2=\begin{pmatrix}1&0&0\\0&0&1\\0&1&0\end{pmatrix},$$

则有 $\boldsymbol{P}_1\boldsymbol{A}=\boldsymbol{B},\boldsymbol{P}_2\boldsymbol{B}=\boldsymbol{C}$，所以 $\boldsymbol{B}=\boldsymbol{P}_1\boldsymbol{A},\boldsymbol{C}=\boldsymbol{P}_2\boldsymbol{P}_1\boldsymbol{A}$.

2.1.3 用初等变换求矩阵的逆矩阵

下面讨论矩阵的初等变换与逆矩阵的关系.

首先，若矩阵 $\boldsymbol{A}_n$ 可逆，则 $\boldsymbol{A}_n$ 中不可能有零行或者零列，如若不然，假设

$\boldsymbol{A}=\begin{pmatrix}\boldsymbol{O}^{\mathrm{T}}\\\boldsymbol{\beta}_2^{\mathrm{T}}\\\vdots\\\boldsymbol{\beta}_n^{\mathrm{T}}\end{pmatrix}$，其中 $\boldsymbol{\beta}_i^{\mathrm{T}}=(a_{i1},a_{i2},\cdots,a_{in})(i=2,3,\cdots,n)$，则对任何阶矩阵 $\boldsymbol{B}$，均有

$$\boldsymbol{A}\boldsymbol{B}=\begin{pmatrix}\boldsymbol{O}^{\mathrm{T}}\\\boldsymbol{\beta}_2^{\mathrm{T}}\\\vdots\\\boldsymbol{\beta}_n^{\mathrm{T}}\end{pmatrix}\boldsymbol{B}=\begin{pmatrix}\boldsymbol{O}^{\mathrm{T}}\\\boldsymbol{\beta}_2^{\mathrm{T}}\boldsymbol{B}\\\vdots\\\boldsymbol{\beta}_n^{\mathrm{T}}\boldsymbol{B}\end{pmatrix}\neq\boldsymbol{E}_n.$$

由逆矩阵的定义可知，$\boldsymbol{A}_n$ 不可逆，故可逆的矩阵中没有零行(列).

定理 2.3 n 阶可逆矩阵 $\boldsymbol{A}_n$ 的行最简形一定是单位阵.

证明：设 $\boldsymbol{A}_n$ 行最简形为 $\boldsymbol{B}_n$，则 $\boldsymbol{B}_n$ 或者是单位阵，或者包含零行. 且通过有限次初等变换可将 $\boldsymbol{A}_n$ 变成 $\boldsymbol{B}_n$，假设与这些初等变换对应的初等矩阵为 $\boldsymbol{P}_1,\boldsymbol{P}_2,\cdots,\boldsymbol{P}_s$，且有 $\boldsymbol{P}_s\cdots\boldsymbol{P}_2\boldsymbol{P}_1\boldsymbol{A}_n=\boldsymbol{B}_n$. 由于初等矩阵 $\boldsymbol{P}_1,\boldsymbol{P}_2,\cdots,\boldsymbol{P}_s$ 均可逆，$\boldsymbol{A}_n$ 也可逆，根据逆矩阵的运算性质，必有 $\boldsymbol{B}_n$ 可逆，由上面的分析可知 $\boldsymbol{B}_n$ 必为单位阵.

由定理 2.3 的证明过程可知，如果矩阵 $\boldsymbol{A}_n$ 可逆，则存在有限个初等矩阵 $\boldsymbol{P}_1,\boldsymbol{P}_2,\cdots,\boldsymbol{P}_s$，使得 $\boldsymbol{P}_s\cdots\boldsymbol{P}_2\boldsymbol{P}_1\boldsymbol{A}_n=\boldsymbol{E}_n$，从而有 $\boldsymbol{A}_n=\boldsymbol{P}_1^{-1}\cdots\boldsymbol{P}_{s-1}^{-1}\boldsymbol{P}_s^{-1}\boldsymbol{E}=\boldsymbol{P}_1^{-1}\cdots\boldsymbol{P}_{s-1}^{-1}\boldsymbol{P}_s^{-1}$，由于初等矩阵均可逆且逆矩阵仍为初等矩阵，也即 $\boldsymbol{A}_n$ 可写成有限个初等矩阵的乘积；反之，若 $\boldsymbol{A}_n$ 可以写成有限个初等矩阵的乘积，则 $\boldsymbol{A}_n$ 一定可逆，由此可得

定理 2.4 n 阶矩阵 $\boldsymbol{A}$ 可逆的充要条件是 $\boldsymbol{A}$ 可以写成有限个初等矩阵的乘积.

定理 2.4 提供了求矩阵逆矩阵的初等变换法，因为若方阵 $\boldsymbol{A}$ 可逆，则存在有限个初等矩阵 $\boldsymbol{P}_1,\boldsymbol{P}_2,\cdots,\boldsymbol{P}_s$，使得

$$\boldsymbol{P}_s\cdots\boldsymbol{P}_2\boldsymbol{P}_1\boldsymbol{A}=\boldsymbol{E},\tag{2.1}$$

两边右乘 A^{-1} 可得
$$P_s\cdots P_2P_1E=A^{-1} \tag{2.2}$$

根据定理 2.2 可知，(2.1)式可理解为对矩阵 A 作了 s 次初等行变换将 A 变成了单位阵 E，而(2.2)式则可理解为对单位阵 E 作完全相同的线性变换会将单位阵 E 变成 A^{-1}，由此可得到用初等行变换求 n 阶方阵 A 的逆矩阵的方法：

构造一个 $n\times 2n$ 的矩阵 (A,E)，对其施行一系列初等行变换，将 A 化为单位阵，同时单位阵 E 将化为 A^{-1}.

例 2.7　用初等行变换求矩阵 A 的逆矩阵，其中
$$A=\begin{pmatrix}2 & -2 & 3\\ 1 & -1 & 2\\ -1 & 0 & 1\end{pmatrix}.$$

解： 由于
$$(A,E)=\begin{pmatrix}2 & -2 & 3 & 1 & 0 & 0\\ 1 & -1 & 2 & 0 & 1 & 0\\ -1 & 0 & 1 & 0 & 0 & 1\end{pmatrix}\xrightarrow{r_1\leftrightarrow r_2}\begin{pmatrix}1 & -1 & 2 & 0 & 1 & 0\\ 2 & -2 & 3 & 1 & 0 & 0\\ -1 & 0 & 1 & 0 & 0 & 1\end{pmatrix}$$
$$\xrightarrow[r_3+r_1]{r_2-2r_1}\begin{pmatrix}1 & -1 & 2 & 0 & 1 & 0\\ 0 & 0 & -1 & 1 & -2 & 0\\ 0 & -1 & 3 & 0 & 1 & 1\end{pmatrix}\xrightarrow[\substack{-r_2\\ -r_3}]{r_2\leftrightarrow r_3}\begin{pmatrix}1 & -1 & 2 & 0 & 1 & 0\\ 0 & 1 & -3 & 0 & -1 & -1\\ 0 & 0 & 1 & -1 & 2 & 0\end{pmatrix}$$
$$\xrightarrow[r_1-2r_3]{r_2+3r_3}\begin{pmatrix}1 & -1 & 0 & 2 & -3 & 0\\ 0 & 1 & 0 & -3 & 5 & -1\\ 0 & 0 & 1 & -1 & 2 & 0\end{pmatrix}\xrightarrow{r_1+r_2}\begin{pmatrix}1 & 0 & 0 & -1 & 2 & -1\\ 0 & 1 & 0 & -3 & 5 & -1\\ 0 & 0 & 1 & -1 & 2 & 0\end{pmatrix},$$

因此
$$A^{-1}=\begin{pmatrix}-1 & 2 & -1\\ -3 & 5 & -1\\ -1 & 2 & 0\end{pmatrix}.$$

例 2.8　求解矩阵方程 $AX=B$，这里 $A=\begin{pmatrix}2 & 4\\ 1 & -1\end{pmatrix}$，$B=\begin{pmatrix}4 & 6\\ 2 & -1\end{pmatrix}$

解： $X=A^{-1}B$，可构造分块矩阵 (A,B)，作初等行变换，将矩阵 A 化为 E，同时将矩阵 B 化为 $A^{-1}B$.
$$(A,B)=\begin{pmatrix}2 & 4 & 4 & 6\\ 1 & -1 & 2 & -1\end{pmatrix}\xrightarrow{r_1\leftrightarrow r_2}\begin{pmatrix}1 & -1 & 2 & -1\\ 2 & 4 & 4 & 6\end{pmatrix}\xrightarrow{r_2-2r_1}\begin{pmatrix}1 & -1 & 2 & -1\\ 0 & 6 & 0 & 8\end{pmatrix}$$
$$\xrightarrow{r_2\times\frac{1}{6}}\begin{pmatrix}1 & -1 & 2 & -1\\ 0 & 1 & 0 & 4/3\end{pmatrix}\xrightarrow{r_1+r_2}\begin{pmatrix}1 & 0 & 2 & 1/3\\ 0 & 1 & 0 & 4/3\end{pmatrix},$$

则 $X=A^{-1}B=\begin{pmatrix}2 & 1/3\\ 0 & 4/3\end{pmatrix}$.

最后给出定理 2.4 的一个推论.

推论 2.1 $m\times n$ 阶矩阵 $\boldsymbol{A}$ 与 $\boldsymbol{B}$ 等价的充分必要条件是存在 m 阶可逆矩阵 $\boldsymbol{P}$ 和 n 阶可逆矩阵 $\boldsymbol{Q}$,使得 $\boldsymbol{PAQ}=\boldsymbol{B}$.

此推论的证明留给读者自行完成.

习题 2.1

1. 单选题.

(1) 设 $\boldsymbol{A}=\begin{pmatrix}1 & 2 & 3\\ 3 & -1 & 2\end{pmatrix}$,$\boldsymbol{E}(1,2)$是对调单位矩阵的第一列与第二列所得的二阶初等矩阵,则 $\boldsymbol{E}(1,2)\boldsymbol{A}$ 等于(　　).

(A) $\begin{pmatrix}2 & 1 & 3\\ -1 & 3 & 2\end{pmatrix}$　　(B) $\begin{pmatrix}1 & 3 & 2\\ 3 & 2 & -1\end{pmatrix}$

(C) $\begin{pmatrix}2 & 4 & 6\\ 3 & -1 & 2\end{pmatrix}$　　(D) $\begin{pmatrix}3 & -1 & 2\\ 1 & 2 & 3\end{pmatrix}$

(2) 设 $\boldsymbol{A}$ 是三阶矩阵,对调 $\boldsymbol{A}$ 的第一列与第二列得 $\boldsymbol{B}$,再把 $\boldsymbol{B}$ 的第二列加到第三列得 $\boldsymbol{C}$,则满足 $\boldsymbol{AQ}=\boldsymbol{C}$ 的可逆矩阵 $\boldsymbol{Q}$ 为(　　).

(A) $\begin{pmatrix}0 & 1 & 1\\ 1 & 0 & 0\\ 0 & 0 & 1\end{pmatrix}$　　(B) $\begin{pmatrix}0 & 1 & 0\\ 1 & 0 & 1\\ 0 & 0 & 1\end{pmatrix}$

(C) $\begin{pmatrix}0 & 1 & 0\\ 1 & 0 & 0\\ 0 & 1 & 1\end{pmatrix}$　　(D) $\begin{pmatrix}0 & 1 & 0\\ 1 & 0 & 0\\ 1 & 0 & 1\end{pmatrix}$

(3) 设 $\boldsymbol{A}$ 是三阶矩阵,将 $\boldsymbol{A}$ 的第二列加到第一列得 $\boldsymbol{B}$,再对调 $\boldsymbol{B}$ 的第二行与第三行得单位阵,记 $\boldsymbol{P}_1=\begin{pmatrix}1 & 0 & 0\\ 1 & 1 & 0\\ 0 & 0 & 1\end{pmatrix}$,$\boldsymbol{P}_2=\begin{pmatrix}1 & 0 & 0\\ 0 & 0 & 1\\ 0 & 1 & 0\end{pmatrix}$,则(　　).

(A) $\boldsymbol{A}=\boldsymbol{P}_1\boldsymbol{P}_2$　　(B) $\boldsymbol{A}=\boldsymbol{P}_2\boldsymbol{P}_1^{-1}$

(C) $\boldsymbol{A}=\boldsymbol{P}_2\boldsymbol{P}_1$　　(D) $\boldsymbol{A}=\boldsymbol{P}_1^{-1}\boldsymbol{P}_2$

2. 利用矩阵的初等变换解下列方程组:

(1) $\begin{cases}x_1-2x_2+x_3=1\\ 2x_1-x_2+5x_3=0;\\ 3x_2+x_3=2\end{cases}$　　(2) $\begin{cases}x_1-x_2-x_3=2\\ 2x_1-x_2-3x_3=1.\\ 3x_1+2x_2-5x_3=0\end{cases}$

3. 把下列矩阵化为行最简形.

(1) $\begin{pmatrix} 1 & 0 & 2 & -1 \\ 2 & 0 & 3 & 1 \\ 3 & 0 & 4 & 3 \end{pmatrix}$；(2) $\begin{pmatrix} 0 & 2 & -3 & 1 \\ 0 & 3 & -4 & 3 \\ 0 & 4 & -7 & -1 \end{pmatrix}$；(3) $\begin{pmatrix} 1 & -1 & 3 & -4 & 3 \\ 3 & -3 & 5 & -4 & 1 \\ 2 & -2 & 3 & -2 & 0 \\ 3 & -3 & 4 & -2 & -1 \end{pmatrix}$.

4. 设 $\boldsymbol{A}=\begin{pmatrix} a_{11} & a_{12} & a_{13} \\ a_{21} & a_{22} & a_{23} \\ a_{31} & a_{32} & a_{33} \end{pmatrix}$，$\boldsymbol{B}=\begin{pmatrix} a_{21} & a_{22} & a_{23} \\ a_{11} & a_{12} & a_{13} \\ a_{31}+a_{11} & a_{32}+a_{12} & a_{33}+a_{13} \end{pmatrix}$，求矩阵 $\boldsymbol{X}$，使得 $\boldsymbol{XA}=\boldsymbol{B}$.

5. 利用矩阵的初等变换求下列矩阵的逆矩阵.

(1) $\begin{pmatrix} 4 & -3 \\ -1 & 2 \end{pmatrix}$；(2) $\begin{pmatrix} 1 & -1 & -1 \\ 0 & 1 & -1 \\ 0 & 0 & 1 \end{pmatrix}$；(3) $\begin{pmatrix} 1 & 2 & 3 & 4 \\ 2 & 3 & 1 & 2 \\ 1 & 1 & 1 & -1 \\ 1 & 0 & -2 & -6 \end{pmatrix}$.

6. 解下列矩阵方程.

(1) $\begin{pmatrix} 3 & 5 \\ 5 & 9 \end{pmatrix}\boldsymbol{X}=\begin{pmatrix} 1 & 2 \\ 3 & 4 \end{pmatrix}$；(2) $\boldsymbol{X}\begin{pmatrix} 1 & 2 \\ 3 & 4 \end{pmatrix}=\begin{pmatrix} 3 & 5 \\ 5 & 9 \end{pmatrix}$；

(3) $\begin{pmatrix} 1 & 2 & 3 \\ 3 & 2 & -4 \\ 2 & -1 & 0 \end{pmatrix}\boldsymbol{X}=\begin{pmatrix} 1 & 3 \\ 0 & -2 \\ 2 & 1 \end{pmatrix}$.

7. 设 $\boldsymbol{A}=\begin{pmatrix} 0 & 3 & 3 \\ 1 & 0 & 0 \\ -1 & 2 & 3 \end{pmatrix}$，$\boldsymbol{AB}=\boldsymbol{A}+2\boldsymbol{B}$，求 $\boldsymbol{B}$.

8. 已知从 y_1、y_2、y_3 到 x_1、x_2、x_3 的线性变换为 $\begin{cases} x_1=2y_1+2y_2+y_3 \\ x_2=3y_1+y_2+5y_3 \\ x_3=3y_1+2y_2+3y_3 \end{cases}$，试求从 x_1、x_2、x_3 到 y_1、y_2、y_3 的线性变换.

2.2 矩阵的秩

2.2.1 引例

本节将讨论矩阵的一个非常重要的数字特征，矩阵的秩. 为此，先看一个引例.

引例 2.1 把下列线性方程组化为阶梯形方程组.

$$\begin{cases} x_1+x_2+x_3-4x_4=1 \\ 2x_1+3x_2+x_3-5x_4=4 \\ 2x_1+x_2+3x_3-11x_4=0 \\ x_1+2x_3-7x_4=-1 \end{cases}$$

解:由前面的知识可知,要想把方程组化为阶梯形方程组,一方面可以利用高斯消元法,通过加减或代入消元得到;另一方面,也可以直接对方程组的增广矩阵作初等行变换化为行阶梯形矩阵,然后将行阶梯形矩阵对应的方程组写出来即可.下面用第二种方法来做.

方程组的增广矩阵为

$$\boldsymbol{B}=\begin{pmatrix} 1 & 1 & 1 & -4 & 1 \\ 2 & 3 & 1 & -5 & 4 \\ 2 & 1 & 3 & -11 & 0 \\ 1 & 0 & 2 & -7 & -1 \end{pmatrix}.$$

对 $\boldsymbol{B}$ 作如下初等行变换:

$$\boldsymbol{B}=\begin{pmatrix} 1 & 1 & 1 & -4 & 1 \\ 2 & 3 & 1 & -5 & 4 \\ 2 & 1 & 3 & -11 & 0 \\ 1 & 0 & 2 & -7 & -1 \end{pmatrix}\xrightarrow[r_4-r_1]{\substack{r_2-2r_1 \\ r_3-2r_1}}\begin{pmatrix} 1 & 1 & 1 & -4 & 1 \\ 0 & 1 & -1 & 3 & 2 \\ 0 & -1 & 1 & -3 & -2 \\ 0 & -1 & 1 & -3 & -2 \end{pmatrix}$$

$$\xrightarrow[r_4+r_2]{r_3+r_2}\begin{pmatrix} 1 & 1 & 1 & -4 & 1 \\ 0 & 1 & -1 & 3 & 2 \\ 0 & 0 & 0 & 0 & 0 \\ 0 & 0 & 0 & 0 & 0 \end{pmatrix},$$

由此可得原方程组的一个阶梯形方程组

$$\begin{cases} x_1+x_2+x_3-4x_4=1 \\ \qquad x_2-x_3+3x_4=2 \\ 0=0 \\ 0=0 \end{cases}.$$

显然,这个阶梯形方程组含有四个未知数,两个有效方程.

另一方面,若对增广矩阵 $\boldsymbol{B}$ 作如下初等变换:

$$\boldsymbol{B}=\begin{pmatrix} 1 & 1 & 1 & -4 & 1 \\ 2 & 3 & 1 & -5 & 4 \\ 2 & 1 & 3 & -11 & 0 \\ 1 & 0 & 2 & -7 & -1 \end{pmatrix}\xrightarrow{r_4\leftrightarrow r_1}\begin{pmatrix} 1 & 0 & 2 & -7 & -1 \\ 2 & 3 & 1 & -5 & 4 \\ 2 & 1 & 3 & -11 & 0 \\ 1 & 1 & 1 & -4 & 1 \end{pmatrix}$$

$$\xrightarrow[r_4-r_1]{\substack{r_2-2r_1\\ r_3-2r_1}}\begin{pmatrix}1&0&2&-7&-1\\0&3&-3&9&6\\0&1&-1&3&2\\0&1&-1&3&2\end{pmatrix}\xrightarrow[r_4-r_2]{\substack{r_2\times\frac{1}{3}\\ r_3-r_2}}\begin{pmatrix}1&0&2&-7&-1\\0&1&-1&3&2\\0&0&0&0&0\\0&0&0&0&0\end{pmatrix},$$

由此可得原方程组的另一个阶梯形方程组

$$\begin{cases}x_1+2x_3-7x_4=-1\\x_2-x_3+3x_4=2\\0=0\\0=0\end{cases}.$$

显然,这个阶梯形方程组也含有四个未知数,两个有效方程.

实际上,在对线性方程组的增广矩阵作初等变换时,可以得到很多不同的阶梯形矩阵,一个阶梯形矩阵就对应着一个阶梯形方程组.对同一个原始方程组而言,它的不同形式的阶梯形方程组的共同特点是,最终保留的有效方程的个数是相同的.用矩阵的语言来描述就是,任何矩阵经过初等行变换必能化为行阶梯形和行最简形矩阵,并且变换的方法不是唯一的,但行阶梯形矩阵与行最简形矩阵的非零行的行数是唯一的,是一个不变量,这就是矩阵的一个很重要的数字特征——矩阵的秩.

2.2.2　矩阵的标准形与矩阵的秩

前面发现矩阵可经过初等行变换化为行阶梯形矩阵,且行阶梯形中非零行的行数是唯一确定的,但尚不能对唯一性做严格证明,为此,进一步讨论下面的内容.

对例 2.2 中的行最简形矩阵

$$\boldsymbol{C}=\begin{pmatrix}1&0&1/2&1/4\\0&1&-3/2&5/4\\0&0&0&0\end{pmatrix},$$

继续作如下的初等列变换:

$$\boldsymbol{C}=\begin{pmatrix}1&0&1/2&1/4\\0&1&-3/2&5/4\\0&0&0&0\end{pmatrix}\xrightarrow[c_3+\frac{3}{2}c_2]{c_3-\frac{1}{2}c_1}\begin{pmatrix}1&0&0&1/4\\0&1&0&5/4\\0&0&0&0\end{pmatrix}\xrightarrow[c_4-\frac{5}{4}c_2]{c_4-c_1}\begin{pmatrix}1&0&0&0\\0&1&0&0\\0&0&0&0\end{pmatrix}.$$

可将上述变换的结果矩阵分块为

$$\left(\begin{array}{cc:cc}1&0&0&0\\0&1&0&0\\ \hdashline 0&0&0&0\end{array}\right)=\begin{pmatrix}\boldsymbol{E}_2&\boldsymbol{O}\\\boldsymbol{O}&\boldsymbol{O}\end{pmatrix}=\boldsymbol{F}.$$

一般地,任何一个 $m\times n$ 的矩阵 $\boldsymbol{A}$ 总可以经过有限次的初等行变换把它化为行阶梯

形,进而化为行最简形,然后再进行初等列变换化为

$$F=\begin{pmatrix} E_r & O \\ O & O \end{pmatrix}_{m\times n}$$

的形式,其中,F 的左上角的单位阵 E_r 的阶数 r 满足 $0\leqslant r\leqslant \min\{m,n\}$. 称 F 为矩阵 A 的**标准形**.

显然,此标准形与矩阵 A 等价,且在所有与 A 等价的矩阵所构成的集合中,标准形 F 的形式是最简单的.

定理 2.5 任意一个 $m\times n$ 的矩阵 A 的标准形是唯一的,即

$$A\sim\begin{pmatrix} E_r & O \\ O & O \end{pmatrix}_{m\times n}$$

且 r 由 A 唯一确定.

此定理可用反证法证明,读者自行完成.

定义 2.5 矩阵 A 的标准形中,左上角单位阵的阶数,或者标准形中 1 的个数,称为矩阵 A 的**秩**,记作 $r(A)$.

例如,由前面的运算可知,矩阵

$$C=\begin{pmatrix} 1 & 0 & 1/2 & 1/4 \\ 0 & 1 & -3/2 & 5/4 \\ 0 & 0 & 0 & 0 \end{pmatrix}\sim\begin{pmatrix} E_2 & O \\ O & O \end{pmatrix}$$

所以 C 的秩 $r(C)=2$.

例 2.9 设有行最简形矩阵

$$D=\begin{pmatrix} 1 & 0 & 5 & 0 & 3 \\ 0 & 1 & 2 & 0 & 0 \\ 0 & 0 & 0 & 1 & 2 \\ 0 & 0 & 0 & 0 & 0 \end{pmatrix},$$

求 D 的标准形,并求 $r(D)$.

解:可通过对 D 作如下初等列变换

$$D=\begin{pmatrix} 1 & 0 & 5 & 0 & 3 \\ 0 & 1 & 2 & 0 & 0 \\ 0 & 0 & 0 & 1 & 2 \\ 0 & 0 & 0 & 0 & 0 \end{pmatrix}\xrightarrow[c_3-2c_2]{c_3-5c_1}\begin{pmatrix} 1 & 0 & 0 & 0 & 3 \\ 0 & 1 & 0 & 0 & 0 \\ 0 & 0 & 0 & 1 & 2 \\ 0 & 0 & 0 & 0 & 0 \end{pmatrix}$$

$$\xrightarrow[c_5-2c_4]{c_5-3c_1}\begin{pmatrix} 1 & 0 & 0 & 0 & 0 \\ 0 & 1 & 0 & 0 & 0 \\ 0 & 0 & 0 & 1 & 0 \\ 0 & 0 & 0 & 0 & 0 \end{pmatrix}\xrightarrow{c_3\leftrightarrow c_4}\begin{pmatrix} 1 & 0 & 0 & 0 & 0 \\ 0 & 1 & 0 & 0 & 0 \\ 0 & 0 & 1 & 0 & 0 \\ 0 & 0 & 0 & 0 & 0 \end{pmatrix},$$

将 $\boldsymbol{D}$ 化为

$$\left(\begin{array}{ccc:cc}1&0&0&0&0\\0&1&0&0&0\\0&0&1&0&0\\ \hdashline 0&0&0&0&0\end{array}\right)=\begin{pmatrix}\boldsymbol{E}_3&\boldsymbol{O}\\\boldsymbol{O}&\boldsymbol{O}\end{pmatrix}.$$

所以 $\boldsymbol{D}$ 的标准形为$\begin{pmatrix}\boldsymbol{E}_3&\boldsymbol{O}\\\boldsymbol{O}&\boldsymbol{O}\end{pmatrix}$，秩 $r(\boldsymbol{D})=3$.

对于 n 阶方阵 $\boldsymbol{A}$，若 $r(\boldsymbol{A})=n$，则称 $\boldsymbol{A}$ 是**满秩**的，若 $r(\boldsymbol{A})<n$，则称是**降秩**的.

按照矩阵的秩的上述定义，必须得根据矩阵的标准形来求矩阵的秩，但在实际过程中，往往不用如此麻烦，这是因为：

定理 2.6　设矩阵 $\boldsymbol{A}$ 与 $\boldsymbol{B}$ 同型，则 $r(\boldsymbol{A})=r(\boldsymbol{B})$ 的充分必要条件是 $\boldsymbol{A}$ 与 $\boldsymbol{B}$ 等价.

证明：必要性　设 $r(\boldsymbol{A})=r(\boldsymbol{B})=r$，则同型矩阵 $\boldsymbol{A}$ 与 $\boldsymbol{B}$ 均等价于$\begin{pmatrix}\boldsymbol{E}_r&\boldsymbol{O}\\\boldsymbol{O}&\boldsymbol{O}\end{pmatrix}$，由等价的传递性可知，$\boldsymbol{A}$ 与 $\boldsymbol{B}$ 等价.

充分性　设 $\boldsymbol{A}$ 与 $\boldsymbol{B}$ 等价，则由定理 2.5 可知，$\boldsymbol{A}$ 与 $\boldsymbol{B}$ 有相同的标准形，所以它们有相同的秩，即 $r(\boldsymbol{A})=r(\boldsymbol{B})$.

定理 2.6 说明等价的矩阵有相同的秩，也就是说在对矩阵作初等变换的过程中，矩阵的形式虽然发生了变化，但矩阵的秩保持不变，也即**初等变换不改变矩阵的秩**. 而对于行阶梯形或者行最简形矩阵而言，进一步的列变换不会改变其非零行的行数，所以行阶梯形矩阵的秩等于它的非零行的行数. 由此可得到计算一般矩阵的秩的简单方法，就是将矩阵通过初等行变换化为行阶梯形，然后数行阶梯形中非零行的行数即可.

例 2.10　求矩阵

$$\boldsymbol{A}=\begin{pmatrix}1&1&1\\1&2&3\\0&1&2\end{pmatrix}$$

的秩.

解：将 $\boldsymbol{A}$ 作如下初等变换

$$\boldsymbol{A}=\begin{pmatrix}1&1&1\\1&2&3\\0&1&2\end{pmatrix}\xrightarrow{r_2-r_1}\begin{pmatrix}1&1&1\\0&1&2\\0&1&2\end{pmatrix}\xrightarrow{r_3-r_2}\begin{pmatrix}1&1&1\\0&1&2\\0&0&0\end{pmatrix},$$

行阶梯形中非零行的行数为 2，所以 $r(\boldsymbol{A})=2$.

2.2.3　矩阵秩的性质

矩阵的秩是矩阵的固有属性，前面已经讨论了矩阵的秩的一些性质，归纳如下：

(1) $0 \leqslant r(\boldsymbol{A}_{m\times n}) \leqslant \min\{m,n\}$.

(2) $\boldsymbol{A} \sim \boldsymbol{B} \Leftrightarrow r(\boldsymbol{A}) = r(\boldsymbol{B})$.

下面继续讨论与矩阵的秩有关的结论.

定理 2.7 $r(\boldsymbol{A}) = r(\boldsymbol{A}^{\mathrm{T}})$.

证明略.

定理 2.8 n 阶方阵 $\boldsymbol{A}$ 可逆的充分必要条件是 $r(\boldsymbol{A}) = n$.

证明:充分性 若 $r(\boldsymbol{A}) = n$,则 $\boldsymbol{A}$ 的标准形为 $\boldsymbol{E}_n$,即存在可逆矩阵 $\boldsymbol{P}$、$\boldsymbol{Q}$,使得 $\boldsymbol{PAQ} = \boldsymbol{E}_n$,所以 $\boldsymbol{A} = \boldsymbol{P}^{-1}\boldsymbol{Q}^{-1}$,从而 $\boldsymbol{A}$ 可逆;

必要性 若 $\boldsymbol{A}$ 可逆,则 $\boldsymbol{A}$ 经过初等变换可变为单位阵 $\boldsymbol{E}_n$,而 $r(\boldsymbol{E}_n) = n$,所以 $r(\boldsymbol{A}) = n$.

推论 2.2 n 阶方阵 $\boldsymbol{A}$ 不可逆的充分必要条件是 $r(\boldsymbol{A}) < n$.

定理 2.9 若 $\boldsymbol{P}$,$\boldsymbol{Q}$ 为可逆矩阵,则 $r(\boldsymbol{PAQ}) = r(\boldsymbol{A})$.

证明略.

习题 2.2

1. 填空题.

(1) 设五阶矩阵 $\boldsymbol{A}$,$\boldsymbol{B}$ 的秩分别为 3 和 5,则 $r(\boldsymbol{BAB}) =$ ________.

(2) 设矩阵 $\boldsymbol{A} = \begin{pmatrix} 5 & 0 & 0 \\ 0 & 1 & 2 \\ 0 & 2 & 4 \end{pmatrix}$,$\boldsymbol{B}$ 为三阶满秩矩阵,则 $r(\boldsymbol{AB}) =$ ________.

(3) 设矩阵 $\boldsymbol{A} = \begin{pmatrix} k & 1 & 1 & 1 \\ 1 & k & 1 & 1 \\ 1 & 1 & k & 1 \\ 1 & 1 & 1 & k \end{pmatrix}$,且 $r(\boldsymbol{A}) = 3$,则 $k =$ ________.

(4) 设 $\boldsymbol{A} = \begin{pmatrix} 0 & 1 & 0 & 0 \\ 0 & 0 & 1 & 0 \\ 0 & 0 & 0 & 1 \\ 0 & 0 & 0 & 0 \end{pmatrix}$,则 $r(\boldsymbol{A}^2) =$ ________.

2. 求下列矩阵的标准形.

(1) $\begin{pmatrix} 1 & -1 & 0 & 5 & -2 \\ 0 & 2 & 3 & -2 & 1 \\ 0 & 0 & 0 & 3 & -5 \\ 0 & 0 & 0 & 0 & 0 \end{pmatrix}$; (2) $\begin{pmatrix} 1 & 2 & -1 \\ 3 & 4 & 5 \\ 6 & -3 & 2 \\ 0 & -1 & 1 \end{pmatrix}$

3. 求下列矩阵的秩.

(1) $\begin{pmatrix} 1 & 2 & 2 & 1 \\ 2 & 1 & -2 & -2 \\ 1 & -1 & -4 & -3 \end{pmatrix}$；　(2) $\begin{pmatrix} 1 & -2 & 3 & -1 & 1 \\ 3 & -1 & 5 & -3 & 2 \\ 2 & 1 & 2 & -2 & 3 \end{pmatrix}$；

(3) $\begin{pmatrix} 0 & 1 & 2 & -3 \\ -3 & 0 & 1 & 2 \\ 2 & -3 & 0 & 1 \\ 1 & 2 & -3 & 0 \end{pmatrix}$

4. 问 a,b 为何值时，矩阵 $\boldsymbol{A}=\begin{pmatrix} 1 & 1 & 1 & 1 & 0 \\ 0 & 1 & 2 & 2 & 1 \\ 0 & -1 & a-3 & -2 & b \\ 3 & 2 & 1 & a & -1 \end{pmatrix}$ 的秩为 2.

5. 设 $\boldsymbol{A}=\begin{pmatrix} 1 & 1 & -1 & 1 \\ 0 & 1 & 1 & 1 \\ 0 & 0 & 0 & 1 \end{pmatrix}$，求可逆矩阵 $\boldsymbol{P},\boldsymbol{Q}$，使得 $\boldsymbol{PAQ}$ 为 $\boldsymbol{A}$ 的标准形.

2.3　方阵的行列式

前面一直在讨论跟矩阵有关的问题，本节将研究方阵的另外一个数字结构——行列式. 行列式是线性代数的一个重要组成部分，它是研究矩阵、线性方程组、特征多项式的一个重要工具. 本节将从二、三元线性方程组的解的描述出发，引入二、三阶行列式，在此基础上给出 n 阶行列式的归纳定义，然后讨论行列式的性质及计算方法.

2.3.1　二、三元线性方程组与二、三阶行列式

在 1.1 节已经讨论过具体的二元一次方程组求解的问题，下面来看更加一般的二元一次方程组的求解过程.

$$\begin{cases} a_{11}x_1+a_{12}x_2=b_1 \\ a_{21}x_1+a_{22}x_2=b_2 \end{cases} \tag{2.3}$$

由加减消元法可得

$$\begin{aligned} (a_{11}a_{22}-a_{12}a_{21})x_1&=b_1a_{22}-a_{12}b_2, \\ (a_{11}a_{22}-a_{12}a_{21})x_2&=a_{11}b_2-b_1a_{21} \end{aligned}$$

所以，当 $a_{11}a_{22}-a_{12}a_{21}\neq 0$ 时，方程组有唯一解：

$$x_1=\frac{b_1a_{22}-a_{12}b_2}{a_{11}a_{22}-a_{12}a_{21}},x_2=\frac{a_{11}b_2-b_1a_{21}}{a_{11}a_{22}-a_{12}a_{21}}. \tag{2.4}$$

注意到上式中的分子分母有完全类似的结果，即都是两个数的乘积减去另外两个数的乘积的形式. 为了便于描述和记忆，令方程组的系数矩阵为：

$$\mathbf{A}=\begin{pmatrix} a_{11} & a_{12} \\ a_{21} & a_{22} \end{pmatrix},$$

称表达式 $a_{11}a_{22}-a_{12}a_{21}$ 为二阶方阵 $\mathbf{A}$ 的行列式，也称为二阶行列式，记作

$$\begin{vmatrix} a_{11} & a_{12} \\ a_{21} & a_{22} \end{vmatrix} \tag{2.5}$$

并称 $a_{ij}(i,j=1,2)$ 为此二阶行列式的第 i 行第 j 列的元素.

上述二阶行列式的定义，可以用对角线法则来记忆. 如图 2.1 所示，与方阵的主对角线类似的，也把二阶行列式中 a_{ii} 所在的直线称为主对角线，把 a_{12}，a_{21} 所在的直线称为副对角线，因此二阶行列式是等于主对角线上的两元素的乘积减去副对角线上的两元素的乘积.

利用二阶行列式的定义，(2.4)中的分子也可以写成二阶行列式，即

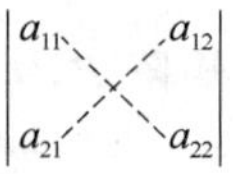

图 2.1

$$b_1a_{22}-a_{12}b_2=\begin{vmatrix} b_1 & a_{12} \\ b_2 & a_{22} \end{vmatrix},a_{11}b_2-b_1a_{21}=\begin{vmatrix} a_{11} & b_1 \\ a_{21} & b_2 \end{vmatrix}.$$

若令

$$\begin{vmatrix} a_{11} & a_{12} \\ a_{21} & a_{22} \end{vmatrix}=D,\begin{vmatrix} b_1 & a_{12} \\ b_2 & a_{22} \end{vmatrix}=D_1,\begin{vmatrix} a_{11} & b_1 \\ a_{21} & b_2 \end{vmatrix}=D_2,$$

则公式(2.4)可写为：

$$x_1=\frac{D_1}{D}=\frac{\begin{vmatrix} b_1 & a_{12} \\ b_2 & a_{22} \end{vmatrix}}{\begin{vmatrix} a_{11} & a_{12} \\ a_{21} & a_{22} \end{vmatrix}},x_2=\frac{D_2}{D}=\frac{\begin{vmatrix} a_{11} & b_1 \\ a_{21} & b_2 \end{vmatrix}}{\begin{vmatrix} a_{11} & a_{12} \\ a_{21} & a_{22} \end{vmatrix}}.$$

不难发现，这里的分母是方程组(2.3)的系数矩阵所对应的行列式，称为方程组的系数行列式. 而行列式 D_1、D_2 是用方程组的右端常数列分别取代了系数行列式 D 的第一、二列所得的二阶行列式.

例 2.11 解方程组

$$\begin{cases} 2x+3y=4 \\ 2x+5y=5 \end{cases}$$

解：计算以下三个二阶行列式：

$$D=\begin{vmatrix}2&3\\2&5\end{vmatrix}=4,D_1=\begin{vmatrix}4&3\\5&5\end{vmatrix}=5,D_2=\begin{vmatrix}2&4\\2&5\end{vmatrix}=2,$$

所以
$$x_1=\frac{D_1}{D}=\frac{5}{4},x_2=\frac{D_2}{D}=\frac{2}{4}=\frac{1}{2}.$$

二阶行列式$\begin{vmatrix}a_{11}&a_{12}\\a_{21}&a_{22}\end{vmatrix}$实际上是与二阶矩阵$\begin{pmatrix}a_{11}&a_{12}\\a_{21}&a_{22}\end{pmatrix}$对应的一个数. 同样的,三阶矩阵

$$\begin{pmatrix}a_{11}&a_{12}&a_{13}\\a_{21}&a_{22}&a_{23}\\a_{31}&a_{32}&a_{33}\end{pmatrix},$$

应该也对应着一个数,这个数应该具有下面这样的一个形式:

$$\begin{vmatrix}a_{11}&a_{12}&a_{13}\\a_{21}&a_{22}&a_{23}\\a_{31}&a_{32}&a_{33}\end{vmatrix}.$$

那么,与上述形式对应的这个数应该等于多少呢?

定义 2.5　三阶行列式

$$\begin{aligned}\begin{vmatrix}a_{11}&a_{12}&a_{13}\\a_{21}&a_{22}&a_{23}\\a_{31}&a_{32}&a_{33}\end{vmatrix}&=a_{11}(a_{22}a_{33}-a_{23}a_{32})-a_{12}(a_{21}a_{33}-a_{23}a_{31})+a_{13}(a_{21}a_{32}-a_{22}a_{31})\\&=a_{11}\begin{vmatrix}a_{22}&a_{23}\\a_{32}&a_{33}\end{vmatrix}-a_{12}\begin{vmatrix}a_{21}&a_{23}\\a_{31}&a_{33}\end{vmatrix}+a_{13}\begin{vmatrix}a_{21}&a_{22}\\a_{31}&a_{32}\end{vmatrix}\end{aligned}\tag{2.6}$$

(2.6)式表明,可以利用二阶行列式来定义三阶行列式. 但是此式中与 a_{11}、a_{12}、a_{13} 相乘的三个二阶行列式与这三个元素分别有什么关系?行列式前面的符号又是如何确定的呢?

仔细观察,不难发现,与 a_{11} 相乘的二阶行列式是在原三阶行列式中去掉了第一行和第一列的元素后,剩下的四个元素在不改变它们的相对位置关系的情况下,所构成的二阶矩阵的行列式. 同理与 a_{12}、a_{13} 相乘的二阶行列式也是用类似的方式确定的. 另一方面,这三项的符号是两正一负,可以发现每一项的符号由元素 $a_{1j}(j=1,2,3)$ 所在的行标和列标之和的奇偶性决定,也即该项的符号可表示为$(-1)^{1+j}$. 从而三阶行列式

$$\begin{aligned}\begin{vmatrix}a_{11}&a_{12}&a_{13}\\a_{21}&a_{22}&a_{23}\\a_{31}&a_{32}&a_{33}\end{vmatrix}&=a_{11}(-1)^{1+1}\begin{vmatrix}a_{22}&a_{23}\\a_{32}&a_{33}\end{vmatrix}+a_{12}(-1)^{1+2}\begin{vmatrix}a_{21}&a_{23}\\a_{31}&a_{33}\end{vmatrix}\\&\quad+a_{13}(-1)^{1+3}\begin{vmatrix}a_{21}&a_{22}\\a_{31}&a_{32}\end{vmatrix}.\end{aligned}$$

类似的,四阶矩阵的行列式

$$\begin{vmatrix} a_{11} & a_{12} & a_{13} & a_{14} \\ a_{21} & a_{22} & a_{23} & a_{24} \\ a_{31} & a_{32} & a_{33} & a_{34} \\ a_{41} & a_{42} & a_{43} & a_{44} \end{vmatrix} = a_{11}(-1)^{1+1}\begin{vmatrix} a_{22} & a_{23} & a_{24} \\ a_{32} & a_{33} & a_{34} \\ a_{42} & a_{43} & a_{44} \end{vmatrix} + a_{12}(-1)^{1+2}\begin{vmatrix} a_{21} & a_{23} & a_{24} \\ a_{31} & a_{33} & a_{34} \\ a_{41} & a_{43} & a_{44} \end{vmatrix}$$

$$+a_{13}(-1)^{1+3}\begin{vmatrix} a_{21} & a_{22} & a_{24} \\ a_{31} & a_{32} & a_{34} \\ a_{41} & a_{42} & a_{44} \end{vmatrix} + a_{14}(-1)^{1+4}\begin{vmatrix} a_{21} & a_{22} & a_{23} \\ a_{31} & a_{32} & a_{33} \\ a_{41} & a_{42} & a_{43} \end{vmatrix}$$

如此继续,对于 n 阶矩阵

$$\begin{pmatrix} a_{11} & a_{12} & \cdots & a_{1n} \\ a_{21} & a_{22} & \cdots & a_{2n} \\ \vdots & \vdots & & \vdots \\ a_{n1} & a_{n2} & \cdots & a_{nn} \end{pmatrix},$$

也应该有一个数,即一个 n 阶行列式与之对应,下面我们把二、三阶行列式的定义推广到一般的 n 阶行列式.

定义 2.6 n 阶方阵 $\boldsymbol{A}=(a_{ij})_{n\times n}$ 的行列式

$$|\boldsymbol{A}|=\begin{vmatrix} a_{11} & a_{12} & \cdots & a_{1n} \\ a_{21} & a_{22} & \cdots & a_{2n} \\ \vdots & \vdots & & \vdots \\ a_{n1} & a_{n2} & \cdots & a_{nn} \end{vmatrix},$$

是由 $\boldsymbol{A}$ 中元素依据下面的规则确定的一个数:

当 $n=1$ 时,$|\boldsymbol{A}|=a_{11}$;

当 $n\geqslant 2$ 时,$|\boldsymbol{A}|=a_{11}A_{11}+a_{12}A_{12}+\cdots+a_{1n}A_{1n}$,

其中 $A_{1j}=(-1)^{1+j}M_{1j}\ (j=1,2,\cdots,n)$,$M_{1j}$ 为由 $\boldsymbol{A}$ 中划掉第 1 行和第 j 列后剩下的 $(n-1)^2$ 个元素,不改变它们的相对位置关系所组成的 $n-1$ 阶方阵的行列式,即

$$M_{1j}=\begin{vmatrix} a_{21} & \cdots & a_{2,j-1} & a_{2,j+1} & \cdots & a_{2n} \\ a_{31} & \cdots & a_{3,j-1} & a_{3,j+1} & \cdots & a_{3n} \\ \vdots & & \vdots & \vdots & & \vdots \\ a_{n1} & \cdots & a_{n,j-1} & a_{n,j+1} & \cdots & a_{nn} \end{vmatrix}.$$

称 M_{1j} 称为元素 a_{1j} 的余子式,而称 A_{1j} 为元素 a_{1j} 的代数余子式;类似的,也称 M_{ij} 为元素 a_{ij} 的**余子式**,而称 $A_{ij}=(-1)^{i+j}M_{ij}$ 为元素 a_{ij} 的**代数余子式**,其中 M_{ij} 为由 $\boldsymbol{A}$ 中划掉第 i 行和第 j 列后剩下的 $(n-1)^2$ 个元素,不改变它们的相对位置关系所组成的 $n-1$ 阶方阵的行列式.

为了更清楚地理解行列式中的元素、元素的余子式以及元素的代数余子式之间的关

系，举一个具体的例子.

例如，对三阶行列式

$$\begin{vmatrix} 1 & 2 & 3 \\ 3 & 2 & 1 \\ 2 & 1 & 3 \end{vmatrix},$$

第一行第二列的元素 2 的余子式 $M_{12}=\begin{vmatrix} 3 & 1 \\ 2 & 3 \end{vmatrix}=7$，代数余子式 $A_{12}=(-1)^{1+2}M_{12}=-7$. 第二行第三列的元素 1 的余子式 $M_{23}=\begin{vmatrix} 1 & 2 \\ 2 & 1 \end{vmatrix}=-3$，代数余子式 $A_{23}=(-1)^{2+3}M_{23}=3$.

值得注意的是，在行列式中，元素 a_{ij} 的余子式 M_{ij} 和代数余子式 A_{ij} 是与元素 a_{ij} 对应的，但是它们的取值与元素 a_{ij} 本身的值无关，例如，二阶行列式 $\begin{vmatrix} 1 & x \\ 2 & 1 \end{vmatrix}$ 中，不管 x 取何值，都有 $M_{12}=2$，$A_{12}=-2$.

例 2.12 计算四阶行列式

$$\begin{vmatrix} 1 & -1 & 0 & 2 \\ 0 & 2 & 1 & 0 \\ -1 & 3 & 1 & 0 \\ 2 & -1 & -2 & 3 \end{vmatrix}.$$

解：

$$\begin{aligned}
\begin{vmatrix} 1 & -1 & 0 & 2 \\ 0 & 2 & 1 & 0 \\ -1 & 3 & 1 & 0 \\ 2 & -1 & -2 & 3 \end{vmatrix} &= 1\times(-1)^{1+1}\begin{vmatrix} 2 & 1 & 0 \\ 3 & 1 & 0 \\ -1 & -2 & 3 \end{vmatrix} \\
&\quad +(-1)\times(-1)^{1+2}\begin{vmatrix} 0 & 1 & 0 \\ -1 & 1 & 0 \\ 2 & -2 & 3 \end{vmatrix} \\
&\quad +0\times(-1)^{1+3}\begin{vmatrix} 0 & 2 & 0 \\ -1 & 3 & 0 \\ 2 & -1 & 3 \end{vmatrix} \\
&\quad +2\times(-1)^{1+4}\begin{vmatrix} 0 & 2 & 1 \\ -1 & 3 & 1 \\ 2 & -1 & -2 \end{vmatrix} \\
&= 1\cdot\left(2(-1)^{1+1}\begin{vmatrix} 1 & 0 \\ -2 & 3 \end{vmatrix}+1\cdot(-1)^{1+2}\begin{vmatrix} 3 & 0 \\ -1 & 3 \end{vmatrix}\right)
\end{aligned}$$

$$+1\cdot\left(1\cdot(-1)^{1+2}\begin{vmatrix}-1 & 0\\ 2 & 3\end{vmatrix}\right)-2\left(2(-1)^{1+2}\begin{vmatrix}-1 & 1\\ 2 & -2\end{vmatrix}\right.$$

$$\left.+1\cdot(-1)^{1+3}\begin{vmatrix}-1 & 3\\ 2 & -1\end{vmatrix}\right)$$

$$=(6-9)+3-2(0-5)=10$$

由行列式的上述定义可计算下面一些特殊结构的行列式的值.

例 2.13 计算下列行列式

(1) 下三角行列式

$$D_n=\begin{vmatrix}a_{11} & 0 & \cdots & 0\\ a_{21} & a_{22} & \cdots & 0\\ \vdots & \vdots & & \vdots\\ a_{n1} & a_{n2} & \cdots & a_{nn}\end{vmatrix};$$

(2) 对角形行列式

$$D_n=\begin{vmatrix}\lambda_1 & 0 & \cdots & 0\\ 0 & \lambda_2 & \cdots & 0\\ \vdots & \vdots & & \vdots\\ 0 & 0 & \cdots & \lambda_n\end{vmatrix};$$

(3) 行列式

$$D_n=\begin{vmatrix}0 & \cdots & 0 & \lambda_1\\ 0 & \cdots & \lambda_2 & 0\\ \vdots & & \vdots & \vdots\\ \lambda_n & \cdots & 0 & 0\end{vmatrix}.$$

解:(1) 根据行列式的定义

$$D_n=\begin{vmatrix}a_{11} & 0 & \cdots & 0\\ a_{21} & a_{22} & \cdots & 0\\ \vdots & \vdots & & \vdots\\ a_{n1} & a_{n2} & \cdots & a_{nn}\end{vmatrix}_n=a_{11}\begin{vmatrix}a_{22} & 0 & \cdots & 0\\ a_{32} & a_{33} & \cdots & 0\\ \vdots & \vdots & & \vdots\\ a_{n2} & a_{n3} & \cdots & a_{nn}\end{vmatrix}_{n-1}$$

$$=a_{11}a_{22}\begin{vmatrix}a_{33} & 0 & \cdots & 0\\ a_{43} & a_{44} & \cdots & 0\\ \vdots & \vdots & & \vdots\\ a_{n3} & a_{n4} & \cdots & a_{nn}\end{vmatrix}_{n-2}$$

$$=a_{11}a_{22}\cdots a_{nn}.$$

(2) 注意到第一行的元素中,只有第一列的元素是非零元素,则

$$D_n=\begin{vmatrix}\lambda_1&0&\cdots&0\\0&\lambda_2&\cdots&0\\\vdots&\vdots&&\vdots\\0&0&\cdots&\lambda_n\end{vmatrix}_n=\lambda_1\begin{vmatrix}\lambda_2&0&\cdots&0\\0&\lambda_3&\cdots&0\\\vdots&\vdots&&\vdots\\0&0&\cdots&\lambda_n\end{vmatrix}_{n-1}$$

$$=\lambda_1\lambda_2\begin{vmatrix}\lambda_3&0&\cdots&0\\0&\lambda_4&\cdots&0\\\vdots&\vdots&&\vdots\\0&0&\cdots&\lambda_n\end{vmatrix}_{n-2}=\lambda_1\lambda_2\cdots\lambda_n.$$

(3) 注意到第一行的元素中,只有第 n 列的元素为非零元素,所以

$$D_n=\begin{vmatrix}0&\cdots&0&\lambda_1\\0&\cdots&\lambda_2&0\\\vdots&&\vdots&\vdots\\\lambda_n&\cdots&0&0\end{vmatrix}_n=(-1)^{1+n}\lambda_1\begin{vmatrix}0&\cdots&0&\lambda_2\\0&\cdots&\lambda_3&0\\\vdots&&\vdots&\vdots\\\lambda_n&\cdots&0&0\end{vmatrix}_{n-1}$$

$$=(-1)^{1+n}(-1)^{1+n-1}\lambda_1\lambda_2\begin{vmatrix}0&\cdots&0&\lambda_3\\0&\cdots&\lambda_4&0\\\vdots&&\vdots&\vdots\\\lambda_n&\cdots&0&0\end{vmatrix}_{n-2}$$

$$=(-1)^{1+n}(-1)^{1+n-1}\cdots(-1)^{1+1}\lambda_1\lambda_2\cdots\lambda_n$$

$$=(-1)^{n+\frac{(n+1)n}{2}}\lambda_1\lambda_2\cdots\lambda_n$$

$$=(-1)^{\frac{n^2+3n}{2}}\lambda_1\lambda_2\cdots\lambda_n.$$

2.3.2 行列式的性质

从行列式的定义及以上例题的解答过程可以看出,用定义求行列式的值,计算量会非常大,只有少量特殊结构的行列式的计算能比较方便地用定义求,因此需要继续研究行列式的性质.

性质 1　设 $\mathbf{A}=(a_{ij})_{n\times n}$ 为 n 阶方阵,则 $|\mathbf{A}|=|\mathbf{A}^{\mathrm{T}}|$,即

$$\begin{vmatrix}a_{11}&a_{12}&\cdots&a_{1n}\\a_{21}&a_{22}&\cdots&a_{2n}\\\vdots&\vdots&&\vdots\\a_{n1}&a_{n2}&\cdots&a_{nn}\end{vmatrix}=\begin{vmatrix}a_{11}&a_{21}&\cdots&a_{n1}\\a_{12}&a_{22}&\cdots&a_{n2}\\\vdots&\vdots&&\vdots\\a_{1n}&a_{2n}&\cdots&a_{nn}\end{vmatrix}.$$

也称 $|\mathbf{A}^{\mathrm{T}}|$ 为矩阵 $\mathbf{A}$ 的行列式的转置行列式. 这个性质可以用行列式的定义直接证明,这里略.

例如,令 $|\mathbf{A}|=\begin{vmatrix}1&3\\2&8\end{vmatrix}$,则 $|\mathbf{A}|=2$;$|\mathbf{A}^{\mathrm{T}}|=\begin{vmatrix}1&2\\3&8\end{vmatrix}$,显然 $|\mathbf{A}^{\mathrm{T}}|=|\mathbf{A}|=2$.

性质 1 说明，在行列式中，行与列的地位是等同的. 行列式的性质也就是它的行和列所具有的性质，在本节中，为了叙述得方便，只给出行或列具有的性质.

性质 2 设 $\boldsymbol{A}=(a_{ij})_{n\times n}$，若 $\boldsymbol{A}\xrightarrow[(c_i\leftrightarrow c_j)]{r_i\leftrightarrow r_j}\boldsymbol{B}$，则 $|\boldsymbol{A}|=-|\boldsymbol{B}|$.

例如，若 $|\boldsymbol{A}|=\begin{vmatrix}1&0&0\\0&2&0\\0&0&3\end{vmatrix}$，$|\boldsymbol{B}|=\begin{vmatrix}0&2&0\\1&0&0\\0&0&3\end{vmatrix}$，显然 $\boldsymbol{A}\xrightarrow{r_1\leftrightarrow r_2}\boldsymbol{B}$，且 $|\boldsymbol{A}|=1\times2\times3=6$，$|\boldsymbol{B}|=-2\times1\times3=-6$，这里有 $|\boldsymbol{A}|=-|\boldsymbol{B}|$.

性质 2 表明，交换行列式的任意两行(列)，行列式的值变号.

推论 设 $\boldsymbol{A}=(a_{ij})_{n\times n}$，若 $\boldsymbol{A}$ 中有两行(列)完全相同，则 $|\boldsymbol{A}|=0$.

证明：将相同的两行对换，有 $|\boldsymbol{A}|=-|\boldsymbol{A}|$，从而 $|\boldsymbol{A}|=0$.

性质 3 设 $\boldsymbol{A}=(a_{ij})_{n\times n}$，若 $\boldsymbol{A}\xrightarrow[(kc_i)]{kr_i}\boldsymbol{B}$，则 $|\boldsymbol{B}|=k|\boldsymbol{A}|$，$k$ 为常数.

例如，$|\boldsymbol{A}|=\begin{vmatrix}1&0&0\\0&2&0\\0&0&3\end{vmatrix}$，$|\boldsymbol{B}|=\begin{vmatrix}1&0&0\\0&4&0\\0&0&3\end{vmatrix}$，显然 $\boldsymbol{A}\xrightarrow{2r_2}\boldsymbol{B}$，且 $|\boldsymbol{A}|=1\times2\times3=6$，$|\boldsymbol{B}|=1\times4\times3=12$，这里有 $|\boldsymbol{B}|=2|\boldsymbol{A}|$.

性质 3 说明，用一个数乘以行列式，等于用这个数乘行列式的某一行(列)的每一个元素. 换句话说，行列式中某一行(列)的公因子可以提到行列式符号之外. 这与用一个数乘以矩阵有很大的不同.

注意：若 $\boldsymbol{A}=(a_{ij})_{n\times n}$，则 $|k\boldsymbol{A}|=k^n|\boldsymbol{A}|$.

推论 1 若方阵 $\boldsymbol{A}$ 中有一个零行(列)，则 $|\boldsymbol{A}|=0$.

推论 2 若方阵 $\boldsymbol{A}$ 中有两行(列)对应成比例，则 $|\boldsymbol{A}|=0$.

性质 4 若方阵 $\boldsymbol{A}$ 的某行(列)的元素都是两数之和，

$$\boldsymbol{A}=\begin{pmatrix}a_{11}&a_{12}&\cdots&a_{1n}\\\vdots&\vdots&&\vdots\\a_{i1}+b_{i1}&a_{i2}+b_{i2}&\cdots&a_{in}+b_{in}\\\vdots&\vdots&&\vdots\\a_{n1}&a_{n2}&&a_{nn}\end{pmatrix},$$

则 $\boldsymbol{A}$ 的行列式等于两个行列式之和，即

$$|\boldsymbol{A}|=\begin{vmatrix}a_{11}&a_{12}&\cdots&a_{1n}\\\vdots&\vdots&&\vdots\\a_{i1}&a_{i2}&\cdots&a_{in}\\\vdots&\vdots&&\vdots\\a_{n1}&a_{n2}&&a_{nn}\end{vmatrix}+\begin{vmatrix}a_{11}&a_{12}&\cdots&a_{1n}\\\vdots&\vdots&&\vdots\\b_{i1}&b_{i2}&\cdots&b_{in}\\\vdots&\vdots&&\vdots\\a_{n1}&a_{n2}&&a_{nn}\end{vmatrix}.$$

例如，令 $|\boldsymbol{A}|=\begin{vmatrix}1+1 & 3+2\\ 2 & 8\end{vmatrix}$，则 $|\boldsymbol{A}|=6$，而 $\begin{vmatrix}1 & 3\\ 2 & 8\end{vmatrix}+\begin{vmatrix}1 & 2\\ 2 & 8\end{vmatrix}=2+4=6$，显然 $\begin{vmatrix}1+1 & 3+2\\ 2 & 8\end{vmatrix}=\begin{vmatrix}1 & 3\\ 2 & 8\end{vmatrix}+\begin{vmatrix}1 & 2\\ 2 & 8\end{vmatrix}$.

性质 5　设 $\boldsymbol{A}=(a_{ij})_{n\times n}$，若 $\boldsymbol{A}\xrightarrow[c_i+kc_j]{r_i+kr_j}\boldsymbol{B}$，则 $|\boldsymbol{B}|=|\boldsymbol{A}|$.

性质 5 说明，将行列式某一行(列)的 k 倍，加到另外一行(列)上，行列式的值不变.

例如，若

$$|\boldsymbol{A}|=\begin{vmatrix}1 & 3\\ 2 & 8\end{vmatrix},|\boldsymbol{B}|=\begin{vmatrix}1 & 3\\ 4 & 14\end{vmatrix},$$

显然 $\boldsymbol{A}\xrightarrow{r_2+2r_1}\boldsymbol{B}$，且 $|\boldsymbol{A}|=\begin{vmatrix}1 & 3\\ 2 & 8\end{vmatrix}=2$，$|\boldsymbol{B}|=\begin{vmatrix}1 & 3\\ 4 & 14\end{vmatrix}=2$，$|\boldsymbol{A}|=|\boldsymbol{B}|$.

定理 2.10　设 $\boldsymbol{A}=(a_{ij})_{n\times n}$，则 $\boldsymbol{A}$ 的行列式等于它的任一行(列)的元素与其代数余子式的乘积之和，即

$$|\boldsymbol{A}|=a_{i1}A_{i1}+a_{i2}A_{i2}+\cdots+a_{in}A_{in},1\leqslant i\leqslant n(\text{按第 } i \text{ 行展开}),$$

或　$$|\boldsymbol{A}|=a_{1j}A_{1j}+a_{2j}A_{2j}+\cdots+a_{nj}A_{nj},1\leqslant j\leqslant n(\text{按第 } j \text{ 列展开}).$$

证明：设

$$\boldsymbol{A}=\begin{pmatrix}a_{11} & a_{12} & \cdots & a_{1n}\\ \vdots & \vdots & & \vdots\\ a_{i1} & a_{i2} & \cdots & a_{in}\\ \vdots & \vdots & & \vdots\\ a_{n1} & a_{n2} & \cdots & a_{nn}\end{pmatrix},$$

M_{ij} 为 a_{ij} 的余子式. 将 $\boldsymbol{A}$ 中第 i 行依次与它前面的 $i-1$ 行交换得：

$$\boldsymbol{B}=\begin{pmatrix}a_{i1} & a_{i2} & \cdots & a_{in}\\ a_{11} & a_{12} & \cdots & a_{1n}\\ \vdots & \vdots & & \vdots\\ a_{n1} & a_{n2} & \cdots & a_{nn}\end{pmatrix}.$$

根据性质 2，有 $|\boldsymbol{B}|=(-1)^{i-1}|\boldsymbol{A}|$，同时 $|\boldsymbol{A}|=(-1)^{i-1}|\boldsymbol{B}|$. 又由定义 2.6 可知，

$$|\boldsymbol{B}|=a_{i1}(-1)^{1+1}\overline{M}_{11}+(-1)^{1+2}a_{i2}\overline{M}_{12}+\cdots+a_{in}(-1)^{1+n}\overline{M}_{1n}.$$

其中 $\overline{M}_{1j}(j=1,2,\cdots,n)$ 为行列式 $|\boldsymbol{B}|$ 中第一行的元素的余子式. 因为在上述线性变换的过程中，行列式 $|\boldsymbol{A}|$ 中除第 i 行以外，其余元素的相对位置关系没有发生变化，所以 $\overline{M}_{1j}=M_{ij}$. 因此 $|\boldsymbol{B}|=a_{i1}(-1)^{1+1}M_{i1}+a_{i2}(-1)^{1+2}M_{i2}+\cdots+a_{in}(-1)^{1+n}M_{in}$.

所以

$$|\boldsymbol{A}|=(-1)^{i-1}|\boldsymbol{B}|=a_{i1}(-1)^{i+1}M_{i1}+a_{i2}(-1)^{i+2}M_{i2}+\cdots+a_{in}(-1)^{i+n}M_{in}$$
$$=a_{i1}A_{i1}+a_{i2}A_{i2}+\cdots+a_{in}A_{in}, i=1,2,\cdots,n.$$

定理 2.10 也称为行列式的按行(列)展开定理.由此定理可知,定义 2.6 可理解为将行列式$|\boldsymbol{A}|$按照第一行展开的结果.

上述定理说明只有行列式的某一行(列)的元素与其对应代数余子式的乘积之和才等于该行列式的值.如果元素与代数余子式分别来自不同的行(列),则有

推论 行列式某一行(列)的元素与另一行(列)的对应元素的代数余子式乘积之和等于零,即

$$a_{i1}A_{k1}+a_{i2}A_{k2}+\cdots+a_{in}A_{kn}=0, i\neq k.$$

或

$$a_{1j}A_{1k}+a_{2j}A_{2k}+\cdots+a_{nj}A_{nk}=0, j\neq k.$$

例 2.14 设

$$D=\begin{vmatrix} 3 & -5 & 2 & 1 \\ 1 & 1 & 0 & -5 \\ -1 & 3 & 1 & 3 \\ 2 & -4 & -1 & -3 \end{vmatrix},$$

求 $3A_{21}-5A_{22}+2A_{23}+A_{24}$, $M_{11}+M_{21}+M_{31}+M_{41}$.

解:根据定理 2.10 的推论可知,$3A_{21}-5A_{22}+2A_{23}+A_{24}=0$;

$$M_{11}+M_{21}+M_{31}+M_{41}=A_{11}-A_{21}+A_{31}-A_{41}$$
$$=\begin{vmatrix} 1 & -5 & 2 & 1 \\ -1 & 1 & 0 & -5 \\ 1 & 3 & 1 & 3 \\ -1 & -4 & -1 & -3 \end{vmatrix} \xlongequal{r_4+r_3} \begin{vmatrix} 1 & -5 & 2 & 1 \\ -1 & 1 & 0 & -5 \\ 1 & 3 & 1 & 3 \\ 0 & -1 & 0 & 0 \end{vmatrix}$$
$$=-\begin{vmatrix} 1 & 2 & 1 \\ -1 & 0 & -5 \\ 1 & 1 & 3 \end{vmatrix} \xlongequal{r_1-2r_3} -\begin{vmatrix} -1 & 0 & -5 \\ -1 & 0 & -5 \\ 1 & 1 & 3 \end{vmatrix}=0.$$

2.3.3 行列式的计算

将行列式的定义、性质以及按行(列)展开定理结合起来运用,可以极大地简化行列式的计算,下面通过几个例题来说明.

例 2.15 利用行列式的展开定理计算行列式

$$\begin{vmatrix} 1 & -1 & 2 & 3 \\ 0 & 2 & 0 & 0 \\ 3 & 5 & 0 & 4 \\ -2 & 6 & 3 & 1 \end{vmatrix}.$$

解:利用行列式展开定理计算行列式时,一般选择零较多的行或列展开,因此将已知行列式按第二行展开得:

$$\begin{vmatrix} 1 & -1 & 2 & 3 \\ 0 & 2 & 0 & 0 \\ 3 & 5 & 2 & 4 \\ -2 & 6 & 0 & 0 \end{vmatrix} = 2\times(-1)^{2+2}\begin{vmatrix} 1 & 2 & 3 \\ 3 & 2 & 4 \\ -2 & 0 & 0 \end{vmatrix},$$

将这个三阶行列式再按第三行展开可得:

$$\text{原式} = 2\times(-1)^{2+2}\times(-2)\times(-1)^{3+1}\begin{vmatrix} 2 & 3 \\ 2 & 4 \end{vmatrix} = -8.$$

例 2.16　利用行列式的性质把下面的行列式化为上三角行列式并计算其值:

$$|\boldsymbol{A}| = \begin{vmatrix} 3 & 1 & -1 & 2 \\ -5 & 1 & 3 & -4 \\ 2 & 0 & 1 & -1 \\ 1 & -5 & 3 & -3 \end{vmatrix}.$$

解:

$$|\boldsymbol{A}| \xlongequal{c_1 \leftrightarrow c_2} -\begin{vmatrix} 1 & 3 & -1 & 2 \\ 1 & -5 & 3 & -4 \\ 0 & 2 & 1 & -1 \\ -5 & 1 & 3 & -3 \end{vmatrix} \xlongequal[r_3+5r_1]{r_2-r_1} -\begin{vmatrix} 1 & 3 & -1 & 2 \\ 0 & -8 & 4 & -6 \\ 0 & 2 & 1 & -1 \\ 0 & 16 & -2 & 7 \end{vmatrix}$$

$$\xlongequal{r_2 \leftrightarrow r_3} \begin{vmatrix} 1 & 3 & -1 & 2 \\ 0 & 2 & 1 & -1 \\ 0 & -8 & 4 & -6 \\ 0 & 16 & -2 & 7 \end{vmatrix} \xlongequal[r_4-8r_2]{r_3+4r_2} \begin{vmatrix} 1 & 3 & -1 & 2 \\ 0 & 2 & 1 & -1 \\ 0 & 0 & 8 & -10 \\ 0 & 0 & -10 & 15 \end{vmatrix}$$

$$\xlongequal{r_4+\frac{5}{4}r_3} \begin{vmatrix} 1 & 3 & -1 & 2 \\ 0 & 2 & 1 & -1 \\ 0 & 0 & 8 & -10 \\ 0 & 0 & 0 & 5/2 \end{vmatrix} = 40.$$

例 2.17　计算 n 阶行列式

$$D = \begin{vmatrix} x & a & a & \cdots & a \\ a & x & a & \cdots & a \\ a & a & x & \cdots & a \\ \vdots & \vdots & & & \vdots \\ a & a & a & \cdots & x \end{vmatrix}_n.$$

解:将已知行列式从第二列开始,后面所有的列都加到第一列上可得:

$$D=\begin{vmatrix} x+(n-1)a & a & a & \cdots & a \\ x+(n-1)a & x & a & \cdots & a \\ x+(n-1)a & a & x & \cdots & a \\ \vdots & \vdots & \vdots & & \vdots \\ x+(n-1)a & a & a & \cdots & x \end{vmatrix}_n ,$$

将第一列的公因子提出有：

$$D=[x+(n-1)a]\begin{vmatrix} 1 & a & a & \cdots & a \\ 1 & x & a & \cdots & a \\ 1 & a & x & \cdots & a \\ \vdots & \vdots & \vdots & & \vdots \\ 1 & a & a & \cdots & x \end{vmatrix}_n ,$$

然后从第二行开始，后面所有的行都减去第一行得：

$$D=[x+(n-1)a]\begin{vmatrix} 1 & a & a & \cdots & a \\ 0 & x-a & 0 & \cdots & 0 \\ 0 & 0 & x-a & \cdots & 0 \\ \vdots & \vdots & \vdots & & \vdots \\ 0 & 0 & 0 & \cdots & x-a \end{vmatrix}_n$$

$$=[x+(n-1)a](x-a)^{n-1}.$$

例 2.18 计算下面行列式的值：

$$\begin{vmatrix} 1 & 1 \\ x_1 & x_2 \end{vmatrix},\ \begin{vmatrix} 1 & 1 & 1 \\ x_1 & x_2 & x_3 \\ x_1^2 & x_2^2 & x_3^2 \end{vmatrix},\ \begin{vmatrix} 1 & 1 & 1 & 1 \\ x_1 & x_2 & x_3 & x_4 \\ x_1^2 & x_2^2 & x_3^2 & x_4^2 \\ x_1^3 & x_2^3 & x_3^3 & x_4^3 \end{vmatrix}.$$

并猜测以下 n 阶行列式的结果：

$$\begin{vmatrix} 1 & 1 & \cdots & 1 \\ x_1 & x_2 & \cdots & x_3 \\ x_1^2 & x_2^2 & \cdots & x_3^2 \\ \vdots & \vdots & & \vdots \\ x_1^{n-1} & x_2^{n-1} & \cdots & x_n^{n-1} \end{vmatrix}.$$

解：

$$\begin{vmatrix} 1 & 1 \\ x_1 & x_2 \end{vmatrix}=x_2-x_1;$$

$$\begin{vmatrix} 1 & 1 & 1 \\ x_1 & x_2 & x_3 \\ x_1^2 & x_2^2 & x_3^2 \end{vmatrix}\xlongequal[r_2-x_1r_1]{r_3-x_1r_2}\begin{vmatrix} 1 & 1 & 1 \\ 0 & x_2-x_1 & x_3-x_1 \\ 0 & x_2^2-x_1x_2 & x_3^2-x_1x_3 \end{vmatrix}$$

$$=(x_2-x_1)(x_3^2-x_1x_3)-(x_3-x_1)(x_2^2-x_1x_2)$$
$$=(x_2-x_1)(x_3-x_1)(x_3-x_2);$$

$$\begin{vmatrix}1&1&1&1\\x_1&x_2&x_3&x_4\\x_1^2&x_2^2&x_3^2&x_4^2\\x_1^3&x_2^3&x_3^3&x_4^3\end{vmatrix}\xlongequal[r_2-x_1r_1]{r_4-x_1r_3 \atop r_3-x_1r_2}\begin{vmatrix}1&1&1&1\\0&x_2-x_1&x_3-x_1&x_4-x_1\\0&x_2^2-x_1x_2&x_3^2-x_1x_3&x_4^2-x_1x_4\\0&x_2^3-x_1x_2^2&x_3^3-x_1x_3^2&x_4^3-x_1x_4^2\end{vmatrix}$$

$$=(x_2-x_1)(x_3-x_1)(x_4-x_1)\begin{vmatrix}1&1&1\\x_2&x_3&x_4\\x_2^2&x_3^2&x_4^2\end{vmatrix}$$

$$=(x_2-x_1)(x_3-x_1)(x_4-x_1)(x_3-x_2)(x_4-x_2)(x_4-x_3).$$

按上述规律,经归纳可得:

$$\begin{vmatrix}1&1&\cdots&1\\x_1&x_2&\cdots&x_3\\x_1^2&x_2^2&\cdots&x_3^2\\\vdots&\vdots&&\vdots\\x_1^{n-1}&x_2^{n-1}&\cdots&x_n^{n-1}\end{vmatrix}=\prod_{1\leqslant j<i\leqslant n}(x_i-x_j).$$

称上述 n 阶行列式为**范德蒙(Vandermonde)行列式**,这个行列式在线性代数、微积分和多项式理论中有比较重要的应用.范德蒙行列式的结果可以利用行列式的性质和数学归纳法证明,具体过程请读者自行完成,这里就不赘述了.

在本节的最后,介绍矩阵乘积行列式的一个重要性质:

定理 2.11 设 $\boldsymbol{A},\boldsymbol{B}$ 均为 n 阶方阵,则 $|\boldsymbol{AB}|=|\boldsymbol{A}||\boldsymbol{B}|$.

这个结论表明,两个同阶方阵的乘积的行列式等于它们各自行列式的乘积.

习题 2.3

1. 填空题.

(1) 设 $D=\begin{vmatrix}3&-1&2\\-2&-3&1\\0&1&-4\end{vmatrix}$,则 $2A_{11}+A_{21}-4A_{31}=$____________.

(2) 行列式 $\begin{vmatrix}1&2&-3\\2&-1&0\\3&4&-2\end{vmatrix}$ 中元素 0 的余子式的值为____________;代数余子式的值为____________.

(3) $\begin{vmatrix}1\,234&234\\2\,469&469\end{vmatrix}=$____________.

(4) $\begin{vmatrix} 1 & 2 & 1 \\ 2 & 4 & 2 \\ 10 & 14 & 13 \end{vmatrix}=$__________.

(5) 设 $\mathbf{A}$ 是三阶矩阵，$|\mathbf{A}|=2$，则 $|2\mathbf{A}|=$__________；$|2\mathbf{A}^{-1}|=$__________.

2. 解下列线性方程组.

(1) $\begin{cases} x_1+x_2=-1 \\ 2x_1+x_2=-4 \end{cases}$；　(2) $\begin{cases} 2x_1-x_2=3 \\ x_1+x_2=12 \end{cases}$.

3. 计算下列行列式.

(1) $\begin{vmatrix} 6 & 9 \\ 8 & 12 \end{vmatrix}$；(2) $\begin{vmatrix} \cos\theta & -\sin\theta \\ \sin\theta & \cos\theta \end{vmatrix}$；(3) $\begin{vmatrix} 1 & 0 & 1 \\ 2 & 2 & 3 \\ 3 & 0 & 2 \end{vmatrix}$；(4) $\begin{vmatrix} 1 & a & b \\ b & 1 & a \\ a & b & 1 \end{vmatrix}$.

4. 设 $D=\begin{vmatrix} 1 & 1 & 1 \\ x & 2 & 1 \\ 1 & 3 & x \end{vmatrix}$，且 $D=2$，求 x 的值.

5. 利用 n 阶行列式的定义计算下列行列式.

(1) $\begin{vmatrix} a & 0 & 0 & 0 \\ 0 & 0 & b & 0 \\ 0 & c & 0 & 0 \\ 0 & 0 & 0 & d \end{vmatrix}$；(2) $\begin{vmatrix} 1 & 0 & 0 & 2 \\ 2 & 2 & 1 & 4 \\ 3 & 0 & 0 & 1 \\ 4 & 1 & 3 & 1 \end{vmatrix}$；(3) $\begin{vmatrix} 0 & 1 & 0 & \cdots & 0 \\ 0 & 0 & 2 & \cdots & 0 \\ \vdots & \vdots & \vdots & & \vdots \\ 0 & 0 & 0 & \cdots & n-1 \\ n & 0 & 0 & \cdots & 0 \end{vmatrix}$；

(4) $\begin{vmatrix} 0 & 0 & \cdots & 0 & n \\ 1 & 0 & \cdots & 0 & 0 \\ 2 & 2 & \cdots & 0 & 0 \\ \vdots & \vdots & & \vdots & \vdots \\ n-1 & n-1 & \cdots & n-1 & n-1 \end{vmatrix}$.

6. 计算下列行列式.

(1) $\begin{vmatrix} 1 & 1 & 1 & 1 \\ 1 & 2 & 0 & 0 \\ 1 & 0 & 3 & 0 \\ 1 & 0 & 0 & 4 \end{vmatrix}$；(2) $\begin{vmatrix} 3 & 1 & -1 & 2 \\ 5 & 1 & 3 & -4 \\ 2 & 0 & 1 & -1 \\ 1 & -5 & 3 & -3 \end{vmatrix}$；(3) $\begin{vmatrix} 3 & 1 & 1 & 1 \\ 1 & 3 & 1 & 1 \\ 1 & 1 & 3 & 1 \\ 1 & 1 & 1 & 3 \end{vmatrix}$；

(4) $\begin{vmatrix} 2 & 1 & 4 & 1 \\ 3 & -1 & 2 & 1 \\ 1 & 2 & 3 & 2 \\ 5 & 0 & 6 & 2 \end{vmatrix}$.

7. 利用行列式的性质，计算下列各行列式.

(1) $\begin{vmatrix} a^2 & (a+1)^2 & (a+2)^2 & (a+3)^2 \\ b^2 & (b+1)^2 & (b+2)^2 & (b+3)^2 \\ c^2 & (c+1)^2 & (c+2)^2 & (c+3)^2 \\ d^2 & (d+1)^2 & (d+2)^2 & (d+3)^2 \end{vmatrix}$；(2) $\begin{vmatrix} a & b & 0 & 0 & 0 \\ 0 & a & b & 0 & 0 \\ 0 & 0 & a & b & 0 \\ 0 & 0 & 0 & a & b \\ b & 0 & 0 & 0 & a \end{vmatrix}$；

(3) $\begin{vmatrix} a_1 & 1 & 1 & \cdots & 1 \\ 1 & a_2 & 0 & \cdots & 0 \\ 1 & 0 & a_3 & \cdots & 0 \\ \vdots & \vdots & \vdots & & \vdots \\ 1 & 0 & 0 & \cdots & a_n \end{vmatrix}$；(4) $\begin{vmatrix} 1 & 2 & 2 & \cdots & 2 \\ 2 & 2 & 2 & \cdots & 2 \\ 2 & 2 & 3 & \cdots & 2 \\ \vdots & \vdots & \vdots & & \vdots \\ 2 & 2 & 2 & \cdots & n \end{vmatrix}$.

8. 证明 $\begin{vmatrix} ax+by & ay+bz & az+bx \\ ay+bz & az+bx & ax+by \\ az+bx & ax+by & ay+bz \end{vmatrix}=(a^3+b^3)\begin{vmatrix} x & y & z \\ y & z & x \\ z & x & y \end{vmatrix}$.

9. 已知 $D=\begin{vmatrix} 3 & 1 & 0 & 4 \\ 0 & 2 & -1 & 1 \\ 1 & 1 & 2 & 1 \\ 3 & 5 & 2 & 7 \end{vmatrix}$，求(1) $A_{41}+A_{42}+A_{43}+A_{44}$；(2) $2M_{24}+4M_{34}-4M_{44}$.

2.4 行列式的应用

前面介绍了行列式的定义、性质与计算，本节讨论行列式在求矩阵的逆矩阵、求矩阵的秩以及求解线性方程组等方面的应用.

2.4.1 利用行列式求矩阵的逆矩阵

定义 2.7 设 n 阶矩阵

$$\boldsymbol{A}=\begin{pmatrix} a_{11} & a_{12} & \cdots & a_{1n} \\ a_{21} & a_{22} & \cdots & a_{2n} \\ \vdots & \vdots & & \vdots \\ a_{n1} & a_{n2} & \cdots & a_{nn} \end{pmatrix},$$

用 $\boldsymbol{A}$ 中诸元素的代数余子式 A_{ij} 所组成的 n 阶方阵

$$\boldsymbol{A}^*=\begin{pmatrix} A_{11} & A_{21} & \cdots & A_{n1} \\ A_{12} & A_{22} & \cdots & A_{n2} \\ \vdots & \vdots & & \vdots \\ A_{1n} & A_{2n} & \cdots & A_{nn} \end{pmatrix}$$

称为方阵 $\boldsymbol{A}$ 的伴随矩阵，记作 $\boldsymbol{A}^*$.

注意：伴随矩阵 $\boldsymbol{A}^*$ 中第 i 行第 j 列的元素是 A_{ji}，而不是 A_{ij}.

作矩阵 $\boldsymbol{A}$ 与其伴随矩阵 $\boldsymbol{A}^*$ 的乘积：

$$\boldsymbol{A}\boldsymbol{A}^*=\begin{pmatrix} a_{11} & a_{12} & \cdots & a_{1n} \\ a_{21} & a_{22} & \cdots & a_{2n} \\ \vdots & \vdots & & \vdots \\ a_{n1} & a_{n2} & \cdots & a_{nn} \end{pmatrix}\begin{pmatrix} A_{11} & A_{21} & \cdots & A_{n1} \\ A_{12} & A_{22} & \cdots & A_{n2} \\ \vdots & \vdots & & \vdots \\ A_{1n} & A_{2n} & \cdots & A_{nn} \end{pmatrix}$$

根据定理 2.10 及其推论可得

$$\boldsymbol{A}\boldsymbol{A}^*=\begin{pmatrix} |\boldsymbol{A}| & 0 & \cdots & 0 \\ 0 & |\boldsymbol{A}| & \cdots & 0 \\ \vdots & \vdots & & \vdots \\ 0 & 0 & \cdots & |\boldsymbol{A}| \end{pmatrix}=|\boldsymbol{A}|\begin{pmatrix} 1 & 0 & \cdots & 0 \\ 0 & 1 & \cdots & 0 \\ \vdots & \vdots & & \vdots \\ 0 & 0 & \cdots & 1 \end{pmatrix}=|\boldsymbol{A}|\boldsymbol{E}_n.$$

同样 $\boldsymbol{A}^*\boldsymbol{A}=|\boldsymbol{A}|\boldsymbol{E}_n$. 由此可得：

定理 2.12 方阵 $\boldsymbol{A}$ 可逆的充分必要条件是 $|\boldsymbol{A}|\neq 0$，且当 $|\boldsymbol{A}|\neq 0$ 时，$\boldsymbol{A}^{-1}=\dfrac{\boldsymbol{A}^*}{|\boldsymbol{A}|}$.

证明略.

定理 2.12 给出了矩阵可逆的另一个充要条件，并且给出了利用方阵的伴随矩阵和行列式计算矩阵的逆矩阵的一种方法.

例 2.19 设矩阵

$$\boldsymbol{A}=\begin{pmatrix} 1 & 0 & 1 \\ 2 & 1 & 1 \\ 3 & 2 & -1 \end{pmatrix}$$

判断 $\boldsymbol{A}$ 是否可逆，若可逆求 $\boldsymbol{A}^{-1}$.

解：因为 $|\boldsymbol{A}|=\begin{vmatrix} 1 & 0 & 1 \\ 2 & 1 & 1 \\ 3 & 2 & -1 \end{vmatrix}=1\times(-1-2)+1\times(4-3)=-2\neq 0$，所以矩阵 $\boldsymbol{A}$ 可逆. 而

$$\boldsymbol{A}^*=\begin{pmatrix} -3 & 2 & -1 \\ 5 & -4 & 1 \\ 1 & -2 & 1 \end{pmatrix},$$

所以

$$\boldsymbol{A}^{-1}=\frac{\boldsymbol{A}^*}{|\boldsymbol{A}|}=-\frac{1}{2}\begin{pmatrix} -3 & 2 & -1 \\ 5 & -4 & 1 \\ 1 & -2 & 1 \end{pmatrix}=\begin{pmatrix} 3/2 & -1 & 1/2 \\ -5/2 & 2 & -1/2 \\ -1/2 & 1 & -1/2 \end{pmatrix}$$

2.4.2　行列式与矩阵的秩

前面介绍过矩阵的秩，并且我们已经知道，对 n 阶方阵 $\boldsymbol{A}$，它可逆的充分必要条件是 $r(\boldsymbol{A})=n$，结合定理 2.12 有

定理 2.13　n 阶方阵 $\boldsymbol{A}$ 的行列式 $|\boldsymbol{A}|\neq 0$ 的充分必要条件是 $r(\boldsymbol{A})=n$.

定理 2.13 说明若方阵 $\boldsymbol{A}$ 是满秩的，则必有 $|\boldsymbol{A}|\neq 0$；若方阵 $\boldsymbol{A}$ 是降秩的，则必有 $|\boldsymbol{A}|=0$. 下面，通过实例来进一步讨论矩阵的秩与行列式的关系.

例如，对于矩阵

$$\boldsymbol{A}=\begin{pmatrix}1&1&1\\1&2&3\\0&1&2\end{pmatrix},$$

容易计算知 $|\boldsymbol{A}|=0$，所以 $r(\boldsymbol{A})<3$. 通过对 $\boldsymbol{A}$ 作如下初等行变换

$$\begin{pmatrix}1&1&1\\1&2&3\\0&1&2\end{pmatrix}\xrightarrow[r_3-r_2]{r_2-r_1}\begin{pmatrix}1&1&1\\0&1&2\\0&0&0\end{pmatrix},$$

由此可得 $r(\boldsymbol{A})=2$，并且在 $\boldsymbol{A}$ 中能找到一个二阶行列式 $D_1=\begin{vmatrix}1&1\\1&2\end{vmatrix}=1\neq 0$.

再如，对于矩阵

$$\boldsymbol{B}=\begin{pmatrix}1&0&1&3&7\\0&6&2&2&5\\0&0&0&2&7\\0&0&0&0&0\end{pmatrix},$$

由 2.2 节的知识可知，$r(\boldsymbol{B})=3$，并且在 $\boldsymbol{B}$ 中能找到一个三阶行列式

$$D_2=\begin{vmatrix}1&1&3\\0&2&2\\0&0&2\end{vmatrix}=4\neq 0.$$

但是在 $\boldsymbol{B}$ 中找不到结果不为零的四阶行列式.

定义 2.8　在 $m\times n$ 阶矩阵 $\boldsymbol{A}$ 中，任取 k 行与 k 列($k\leqslant m,k\leqslant n$)，位于这些行列交叉处的 k^2 个元素，不改变它们在矩阵 $\boldsymbol{A}$ 中的相对位置关系，所组成的 k 阶行列式称为矩阵 $\boldsymbol{A}$ 的 k 阶子式.

例如，在上面的例子中，D_1 是矩阵 $\boldsymbol{A}$ 的一个 2 阶子式，D_2 是矩阵 $\boldsymbol{B}$ 的一个 3 阶子式.

一般地，一个 $m\times n$ 阶矩阵 $\boldsymbol{A}$，有 $C_m^k C_n^k$ 个 k 阶子式.

关于矩阵的秩与矩阵的子式的关系，有下面的结论：

定理 2.14　任意 $m\times n$ 阶矩阵 $\boldsymbol{A}$ 的秩为 r 的充分必要条件是 $\boldsymbol{A}$ 中至少存在一个 r 阶非零子式，而 $\boldsymbol{A}$ 的所有的 $r+1$ 阶子式均为零(如果存在的话).

证明略.

由行列式的性质可知,若矩阵 $\boldsymbol{A}$ 的所有的 $r+1$ 阶子式全为 0,则所有高于 $r+1$ 阶的子式也全为 0,因此可以把 r 阶子式称为矩阵 $\boldsymbol{A}$ 的最高阶非零子式,定理 2.14 说明,矩阵 $\boldsymbol{A}$ 的秩等于其最高阶非零子式的阶数.

值得注意的是,若 $r(\boldsymbol{A})=r$,则 $\boldsymbol{A}$ 中至少有一个 r 阶非零子式,但是不代表 $\boldsymbol{A}$ 的所有 r 阶子式均不为 0.

例如,对于前面讨论过的矩阵 $\boldsymbol{B}$,$r(\boldsymbol{B})=3$,D_2 是矩阵 $\boldsymbol{B}$ 的一个 3 阶非零子式,但是

$$D_3=\begin{vmatrix}1 & 0 & 1\\ 0 & 6 & 2\\ 0 & 0 & 0\end{vmatrix}=0$$

便是一个三阶的零子式.

2.4.3 克莱姆法则

对于一般的线性方程组的解法的讨论,将在第三章详细介绍.这里讨论用行列式的知识求解方程的个数与未知数的个数相等的方程组的解的一种方法——克莱姆法则.

设有 n 元线性方程组

$$\begin{cases}a_{11}x_1+a_{12}x_2+\cdots+a_{1n}x_n=b_1\\ a_{21}x_1+a_{22}x_2+\cdots+a_{2n}x_n=b_1\\ \qquad\vdots\\ a_{n1}x_1+a_{n2}x_2+\cdots+a_{nn}x_n=b_n\end{cases}\tag{2.7}$$

简记为 $\boldsymbol{Ax}=\boldsymbol{b}$,这里 $\boldsymbol{A}=(a_{ij})_{n\times n}$,$\boldsymbol{x}=(x_1,x_2,\cdots,x_n)^{\mathrm{T}}$,$b=(b_1,b_2,\cdots,b_n)^{\mathrm{T}}$,记 $|\boldsymbol{A}|=D$.

若系数矩阵 $\boldsymbol{A}$ 可逆,则有 $\boldsymbol{x}=\boldsymbol{A}^{-1}\boldsymbol{b}$,即

$$\boldsymbol{x}=\frac{\boldsymbol{A}^*}{|\boldsymbol{A}|}\boldsymbol{b}=\frac{1}{|\boldsymbol{A}|}\begin{pmatrix}A_{11} & A_{21} & \cdots & A_{n1}\\ A_{12} & A_{22} & \cdots & A_{n2}\\ \vdots & \vdots & & \vdots\\ A_{1n} & A_{2n} & \cdots & A_{nn}\end{pmatrix}\begin{pmatrix}b_1\\ b_2\\ \vdots\\ b_n\end{pmatrix},$$

所以 $x_i=\dfrac{A_{1i}b_1+A_{2i}b_2+\cdots+A_{ni}b_n}{|\boldsymbol{A}|}$,$(i=1,2,\cdots,n)$显然

$$A_{1i}b_1+A_{2i}b_2+\cdots+A_{ni}b_n=\begin{vmatrix}a_{11} & \cdots & b_1 & \cdots & a_{1n}\\ a_{21} & \cdots & b_2 & \cdots & a_{2n}\\ \vdots & & \vdots & & \vdots\\ a_{n1} & \cdots & b_n & \cdots & a_{nn}\end{vmatrix}=D_i\ (i=1,2,\cdots,n)\tag{2.8}$$

其中 D_i 是由方程组的右端常数列取代了系数行列式中的第 i 列后所得的行列式.由此可得

定理 2.15　(Cramer 法则)如果线性方程组(2.7)的系数行列式 $|\mathbf{A}|=D\neq 0$,则方程组(2.7)有唯一解

$$x_1=\frac{D_1}{D},x_2=\frac{D_2}{D},\cdots,x_n=\frac{D_n}{D}.$$

定理 2.15 给出了直接通过计算行列式的值求解方程组的一种方法.

例 2.20　用克莱姆法则求解线性方程组

$$\begin{cases}5x_1+6x_2=1\\ x_1+5x_2+6x_3=0\\ x_2+5x_3=0\end{cases}$$

解:因为

$$D=\begin{vmatrix}5&6&0\\1&5&6\\0&1&5\end{vmatrix}=65,D_1=\begin{vmatrix}1&6&0\\0&5&6\\0&1&5\end{vmatrix}=19,$$

$$D_2=\begin{vmatrix}5&1&0\\1&0&6\\0&0&5\end{vmatrix}=-5,D_3=\begin{vmatrix}5&6&1\\1&5&0\\0&1&0\end{vmatrix}=1,$$

所以 $x_1=\dfrac{D_1}{D}=\dfrac{19}{65},x_2=\dfrac{D_2}{D}=-\dfrac{1}{13},x_3=\dfrac{D_3}{D}=\dfrac{1}{65}.$

克莱姆法则虽然提供了求解 n 元线性方程组的解的公式,但是当方程组的未知数的个数 n 较多时,会导致公式中行列式的阶数较高,计算比较复杂,所以克莱姆法则的理论意义大于其实际意义.

定理 2.15 的逆否命题为:

定理 2.16　若方程组(2.7)无解或者有两个不同的解,则方程组的系数行列式必为零,即 $D=0$.

特别地,在方程组(2.7)中,若 $b_i=0(i=1,2,\cdots,n)$,即

$$\begin{cases}a_{11}x_1+a_{12}x_2+\cdots+a_{1n}x_n=0\\ a_{21}x_1+a_{22}x_2+\cdots+a_{2n}x_n=0\\ \quad\vdots\\ a_{n1}x_1+a_{n2}x_2+\cdots+a_{nn}x_n=0\end{cases}\tag{2.9}$$

称(2.9)为 n 元齐次线性方程组.

关于 n 元齐次线性方程组的解,有以下结论:

定理 2.17　若方程组(2.9)的系数行列式 $D\neq 0$,则方程组有唯一零解;反之,若齐次线性方程组有非零解,则方程组的系数行列式 $D=0$.

习题 2.4

1. 选择题.

(1)$\boldsymbol{A}$ 是 n 阶方阵,$\boldsymbol{A}^*$ 是其伴随矩阵,则下列结论错误的是(   ).

(A) 若 $\boldsymbol{A}$ 是可逆矩阵,则 $\boldsymbol{A}^*$ 也是可逆矩阵

(B) 若 $\boldsymbol{A}$ 是不可逆矩阵,则 $\boldsymbol{A}^*$ 也是不可逆矩阵

(C) 若 $|\boldsymbol{A}^*|\neq 0$,则 $\boldsymbol{A}$ 是可逆矩阵

(D) $|\boldsymbol{A}\boldsymbol{A}^*|=|\boldsymbol{A}|$

(2) 设 $\boldsymbol{A}$ 是 5 阶方阵,且 $|\boldsymbol{A}|\neq 0$,则 $|\boldsymbol{A}^*|=$(   ).

(A) $|\boldsymbol{A}|$ (B) $|\boldsymbol{A}|^2$ (C) $|\boldsymbol{A}|^3$ (D) $|\boldsymbol{A}|^4$

(3) 设 $\boldsymbol{A}^*$ 是 $\boldsymbol{A}=(a_{ij})_{n\times n}$ 的伴随矩阵,则 $\boldsymbol{A}^*\boldsymbol{A}$ 中位于第 i 行第 j 列的元素为(   ).

(A) $\sum\limits_{k=1}^{n} a_{jk}A_{ki}$ (B) $\sum\limits_{k=1}^{n} a_{kj}A_{ki}$ (C) $\sum\limits_{k=1}^{n} a_{jk}A_{ik}$ (D) $\sum\limits_{k=1}^{n} a_{ki}A_{kj}$

(4) 设 $\boldsymbol{A}=\begin{pmatrix} a_{11} & \cdots & a_{1n} \\ \vdots & \vdots & \vdots \\ a_{n1} & \cdots & a_{nn} \end{pmatrix}$,$\boldsymbol{B}=\begin{pmatrix} A_{11} & \cdots & A_{1n} \\ \vdots & \vdots & \vdots \\ A_{n1} & \cdots & A_{nn} \end{pmatrix}$,其中 A_{ij} 是 a_{ij} 的代数余子式,则(   ).

(A) $\boldsymbol{A}$ 是 $\boldsymbol{B}$ 的伴随矩阵 (B) $\boldsymbol{B}$ 是 $\boldsymbol{A}$ 的伴随矩阵

(C) $\boldsymbol{B}$ 是 $\boldsymbol{A}^{\mathrm{T}}$ 的伴随矩阵 (D) 以上结论都不对

(5) n 阶矩阵 $\boldsymbol{A}$ 是可逆矩阵的充分必要条件是(   ).

(A) $|\boldsymbol{A}|\neq 0$ (B) $|\boldsymbol{A}|=0$ (C) $\boldsymbol{A}=\boldsymbol{A}^{\mathrm{T}}$ (D) $|\boldsymbol{A}|=1$

(6) 设 $n(n\geqslant 3)$ 阶矩阵 $\boldsymbol{A}=\begin{pmatrix} 1 & a & a & \cdots & a \\ a & 1 & a & \cdots & a \\ a & a & 1 & \cdots & a \\ \vdots & \vdots & \vdots & \vdots & \vdots \\ a & a & a & \cdots & 1 \end{pmatrix}$,若矩阵 $\boldsymbol{A}$ 的秩为 1,则 a 必为(   ).

(A) 1 (B) -1 (C) $\dfrac{1}{1-n}$ (D) $\dfrac{1}{n-1}$

2. 设 $\boldsymbol{A}=\begin{pmatrix} 1 & 0 & 1 \\ 2 & 1 & 1 \\ 3 & 2 & -1 \end{pmatrix}$,判断 $\boldsymbol{A}$ 是否可逆,并利用 $\boldsymbol{A}$ 的伴随矩阵求其逆矩阵.

3. 设 $\boldsymbol{A}$ 为三阶矩阵,$|\boldsymbol{A}|=3$,$\boldsymbol{A}^*$ 为 $\boldsymbol{A}$ 的伴随矩阵,若交换 $\boldsymbol{A}$ 的第一行与第二行得矩阵 $\boldsymbol{B}$,求 $|\boldsymbol{B}\boldsymbol{A}^*|$.

4. 下列命题是否正确，为什么？

(1) 若矩阵 $\boldsymbol{A}$ 的秩为 r，则矩阵 $\boldsymbol{A}$ 的所有 $r-1$ 阶子式均非零.

(2) 若矩阵 $\boldsymbol{A}$ 的秩为 r，则矩阵必有一个 $r-1$ 阶子式非零.

(3) 若矩阵 $\boldsymbol{A}$ 的秩为 r，则矩阵 $\boldsymbol{A}$ 的所有 $r+1$ 阶子式均为零.

(4) 若矩阵 $\boldsymbol{A}$ 的秩为 r，则矩阵 $\boldsymbol{A}$ 的所有 r 阶子式均非零.

(5) 若矩阵 $\boldsymbol{A}$ 有一个 r 阶子式非零，则矩阵 $\boldsymbol{A}$ 的秩为 r.

(6) 若矩阵 $\boldsymbol{A}$ 的所有 r 阶子式均为零，则矩阵 $\boldsymbol{A}$ 的秩小于 r.

5. 求矩阵 $\boldsymbol{A}=\begin{pmatrix}1 & -2 & 3 & -1 & 1\\ 3 & -1 & 5 & -3 & 2\\ 2 & 1 & 2 & -2 & 3\end{pmatrix}$ 的秩，并求一个最高阶非零子式.

6. 设 $\boldsymbol{A}=\begin{pmatrix}1 & 0 & 0\\ 2 & 2 & 0\\ 3 & 4 & 5\end{pmatrix}$，$\boldsymbol{A}^*$ 为 $\boldsymbol{A}$ 的伴随矩阵，求 $(A^*)^{-1}$.

7. 已知三阶矩阵 $\boldsymbol{A}$ 的逆矩阵为 $\boldsymbol{A}^{-1}=\begin{pmatrix}1 & 1 & 1\\ 1 & 2 & 1\\ 1 & 1 & 3\end{pmatrix}$，试求其伴随矩阵 $\boldsymbol{A}^*$ 的逆矩阵.

8. 利用 Cramer 法则，求方程组

$$\begin{cases}2x_1-x_2=0\\ -x_1+2x_2-x_3=0\\ -x_2+2x_3-x_4=-3\\ -x_3+2x_4=0\end{cases}$$

的解.

9. 设齐次线性方程组

$$\begin{cases}(5-k)x_1+2x_2+2x_3=0\\ 2x_1+(6-k)x_2=0\\ 2x_1+(4-k)x_3=0\end{cases}$$

试确定当参数 k 取何值时，方程组有非零解.

2.5 应用举例

本节介绍几个矩阵或行列式在几何、经济和工程方面的应用实例.

2.5.1 利用行列式求平行四边形的面积

设有二阶行列式 $D=\begin{vmatrix}a & b\\ c & d\end{vmatrix}$，令 $\boldsymbol{\alpha}=\begin{pmatrix}a\\ c\end{pmatrix}$，$\boldsymbol{\beta}=\begin{pmatrix}b\\ d\end{pmatrix}$，则称向量组 $\boldsymbol{\alpha},\boldsymbol{\beta}$ 为二阶行列式 D

的列向量组.

如图 2.2 所示,向量 $\boldsymbol{\alpha},\boldsymbol{\beta}$ 确定一个平行四边形 $OACB$. 其中 A,B 两点的坐标分别为 $(a,c),(b,d)$,过 A 点作 x 轴的垂线交 x 轴于点 E,过 B 点作平行于 x 轴的直线,与过 C 作平行于 y 轴的直线交于点 D,因三角形 AOE 与三角形 CBD 全等,所以

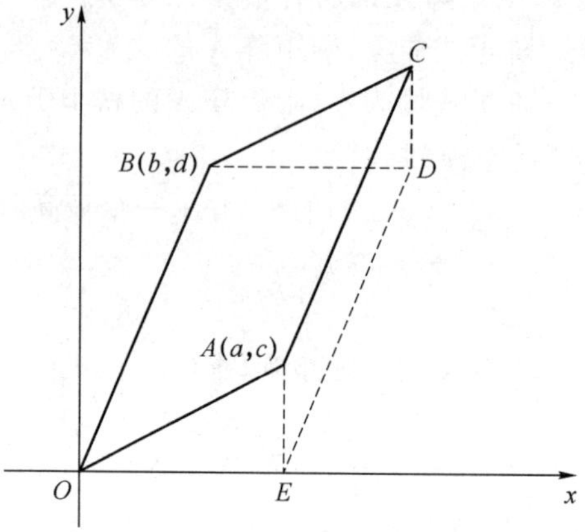

图 2.2

$$\begin{aligned} S_{OACB} &= S_{OEDB} + S_{CDB} - S_{AEO} - S_{AEDC} \\ &= S_{OEDB} - S_{AEDC} \\ &= ad - bc \end{aligned}$$

关于二阶行列式 D 与其列向量组 $\boldsymbol{\alpha},\boldsymbol{\beta}$ 有以下定理:

定理 2.18 二阶行列式 D 的列向量组 $\boldsymbol{\alpha},\boldsymbol{\beta}$ 所确定的平行四边形的面积等于二阶行列式 D 的绝对值,即 $|D|$.

例 2.21 点(1,2),(1,5),(5,1),(5,4)能否构成平行四边形,如果能,这个平行四边形的面积等于多少?

解:以(1,2)为起点,其余三个点为终点作三个向量 $\boldsymbol{\alpha}=\begin{pmatrix}0\\3\end{pmatrix},\boldsymbol{\beta}=\begin{pmatrix}4\\-1\end{pmatrix},\boldsymbol{\gamma}=\begin{pmatrix}4\\2\end{pmatrix}$,显然 $\boldsymbol{\alpha}+\boldsymbol{\beta}=\boldsymbol{\gamma}$,所以以上四个点能组成一个平行四边形,且面积等于行列式 $\begin{vmatrix}0 & 4\\3 & -1\end{vmatrix}=-12$ 的绝对值,即 12.

定理 2.18 表明,二阶行列式的几何意义是其绝对值等于其列向量组所构成的平行四边形的面积. 类似的,三阶行列式也有相应的几何意义. 三阶行列式的几何意义是其绝对值等于其列向量组(三维列向量组)所构成的平行六面体的体积. 读者可以利用二、三阶行列式的几何意义去帮助自己理解行列式的性质.

2.5.2　行列式在经济上的应用

例 2.22　某小型陶泥玩具加工厂有三个制作车间，第一个车间用 1 袋陶泥可制作 4 个唐老鸭、15 个 Kitty 猫、3 个小花狗；第二个车间用 1 袋陶泥可制作 4 个唐老鸭、5 个 Kitty 猫、9 个小花狗；第三个车间用 1 袋陶泥可制作 8 个唐老鸭、10 个 Kitty 猫、3 个小花狗. 现工厂接到一张订单，要求提供 200 个唐老鸭、350 个 Kitty 猫、240 个小花狗，问工厂应如何向三个车间安排任务，以完成订单？

解：设三个车间在完成此订单的过程中各需要陶泥 x_1,x_2,x_3 袋，则根据已知条件有：

$$\begin{cases} 4x_1+4x_2+8x_3=200 \\ 15x_1+5x_2+10x_3=350, \\ 3x_1+9x_2+3x_3=240 \end{cases}$$

此方程组的系数行列式

$$D=\begin{vmatrix} 4 & 4 & 8 \\ 15 & 5 & 10 \\ 3 & 9 & 3 \end{vmatrix}=600\neq 0.$$

所以根据克莱姆法则，方程组有唯一解. 又因为

$$D_1=\begin{vmatrix} 200 & 4 & 8 \\ 350 & 5 & 10 \\ 240 & 9 & 3 \end{vmatrix}=6\,000, D_2=\begin{vmatrix} 4 & 200 & 8 \\ 15 & 350 & 10 \\ 3 & 240 & 3 \end{vmatrix}=12\,000,$$

$$D_3=\begin{vmatrix} 4 & 4 & 200 \\ 15 & 5 & 350 \\ 3 & 9 & 240 \end{vmatrix}=6\,000,$$

所以 $x_1=\dfrac{D_1}{D}=\dfrac{6\,000}{600}=10, x_2=\dfrac{D_2}{D}=\dfrac{12\,000}{600}=20, x_3=\dfrac{D_3}{D}=\dfrac{6\,000}{600}=10$. 即工厂应安排如下：一车间用 10 袋陶泥，二车间用 20 袋陶泥，三车间用 10 袋陶泥.

2.5.3　矩阵运算在密码学中的应用

在密码学中，称原来的消息为明文，经过伪装了的明文为密文，由明文到密文的过程称为加密，由密文变明文的过程称为解密，明文和密文之间的转换是通过密钥实现的. 编制密钥的方法有很多，其中之一就是复合图表法，矩阵的运算在复合图表法中发挥了重要作用.

例如，把 26 个英文字母用 1，2，…，26 进行编号，则"I am Chinese"就对应着 9，1，13，3，8，9，14，5，19，5 十个数，将这十个数按顺序排成一个 2 行 5 列的矩阵

$$\boldsymbol{B}=\begin{pmatrix} 9 & 1 & 13 & 3 & 8 \\ 9 & 14 & 5 & 19 & 5 \end{pmatrix}.$$

称 $\boldsymbol{B}$ 为明文矩阵.

取一个行列式非零的二阶整数方阵 $\boldsymbol{A}$,这个矩阵就是密钥矩阵,它是消息发送者和接收者事先约定的一个密码,比如,假设

$$\boldsymbol{A}=\begin{pmatrix}2 & 3\\ 3 & 5\end{pmatrix},$$

则

$$\boldsymbol{A}^{-1}=\begin{pmatrix}5 & -3\\ -3 & 2\end{pmatrix}.$$

在消息传递过程中,利用密钥矩阵对原文矩阵加工,即计算

$$\boldsymbol{AB}=\begin{pmatrix}2 & 3\\ 3 & 5\end{pmatrix}\begin{pmatrix}9 & 1 & 13 & 3 & 8\\ 9 & 14 & 5 & 19 & 5\end{pmatrix}=\begin{pmatrix}45 & 44 & 41 & 63 & 31\\ 72 & 73 & 64 & 104 & 49\end{pmatrix}=\boldsymbol{C}.$$

然后发送密文 45,44,41,63,31,72,73,46,104,49. 接收者在接收到密文后将这十个数字排成上面的 2 行 5 列的乘积矩阵 $\boldsymbol{C}$,然后计算

$$\boldsymbol{A}^{-1}\boldsymbol{C}=\begin{pmatrix}5 & -3\\ -3 & 2\end{pmatrix}\begin{pmatrix}45 & 44 & 41 & 63 & 31\\ 72 & 73 & 64 & 104 & 49\end{pmatrix}=\begin{pmatrix}9 & 1 & 13 & 3 & 8\\ 9 & 14 & 5 & 19 & 5\end{pmatrix},$$

就可以将密文恢复为明文了.

第3章　线性方程组及向量的线性相关性

线性方程组是线性代数的核心，科学技术和经济管理中许多问题的数学模型是一个线性方程组或可化为一个线性方程组. 本章系统地讨论线性方程组解的存在性、解的结构和解的求法，并讨论向量间的线性关系和性质.

3.1　线性方程组有解的判定定理

3.1.1　线性方程组求解

数学中的许多问题线性化后可以转化为线性方程组的问题，科学技术和经济管理中的许多问题的数学模型也可以由线性方程组表示.

例 3.1　(物资运算问题)　A、B 两煤矿供给甲、乙、丙三个城市的用煤，各煤矿日产量(吨)、各城市需求量(吨)及各煤矿与各城市之间的运输价格(元/吨)如表 3.1 所示，试建立完全满足各城市用煤需求，又使总运费最少的数学模型.

表 3.1

煤矿＼运价＼城市	甲	乙	丙	日产量
A	90	70	100	200
B	80	65	80	250
日需求量	100	150	200	

解：设总运费为 S，A 煤矿运往甲乙丙三个城市的用煤量为 x_1, x_2, x_3，B 煤矿运往甲乙丙三个城市的用煤量为 x_4, x_5, x_6. 由题意可知两个煤矿的总日产量与三个城市的总日需求量相等，所以两个煤矿的煤量应全部调出，三个城市的用煤量全部满足，因此有

$$\begin{cases} x_1+x_2+x_3=200 \\ x_4+x_5+x_6=250 \\ x_1+x_4=100 \\ x_2+x_5=150 \\ x_3+x_6=200 \end{cases} \tag{3.1}$$

运费的总费用为 $S=90x_1+70x_2+100x_3+80x_4+65x_5+80x_6$. 所要解决的问题是选择满足式(3.1)的非负数 $x_i(i=1,2,\cdots,6)$,使得总运费 S 最小.

上述物资运算问题的求解,首先需要对式(3.1)进行研究,该式是有 6 个未知量、5 个方程的线性方程组.

例 3.2 二元线性方程组 $\begin{cases}a_{11}x_1+a_{12}x_2=b_1\\a_{21}x_1+a_{22}x_2=b_2\end{cases}$ 的解的讨论.

解:从几何角度来思考,二元线性方程 $a_{11}x_1+a_{12}x_2=b_1$ 与 $a_{21}x_1+a_{22}x_2=b_2$ 均表示平面上的直线,两直线的交点 (x_1,x_2) 一定是该方程组的解,反之,如果一个点的坐标 (x_1,x_2) 是该方程组的解,则这个点也一定在这两条直线上.

由于平面上两条直线间的关系有相交、平行和重合三种情况,因此二元线性方程组的解也有三种形式:唯一解、无解和无穷多解.

线性方程组是一个应用十分广泛的数学工具,线性方程组的有关概念在第一、二章中都有提到,再次回顾一下.

设线性方程组

$$\begin{cases}a_{11}x_1 + a_{12}x_2 + \cdots + a_{1n}x_n = b_1\\a_{21}x_1 + a_{22}x_2 + \cdots + a_{2n}x_n = b_2\\\qquad\vdots\\a_{m1}x_1 + a_{m2}x_2 + \cdots + a_{mn}x_n = b_m\end{cases} \tag{3.2}$$

则它的矩阵形式为

$$\boldsymbol{A}\boldsymbol{x}=\boldsymbol{b}.$$

其中

$$\boldsymbol{A}=\begin{pmatrix}a_{11} & a_{12} & \cdots & a_{1n}\\a_{21} & a_{22} & \cdots & a_{2n}\\\vdots & \vdots & & \vdots\\a_{m1} & a_{m2} & \cdots & a_{mn}\end{pmatrix},\boldsymbol{x}=\begin{pmatrix}x_1\\x_2\\\vdots\\x_n\end{pmatrix},\boldsymbol{b}=\begin{pmatrix}b_1\\b_2\\\vdots\\b_m\end{pmatrix}.$$

对线性方程组(3.2),如果常数项 $b_1,b_2,\cdots,b_m$ 不全为零,则称它为**非齐次线性方程组**;如果常数项 $b_1,b_2,\cdots,b_m$ 全为零时,则称它为**齐次线性方程组**,其一般形式为

$$\begin{cases}a_{11}x_1 + a_{12}x_2 + \cdots + a_{1n}x_n = 0\\a_{21}x_1 + a_{22}x_2 + \cdots + a_{2n}x_n = 0\\\qquad\cdots\\a_{m1}x_1 + a_{m2}x_2 + \cdots + a_{mn}x_n = 0\end{cases}, \tag{3.3}$$

它的矩阵形式为

$$\boldsymbol{A}\boldsymbol{x}=\boldsymbol{0}.$$

齐次线性方程组(3.3)通常称为非齐次线性方程组(3.2)的**导出组**.

先看下面几个例子.

例 3.3　在例 2.3 中的线性方程组

$$\begin{cases} x_1+x_2-x_3=4 \\ -x_1-x_2+2x_3=1 \\ x_1-x_2+2x_3=-4 \end{cases},$$

求解过程中,是先对增广矩阵施行初等行变换,将它化为行最简形矩阵:

$$\boldsymbol{B}=\begin{pmatrix} 1 & 1 & -1 & 4 \\ -1 & -1 & 2 & 1 \\ 1 & -1 & 2 & -4 \end{pmatrix} \rightarrow \begin{pmatrix} 1 & 1 & -1 & 4 \\ 0 & -2 & 3 & -8 \\ 0 & 0 & 1 & 5 \end{pmatrix} \rightarrow \begin{pmatrix} 1 & 0 & 0 & -5/2 \\ 0 & 1 & 0 & 23/2 \\ 0 & 0 & 1 & 5 \end{pmatrix},$$

然后由行最简形矩阵写出原方程组所对应的同解方程组,得到方程组有唯一解:

$$x_1=-5/2, x_2=23/2, x_3=5.$$

高斯消元法求解线性方程组相当于把增广矩阵用初等行变换化为行最简形矩阵.

例 3.4　解线性方程组

$$\begin{cases} 2x_1-x_2+3x_3=1 \\ 4x_1-2x_2+5x_3=4 \\ 2x_1-x_2+4x_3=0 \end{cases}.$$

解:对增广矩阵施行初等行变换,化为行最简形矩阵:

$$\boldsymbol{B}=\begin{pmatrix} 2 & -1 & 3 & 1 \\ 4 & -2 & 5 & 4 \\ 2 & -1 & 4 & 0 \end{pmatrix} \xrightarrow[r_3-r_1]{r_2-2r_1} \begin{pmatrix} 2 & -1 & 3 & 1 \\ 0 & 0 & -1 & 2 \\ 0 & 0 & 1 & -1 \end{pmatrix} \xrightarrow{r_3+r_2} \begin{pmatrix} 2 & -1 & 3 & 1 \\ 0 & 0 & -1 & 2 \\ 0 & 0 & 0 & 1 \end{pmatrix}.$$

可见,它所对应的阶梯形方程组有矛盾方程“0=1”,从而可判断原线性方程组无解.

例 3.5　解线性方程组

$$\begin{cases} x_1+x_2+x_3-4x_4=1 \\ 2x_1+3x_2+x_3-5x_4=4 \\ 2x_1+x_2+3x_3-11x_4=0 \\ x_1+2x_3-7x_4=-1 \end{cases}.$$

解:在引例 2.1 中,对增广矩阵施行初等行变换,化为行最简形矩阵:

$$\boldsymbol{B}=\begin{pmatrix} 1 & 1 & 1 & -4 & 1 \\ 2 & 3 & 1 & -5 & 4 \\ 2 & 1 & 3 & -11 & 0 \\ 1 & 0 & 2 & -7 & -1 \end{pmatrix} \longrightarrow \begin{pmatrix} 1 & 1 & 1 & -4 & 1 \\ 0 & 1 & -1 & 3 & 2 \\ 0 & 0 & 0 & 0 & 0 \\ 0 & 0 & 0 & 0 & 0 \end{pmatrix} \longrightarrow \begin{pmatrix} 1 & 0 & 2 & -7 & -1 \\ 0 & 1 & -1 & 3 & 2 \\ 0 & 0 & 0 & 0 & 0 \\ 0 & 0 & 0 & 0 & 0 \end{pmatrix}$$

得同解方程组为

$$\begin{cases} x_1=-2x_3+7x_4-1 \\ x_2=x_3-3x_4+2 \end{cases},$$

令 $x_3=c_1, x_4=c_2$(c_1, c_2 为任意常数),可求得方程组的解

$$\begin{cases} x_1 = -2c_1 + 7c_2 - 1 \\ x_2 = \quad c_1 - 3c_2 + 2 \\ x_3 = \quad c_1 \\ x_4 = \quad\quad c_2 \end{cases}.$$

由以上例子以及第二章知识可知用高斯消元法解线性方程组的一般方法：

(1) 写出线性方程组的增广矩阵，并通过初等行变换将其化为行阶梯形矩阵，由此判断方程组是否有解；

(2) 若有解，进一步把行阶梯形化成行最简形矩阵，从而可直接得到方程组的解.

注：齐次线性方程组(3.3)一定有解，因为它至少有一个零解. 解齐次线性方程组，只需对系数矩阵施行初等行变换即可.

例 3.6 解齐次线性方程组

$$\begin{cases} x_1 - x_2 + 5x_3 - x_4 = 0 \\ x_1 + x_2 - 2x_3 + 3x_4 = 0 \\ 3x_1 - x_2 + 8x_3 + x_4 = 0 \\ x_1 + 3x_2 - 9x_3 + 7x_4 = 0 \end{cases}.$$

解：对系数矩阵施行初等行变换，化为行阶梯形矩阵：

$$\boldsymbol{A} = \begin{pmatrix} 1 & -1 & 5 & -1 \\ 1 & 1 & -2 & 3 \\ 3 & -1 & 8 & 1 \\ 1 & 3 & -9 & 7 \end{pmatrix} \xrightarrow[r_4 - r_1]{\substack{r_2 - r_1 \\ r_3 - 3r_1}} \begin{pmatrix} 1 & -1 & 5 & -1 \\ 0 & 2 & -7 & 4 \\ 0 & 2 & -7 & 4 \\ 0 & 4 & -14 & 8 \end{pmatrix}$$

$$\xrightarrow[r_4 - 2r_2]{r_3 - r_2} \begin{pmatrix} 1 & -1 & 5 & -1 \\ 0 & 2 & -7 & 4 \\ 0 & 0 & 0 & 0 \\ 0 & 0 & 0 & 0 \end{pmatrix},$$

从阶梯形矩阵可以判断原方程组有无穷多解，从而有非零解. 对系数矩阵继续施行初等行变换，化为行最简形矩阵，即

$$\boldsymbol{A} \to \begin{pmatrix} 1 & -1 & 5 & -1 \\ 0 & 2 & -7 & 4 \\ 0 & 0 & 0 & 0 \\ 0 & 0 & 0 & 0 \end{pmatrix} \xrightarrow[r_1 + r_2]{\frac{1}{2} r_1} \begin{pmatrix} 1 & 0 & 3/2 & 1 \\ 0 & 1 & -7/2 & 2 \\ 0 & 0 & 0 & 0 \\ 0 & 0 & 0 & 0 \end{pmatrix},$$

得同解方程组为

$$\begin{cases} x_1 = -\dfrac{3}{2} x_3 - x_4 \\ x_2 = \dfrac{7}{2} x_3 - 2x_4 \end{cases}$$

令 $x_3=c_1,x_4=c_2(c_1,c_2$ 为任意常数),可求得方程组的解

$$\begin{cases} x_1=-\dfrac{3}{2}c_1-c_2 \\ x_2=\dfrac{7}{2}c_1-2c_2 \\ x_3=c_1 \\ x_4=c_2 \end{cases}.$$

3.1.2　线性方程组解的判定

对一般的非齐次线性方程组 $\boldsymbol{Ax}=\boldsymbol{b}$,有以下解的重要判定定理:

定理 3.1　n 元非齐次线性方程组(3.2)

(1) 无解的充分必要条件是 $r(\boldsymbol{A})<r(\boldsymbol{B})$;

(2) 有唯一解的充分必要条件是 $r(\boldsymbol{A})=r(\boldsymbol{B})=n$;

(3) 有无穷多解的充分必要条件是 $r(\boldsymbol{A})=r(\boldsymbol{B})<n$.

证明:设 $r(\boldsymbol{A})=r$,方程组的增广矩阵经初等行变换可化为如下行最简形矩阵

$$\boldsymbol{B}\to\begin{pmatrix} 1 & 0 & \cdots & 0 & b_{11} & \cdots & b_{1,n-r} & d_1 \\ 0 & 1 & \cdots & 0 & b_{21} & \cdots & b_{2,n-r} & d_2 \\ \vdots & \vdots & & \vdots & \vdots & & \vdots & \vdots \\ 0 & 0 & \cdots & 1 & b_{r1} & \cdots & b_{r,n-r} & d_r \\ 0 & 0 & \cdots & 0 & 0 & \cdots & 0 & d_{r+1} \\ 0 & 0 & \cdots & 0 & 0 & \cdots & 0 & 0 \\ \vdots & \vdots & & \vdots & \vdots & & \vdots & \vdots \\ 0 & 0 & \cdots & 0 & 0 & \cdots & 0 & 0 \end{pmatrix}$$

(1) 若 $r(\boldsymbol{A})<r(\boldsymbol{B})$,则 $\boldsymbol{B}$ 的行最简形矩阵中的 $d_{r+1}=1$,所以 $\boldsymbol{B}$ 中的第 $r+1$ 行对应矛盾方程“$0=1$”,故方程组(3.2)无解.

(2) 若 $r(\boldsymbol{A})=r(\boldsymbol{B})=n$,则 $\boldsymbol{B}$ 的行最简形矩阵中的 $d_{r+1}=0$(或不出现),且 b_{ij} 都不出现,于是 $\boldsymbol{B}$ 对应的同解方程组为

$$\begin{cases} x_1=d_1 \\ x_2=d_2 \\ \vdots \\ x_n=d_n \end{cases}$$

故方程组有唯一解.

(3) 若 $r(\boldsymbol{A})=r(\boldsymbol{B})<n$,则 $\boldsymbol{B}$ 的行最简形矩阵中的 $d_{r+1}=0$(或不出现),$\boldsymbol{B}$ 对应的同解方程组为

$$\begin{cases}x_1=-b_{11}x_{r+1}-\cdots-b_{1,n-r}x_n+d_1\\x_2=-b_{21}x_{r+1}-\cdots-b_{2,n-r}x_n+d_2\\\vdots\\x_r=-b_{r1}x_{r+1}-\cdots-b_{r,n-r}x_n+d_r\end{cases}$$

这时，称 $x_{r+1},x_{r+2},\cdots,x_n$ 为自由未知量，令自由未知量 $x_{r+1}=c_1,\cdots,x_n=c_{n-r}$，则有

$$\begin{cases}x_1=-b_{11}c_1-\cdots-b_{1,n-r}c_{n-r}+d_1\\x_2=-b_{21}c_1-\cdots-b_{2,n-r}c_{n-r}+d_2\\\vdots\\x_r=-b_{r1}c_1-\cdots-b_{r,n-r}c_{n-r}+d_r\\x_{r+1}=c_1\\\vdots\\x_n=c_{n-r}\end{cases}$$

这里参数 $c_1,c_2,\cdots,c_{n-r}$ 可以任意取值，所以此时方程组(3.2)有无穷多解.

由于齐次线性方程组(3.3)至少有一个零解，因此可得下面的定理：

定理 3.2 n 元齐次线性方程组(3.3)

(1) 只有零解的充分必要条件是 $r(\boldsymbol{A})=n$；

(2) 有非零解的充分必要条件是 $r(\boldsymbol{A})<n$.

例 3.7 当 λ 为何值时，下列方程组有唯一解？无解？无穷多解？

$$\begin{cases}x_1+2x_3=\lambda\\2x_2-x_3=\lambda^2\\2x_1+\lambda^2x_3=4\end{cases}.$$

解：对增广矩阵施行初等行变换，化为行阶梯形矩阵：

$$\boldsymbol{B}=\begin{pmatrix}1&0&2&\lambda\\0&2&-1&\lambda^2\\2&0&\lambda^2&4\end{pmatrix}\xrightarrow{r_3-2r_1}\begin{pmatrix}1&0&2&\lambda\\0&2&-1&\lambda^2\\0&0&(\lambda-2)(\lambda+2)&2(2-\lambda)\end{pmatrix}$$

(1) 当 $\lambda\neq2$ 且 $\lambda\neq-2$ 时，$r(\boldsymbol{A})=r(\boldsymbol{B})=3$，方程组有唯一解.

(2) 当 $\lambda=-2$ 时，$r(\boldsymbol{A})=2$，$r(\boldsymbol{B})=3$，方程组无解.

(3) 当 $\lambda=2$ 时，$r(\boldsymbol{A})=r(\boldsymbol{B})=2<3$，故方程组有无穷多解.

习题 3.1

1. 指出下列增广矩阵所对应的线性方程组哪些是无解的？哪些有唯一解？哪些有无穷多解？

(1) $\begin{pmatrix} 1 & 3 & 1 \\ 0 & 1 & -1 \\ 0 & 0 & 0 \end{pmatrix}$；(2) $\begin{pmatrix} 1 & 2 & 4 \\ 0 & 1 & 3 \\ 0 & 0 & 1 \end{pmatrix}$；(3) $\begin{pmatrix} 1 & -2 & 2 & -2 \\ 0 & 1 & -1 & 3 \\ 0 & 0 & 0 & 0 \end{pmatrix}$；

(4) $\begin{pmatrix} 1 & -2 & 2 & -2 \\ 0 & 1 & 2 & 3 \\ 0 & 0 & 1 & 0 \end{pmatrix}$；(5) $\begin{pmatrix} 1 & -2 & 2 & -2 \\ 0 & 0 & 1 & 3 \\ 0 & 0 & 0 & 1 \end{pmatrix}$

2. 选择题

(1) 设 $\boldsymbol{A}$ 为 $m\times n$ 矩阵，齐次形方程组 $\boldsymbol{Ax}=\boldsymbol{0}$ 仅有零解的充分必要条件是系数矩阵的秩 $r(\boldsymbol{A})$(　　).

(A) 小于 m　　(B) 小于 n　　(C) 等于 m　　(D) 等于 n

(2) 设非齐次线性方程组 $\boldsymbol{Ax}=\boldsymbol{b}$ 的导出组为 $\boldsymbol{Ax}=\boldsymbol{0}$，如果 $\boldsymbol{Ax}=\boldsymbol{0}$ 仅有零解，则 $\boldsymbol{Ax}=\boldsymbol{b}$(　　).

(A) 必有无穷多解　　(B) 必有唯一解

(C) 必定无解　　(D) 选项(A)，(B)，(C)均不对

(3) 设 $\boldsymbol{A}$ 是 $m\times n$ 矩阵，非齐次线性方程组 $\boldsymbol{Ax}=\boldsymbol{b}$ 的导出组为 $\boldsymbol{Ax}=\boldsymbol{0}$，如果 $m<n$，则(　　).

(A) $\boldsymbol{Ax}=\boldsymbol{b}$ 必有无穷多解　　(B) $\boldsymbol{Ax}=\boldsymbol{b}$ 必有唯一解

(C) $\boldsymbol{Ax}=\boldsymbol{0}$ 必有非零解　　(D) $\boldsymbol{Ax}=\boldsymbol{0}$ 必有唯一解

3. 解下列非齐次线性方程组.

(1) $\begin{cases} x_1-2x_2+3x_3-x_4=1 \\ 3x_1-x_2+5x_3-3x_4=2 \\ 2x_1+x_2+2x_3-2x_4=3 \end{cases}$；(2) $\begin{cases} x_1+x_2+x_3=1 \\ -x_1+2x_2-4x_3=2 \\ 2x_1+5x_2-x_3=5 \end{cases}$；

(3) $\begin{cases} x_1+x_2+x_3=1 \\ -x_1+2x_2-4x_3=2 \\ 2x_1+5x_2-2x_3=5 \end{cases}$.

4. 解下列齐次线性方程组.

(1) $\begin{cases} x_1+x_2=0 \\ 2x_1+x_2+x_3+2x_4=0 \\ 5x_1+3x_2+2x_3+2x_4=0 \end{cases}$；(2) $\begin{cases} x_1+x_2+x_3+x_4=0 \\ 2x_1+2x_2+x_3+3x_4=0 \\ x_1+x_2+2x_3=0 \end{cases}$.

5. 试问线性方程组

$$\begin{cases} x_1+x_2+x_3=0 \\ x_1+2x_2+x_3=0 \\ x_1+x_2+\lambda x_3=0 \end{cases}$$

当 λ 取何值时有非零解？

6. 讨论线性方程组

$$\begin{cases} x_1+x_2+2x_3+3x_4=1 \\ x_1+3x_2+6x_3+x_4=3 \\ 3x_1-x_2-px_3+15x_4=3 \\ x_1-5x_2-10x_3+12x_4=t \end{cases}$$

当 p,t 取何值时,方程组无解？有唯一解？有无穷多解？在方程组有无穷多解的情况下,求出全部解.

7. 三个工厂分别有 3 吨、2 吨和 1 吨产品要送到两个仓库储藏,两个仓库各能储藏产品 4 吨和 2 吨,用 x_{ij} 表示从第 i 个工厂送到第 j 个仓库的产品数($i=1,2,3,j=1,2$),试列出 x_{ij} 所满足的关系式,并求出由此得到的线性方程组的解.

3.2 向量的线性组合和线性表示

向量不但是研究线性方程组解的结构的工具,而且向量的概念和有关理论在数学的各分支以及物理学、计算机科学、经济学等领域也有着广泛的应用.本节将介绍向量、向量的线性运算及一些相关概念.

3.2.1 n 维向量及其线性运算

在中学,已经对向量有所了解,向量是既有大小又有方向的量,比如物理中的力、位移、速度、加速度等都是向量.

起点在原点的向量可以用其终点的坐标表示.例如平面上的点(x,y)可表示从原点到点(x,y)的一个平面向量,三维空间的点(x,y,z)也可表示从原点到点(x,y,z)的一个空间向量.

再如,在计算机成像技术中,像的区域被分成许多小区域,这些小区域称为像素,每个像素的位置用有序数组 x,y 表示,该位置的颜色用红、绿、蓝三种基本颜色的强度 r,g,b 表示,因此,每个像素对应五元有序数组(x,y,r,g,b),即像素向量为(x,y,r,g,b).

下面给出 n 维向量的基本概念.

定义 3.1 n 个有次序的数 $a_1,a_2,\cdots,a_n$ 所组成的数组称为 n 维向量,这 n 个数称为该向量的 n 个分量,第 i 个数 a_i 称为第 i 个分量.

分量全为 0 的向量叫作**零向量**,记作 **0**.分量全为实数的向量称为**实向量**,分量为复数的向量称为**复向量**,本书若无特别说明,所讨论的向量为实向量.

n 维向量可写成列向量 $\begin{pmatrix} a_1 \\ a_2 \\ \vdots \\ a_n \end{pmatrix}$ 或行向量$(a_1,a_2,\cdots,a_n)$,根据第一章矩阵的相关概念可

知,也可称为列矩阵或行矩阵,因此向量的运算都按矩阵的运算法则进行.

本书中,n 维列向量用黑体小写希腊字母 $\boldsymbol{\alpha},\boldsymbol{\beta},\boldsymbol{\gamma},\cdots$表示,$n$ 维行向量用 $\boldsymbol{\alpha}^{\mathrm{T}},\boldsymbol{\beta}^{\mathrm{T}},\boldsymbol{\gamma}^{\mathrm{T}},\cdots$表示. 为方便起见,若无特别说明,所讨论的向量都是列向量.

若干个同维数的列向量(或行向量)所组成的集合称为向量组. 例如,一个 $m\times n$ 矩阵

$$\boldsymbol{A}=\begin{pmatrix} a_{11} & a_{12} & \cdots & a_{1n} \\ a_{21} & a_{22} & & a_{2n} \\ \vdots & \vdots & & \vdots \\ a_{m1} & a_{m2} & \cdots & a_{mn} \end{pmatrix}$$

每一列

$$\boldsymbol{\alpha}_j=\begin{pmatrix} a_{1j} \\ a_{2j} \\ \vdots \\ a_{mj} \end{pmatrix}(j=1,2,\cdots,n)$$

组成的向量组 $\boldsymbol{\alpha}_1,\boldsymbol{\alpha}_2,\cdots,\boldsymbol{\alpha}_n$ 称为矩阵 $\boldsymbol{A}$ 的列向量组,而由矩阵 $\boldsymbol{A}$ 的每一行

$$\boldsymbol{\beta}_i=(a_{i1},a_{i2},\cdots,a_{in})\quad(i=1,2,\cdots,m)$$

组成的向量组 $\boldsymbol{\beta}_1,\boldsymbol{\beta}_2,\cdots,\boldsymbol{\beta}_m$ 称为矩阵 $\boldsymbol{A}$ 的行向量组.

根据上述讨论,矩阵 $\boldsymbol{A}$ 可记为

$$\boldsymbol{A}=(\boldsymbol{\alpha}_1,\boldsymbol{\alpha}_2,\cdots,\boldsymbol{\alpha}_n)\text{或}\boldsymbol{A}=\begin{pmatrix} \boldsymbol{\beta}_1 \\ \boldsymbol{\beta}_2 \\ \vdots \\ \boldsymbol{\beta}_m \end{pmatrix}.$$

这样,矩阵 $\boldsymbol{A}$ 就与其列向量组或行向量组之间建立了一一对应关系.

定义 3.2　两个 n 维向量 $\boldsymbol{\alpha}=(a_1,a_2,\cdots,a_n)^{\mathrm{T}}$ 与 $\boldsymbol{\beta}=(b_1,b_2,\cdots,b_n)^{\mathrm{T}}$,它们对应分量之和组成的向量,称为向量 $\boldsymbol{\alpha}$ 与 $\boldsymbol{\beta}$ 的和,记为 $\boldsymbol{\alpha}+\boldsymbol{\beta}$,即

$$\boldsymbol{\alpha}+\boldsymbol{\beta}=(a_1+b_1,a_2+b_2,\cdots,a_n+b_n)^{\mathrm{T}}.$$

定义 3.3　n 维向量 $(-a_1,-a_2,\cdots,-a_n)^{\mathrm{T}}$ 称为向量 $\boldsymbol{\alpha}=(a_1,a_2,\cdots,a_n)^{\mathrm{T}}$ 的负向量.

由加法和负向量的定义,可定义向量的减法:

$$\boldsymbol{\alpha}-\boldsymbol{\beta}=\boldsymbol{\alpha}+(-\boldsymbol{\beta})=(a_1-b_1,a_2-b_2,\cdots,a_n-b_n)^{\mathrm{T}}.$$

定义 3.4　n 维向量 $\boldsymbol{\alpha}=(a_1,a_2,\cdots,a_n)^{\mathrm{T}}$ 的各个分量都乘以实数 k 后所组成的向量,称为数 k 与向量 $\boldsymbol{\alpha}$ 的乘积(简称为数乘),记为 $k\boldsymbol{\alpha}$,即 $k\boldsymbol{\alpha}=(ka_1,ka_2,\cdots,ka_n)$.

向量的加法和数乘运算统称为**向量的线性运算**.

注: 向量的线性运算与行(列)矩阵的运算规律相同,从而也满足下列运算规律:

(1)$\boldsymbol{\alpha}+\boldsymbol{\beta}=\boldsymbol{\beta}+\boldsymbol{\alpha}$;　　(2) $(\boldsymbol{\alpha}+\boldsymbol{\beta})+\boldsymbol{\gamma}=\boldsymbol{\alpha}+(\boldsymbol{\beta}+\boldsymbol{\gamma})$;

(3) $\boldsymbol{\alpha}+\mathbf{0}=\boldsymbol{\alpha}$；　　(4) $\boldsymbol{\alpha}+(-\boldsymbol{\alpha})=\mathbf{0}$；

(5) $1\boldsymbol{\alpha}=\boldsymbol{\alpha}$；　　(6) $k(l\boldsymbol{\alpha})=(kl)\boldsymbol{\alpha}$；

(7) $k(\boldsymbol{\alpha}+\boldsymbol{\beta})=k\boldsymbol{\alpha}+k\boldsymbol{\beta}$；　　(8) $(k+l)\boldsymbol{\alpha}=k\boldsymbol{\alpha}+l\boldsymbol{\alpha}$.

例 3.8　设 $\boldsymbol{\alpha}=(2,0,-1,3)^{\mathrm{T}}$，$\boldsymbol{\beta}=(1,7,4,-2)^{\mathrm{T}}$，求 $2\boldsymbol{\alpha}+\boldsymbol{\beta}$.

解：$2\boldsymbol{\alpha}+\boldsymbol{\beta}=(4,0,-2,6)^{\mathrm{T}}+(1,7,4,-2)^{\mathrm{T}}=(5,7,2,4)^{\mathrm{T}}$.

3.2.2　向量的线性组合和线性表示

考察非齐次线性方程组(3.2)，如果令

$$\boldsymbol{\alpha}_j=\begin{pmatrix}a_{1j}\\a_{2j}\\\vdots\\a_{mj}\end{pmatrix}(j=1,2,\cdots,n),\boldsymbol{b}=\begin{pmatrix}b_1\\b_2\\\vdots\\b_m\end{pmatrix}$$

则方程组(3.2)可表示为如下向量形式：

$$x_1\boldsymbol{\alpha}_1+x_2\boldsymbol{\alpha}_2+\cdots+x_n\boldsymbol{\alpha}_n=\boldsymbol{b}. \tag{3.4}$$

若方程组(3.2)有解，即存在一组数 $k_1,k_2,\cdots,k_n$ 使得下列线性关系式成立：

$$k_1\boldsymbol{\alpha}_1+k_2\boldsymbol{\alpha}_2+\cdots+k_n\boldsymbol{\alpha}_n=\boldsymbol{b}.$$

对于一般的向量组，则有下面的概念：

定义 3.5　给定向量组 $\boldsymbol{\alpha}_1,\boldsymbol{\alpha}_2,\cdots,\boldsymbol{\alpha}_s$，对于任何一组实数 $k_1,k_2,\cdots,k_s$，表达式

$$k_1\boldsymbol{\alpha}_1+k_2\boldsymbol{\alpha}_2+\cdots+k_s\boldsymbol{\alpha}_s$$

称为向量组 $\boldsymbol{\alpha}_1,\boldsymbol{\alpha}_2,\cdots,\boldsymbol{\alpha}_s$ 的一个线性组合，$k_1,k_2,\cdots,k_s$ 称为组合系数.

定义 3.6　若向量 $\boldsymbol{b}=k_1\boldsymbol{\alpha}_1+k_2\boldsymbol{\alpha}_2+\cdots+k_s\boldsymbol{\alpha}_s$，则称 $\boldsymbol{b}$ 是向量组 $\boldsymbol{\alpha}_1,\boldsymbol{\alpha}_2,\cdots,\boldsymbol{\alpha}_s$ 的一个线性组合，也称 $\boldsymbol{b}$ 可由向量组 $\boldsymbol{\alpha}_1,\boldsymbol{\alpha}_2,\cdots,\boldsymbol{\alpha}_s$ 线性表示.

由方程组(3.2)的向量形式(3.4)可知，向量 $\boldsymbol{b}$ 能否由向量组 $\boldsymbol{\alpha}_1,\boldsymbol{\alpha}_2,\cdots,\boldsymbol{\alpha}_s$ 线性表示等价于线性方程组 $x_1\boldsymbol{\alpha}_1+x_2\boldsymbol{\alpha}_2+\cdots+x_s\boldsymbol{\alpha}_s=\boldsymbol{b}$ 是否有解. 根据 3.1 节中的定理 3.1 可得：

定理 3.3　向量 $\boldsymbol{b}$ 能由向量组 $\boldsymbol{\alpha}_1,\boldsymbol{\alpha}_2,\cdots,\boldsymbol{\alpha}_s$ 线性表示的充分必要条件是矩阵 $\boldsymbol{A}=(\boldsymbol{\alpha}_1,\boldsymbol{\alpha}_2,\cdots,\boldsymbol{\alpha}_s)$ 和矩阵 $\boldsymbol{B}=(\boldsymbol{\alpha}_1,\boldsymbol{\alpha}_2,\cdots,\boldsymbol{\alpha}_s,\boldsymbol{b})$ 的秩相等.

注：(1) $\boldsymbol{b}$ 能由向量组 $\boldsymbol{\alpha}_1,\boldsymbol{\alpha}_2,\cdots,\boldsymbol{\alpha}_s$ 唯一线性表示的充分必要条件是线性方程组 $x_1\boldsymbol{\alpha}_1+x_2\boldsymbol{\alpha}_2+\cdots+x_s\boldsymbol{\alpha}_s=\boldsymbol{b}$ 有唯一解；

(2) $\boldsymbol{b}$ 能由向量组 $\boldsymbol{\alpha}_1,\boldsymbol{\alpha}_2,\cdots,\boldsymbol{\alpha}_s$ 线性表示且表示不唯一的充分必要条件是线性方程组 $x_1\boldsymbol{\alpha}_1+x_2\boldsymbol{\alpha}_2+\cdots+x_s\boldsymbol{\alpha}_s=\boldsymbol{b}$ 有无穷多个解；

(3) $\boldsymbol{b}$ 不能由向量组 $\boldsymbol{\alpha}_1,\boldsymbol{\alpha}_2,\cdots,\boldsymbol{\alpha}_s$ 线性表示的充分必要条件是线性方程组 $x_1\boldsymbol{\alpha}_1+x_2\boldsymbol{\alpha}_2+\cdots+x_s\boldsymbol{\alpha}_s=\boldsymbol{b}$ 无解；

由此可见，线性方程组解的存在情况同向量组线性关系密切相关.

例 3.9　任何一个 n 维向量 $\boldsymbol{\alpha}=(a_1,a_2,\cdots,a_n)^{\mathrm{T}}$ 都可由 n 维单位向量组 $\boldsymbol{\varepsilon}_1=(1,0,\cdots,$

$0)^T, \boldsymbol{\varepsilon}_2=(0,1,0,\cdots,0)^T, \cdots, \boldsymbol{\varepsilon}_n=(0,0,\cdots,0,1)^T$ 线性表示.

因为 $\boldsymbol{\alpha}=a_1\boldsymbol{\varepsilon}_1+a_2\boldsymbol{\varepsilon}_2+\cdots+a_n\boldsymbol{\varepsilon}_n$.

例 3.10　零向量可由任何一组向量线性表示. 因为 $\mathbf{0}=0\cdot\boldsymbol{\alpha}_1+0\cdot\boldsymbol{\alpha}_2+\cdots+0\cdot\boldsymbol{\alpha}_s$.

例 3.11　向量组 $\boldsymbol{\alpha}_1,\boldsymbol{\alpha}_2,\cdots,\boldsymbol{\alpha}_s$ 中的任一向量 $\boldsymbol{\alpha}_j(1\leqslant j\leqslant s)$ 都可由该向量组线性表示.

因为
$$\boldsymbol{\alpha}_j=0\cdot\boldsymbol{\alpha}_1+\cdots+1\cdot\boldsymbol{\alpha}_j+\cdots+0\cdot\boldsymbol{\alpha}_s.$$

例 3.12　判断向量 $\boldsymbol{\beta}=(4,3,-1,11)^T$ 能否由向量组 $\boldsymbol{\alpha}_1=(1,2,-1,5)^T, \boldsymbol{\alpha}_2=(2,-1,1,1)^T$ 线性表示. 若能,写出线性表示式.

解:对矩阵 $(\boldsymbol{\alpha}_1,\boldsymbol{\alpha}_2,\boldsymbol{\beta})$ 施以初等行变换:

$$\begin{pmatrix}1&2&4\\2&-1&3\\-1&1&-1\\5&1&11\end{pmatrix}\to\begin{pmatrix}1&2&4\\0&-5&-5\\0&3&3\\0&-9&-9\end{pmatrix}\to\begin{pmatrix}1&2&4\\0&1&1\\0&0&0\\0&0&0\end{pmatrix}\to\begin{pmatrix}1&0&2\\0&1&1\\0&0&0\\0&0&0\end{pmatrix}$$

由上可知 $r(\boldsymbol{\alpha}_1,\boldsymbol{\alpha}_2,\boldsymbol{\beta})=r(\boldsymbol{\alpha}_1,\boldsymbol{\alpha}_2)=2$,由定理 3.3 可知 $\boldsymbol{\beta}$ 可由 $\boldsymbol{\alpha}_1,\boldsymbol{\alpha}_2$ 线性表示,由行最简形矩阵可得线性表示式为 $\boldsymbol{\beta}=2\boldsymbol{\alpha}_1+\boldsymbol{\alpha}_2$.

定义 3.7　设有向量组 $\boldsymbol{A}:\boldsymbol{\alpha}_1,\boldsymbol{\alpha}_2,\cdots,\boldsymbol{\alpha}_s$ 与向量组 $\boldsymbol{B}:\boldsymbol{\beta}_1,\boldsymbol{\beta}_2,\cdots,\boldsymbol{\beta}_m$,若 $\boldsymbol{B}$ 中的每个向量都可由向量组 $\boldsymbol{A}$ 线性表示,则称向量组 $\boldsymbol{B}$ 可由向量组 $\boldsymbol{A}$ 线性表示.

若向量组 $\boldsymbol{A}$ 和向量组 $\boldsymbol{B}$ 可互相线性表示,则称向量组 $\boldsymbol{A}$ 和向量组 $\boldsymbol{B}$ 等价.

例如,向量组 $\boldsymbol{A}:\boldsymbol{\varepsilon}_1=(1,0,0)^T, \boldsymbol{\varepsilon}_2=(0,1,0)^T, \boldsymbol{\varepsilon}_3=(0,0,1)^T$ 和向量组 $\boldsymbol{B}:\boldsymbol{\beta}_1=(1,1,1)^T, \boldsymbol{\beta}_2=(1,1,0)^T, \boldsymbol{\beta}_3=(1,0,0)^T$ 等价. 因为一方面 $\boldsymbol{\beta}_1,\boldsymbol{\beta}_2,\boldsymbol{\beta}_3$ 能由 $\boldsymbol{\xi}_1,\boldsymbol{\xi}_2,\boldsymbol{\xi}_3$ 线性表示,另一方面 $\boldsymbol{\xi}_1,\boldsymbol{\xi}_2,\boldsymbol{\xi}_3$ 能由 $\boldsymbol{\beta}_1,\boldsymbol{\beta}_2,\boldsymbol{\beta}_3$ 线性表示,所以等价.

习题 3.2

1. 设 $\boldsymbol{\alpha}_1=(2,-4,1,-1)^T, \boldsymbol{\alpha}_2=(-3,-1,2,-5/2)^T$,且满足 $3\boldsymbol{\alpha}_1-2(\boldsymbol{\beta}+\boldsymbol{\alpha}_2)=0$,求 $\boldsymbol{\beta}$.

2. 证明:向量 $\boldsymbol{\beta}=(-1,1,5)^T$ 可由向量组 $\boldsymbol{\alpha}_1=(1,2,3)^T, \boldsymbol{\alpha}_2=(0,1,4)^T, \boldsymbol{\alpha}_3=(2,3,6)^T$ 线性表示,并求出线性表示式.

3. 判断下列各组中的向量 $\boldsymbol{\beta}$ 是否可以表示为其余向量的线性组合,若可以,试求出其表示式.

(1) $\boldsymbol{\beta}=(4,5,6)^T, \boldsymbol{\alpha}_1=(1,2,-1)^T, \boldsymbol{\alpha}_2=(3,-3,2)^T, \boldsymbol{\alpha}_3=(-2,1,2)^T$.

(2) $\boldsymbol{\beta}=(-1,1,3,1)^T, \boldsymbol{\alpha}_1=(1,2,1,1)^T, \boldsymbol{\alpha}_2=(1,1,1,2)^T, \boldsymbol{\alpha}_3=(-3,-2,1,-3)^T$.

(3) $\boldsymbol{\beta}=(11,7,5,9), \boldsymbol{\alpha}_1=(3,2,1,2), \boldsymbol{\alpha}_2=(1,1,1,1), \boldsymbol{\alpha}_3=(2,0,0,2)$.

4. 设向量 $\boldsymbol{\beta}=(1,2,-1)^T$ 能由向量组 $\boldsymbol{\alpha}_1=(1+k,1,1)^T, \boldsymbol{\alpha}_2=(1,1+k,1)^T, \boldsymbol{\alpha}_3=(1,1,k+1)^T$ 唯一线性表示,求 k 的值.

3.3 向量间的线性关系

向量间的线性相关性是向量在线性运算中的一种性质,能反映向量间的线性关系.这种关系不仅可描述向量组的性质,而且还可以用来讨论线性方程组解的结构.

3.3.1 线性相关性概念

首先考虑下列二维向量组中向量间的关系:

(1) $\boldsymbol{\alpha}_1=(1,-1),\boldsymbol{\alpha}_2=(-3,3)$.

(2) $\boldsymbol{\beta}_1=(1,0),\boldsymbol{\beta}_2=(0,2),\boldsymbol{\beta}_3=(-2,2)$.

对向量组(1),由于 $\boldsymbol{\alpha}_1,\boldsymbol{\alpha}_2$ 共线,显然有 $\boldsymbol{\alpha}_2=-3\boldsymbol{\alpha}_1$,即 $3\boldsymbol{\alpha}_1+\boldsymbol{\alpha}_2=\mathbf{0}$,也就是说,存在两个不全为零的数 $k_1=3,k_2=1$,使得 $k_1\boldsymbol{\alpha}_1+k_2\boldsymbol{\alpha}_2=\mathbf{0}$;

对向量组(2),显然有 $\boldsymbol{\beta}_3=-2\boldsymbol{\beta}_1+\boldsymbol{\beta}_2$,即 $2\boldsymbol{\beta}_1-\boldsymbol{\beta}_2+\boldsymbol{\beta}_3=\mathbf{0}$,也就是说,存在三个不全为零的数 $k_1=2,k_2=-1,k_3=1$,使得 $k_1\boldsymbol{\beta}_1+k_2\boldsymbol{\beta}_2+k_3\boldsymbol{\beta}_3=\mathbf{0}$.

我们把上面这种关系称为线性相关.

定义 3.8 给定向量组 $\boldsymbol{\alpha}_1,\boldsymbol{\alpha}_2,\cdots,\boldsymbol{\alpha}_s$,如果存在一组不全为零的数 $k_1,k_2,\cdots,k_s$,使得

$$k_1\boldsymbol{\alpha}_1+k_2\boldsymbol{\alpha}_2+\cdots+k_s\boldsymbol{\alpha}_s=\mathbf{0}, \tag{3.5}$$

则称向量组 $\boldsymbol{\alpha}_1,\boldsymbol{\alpha}_2,\cdots,\boldsymbol{\alpha}_s$ 线性相关;否则称为线性无关.

注:(1) 当(3.5)式成立时,如果 $k_1,k_2,\cdots,k_s$ 的取值只能是 $k_1=k_2=\cdots=k_s=0$,那么向量组 $\boldsymbol{\alpha}_1,\boldsymbol{\alpha}_2,\cdots,\boldsymbol{\alpha}_s$ 线性无关;

(2) 包含零向量的任何向量组总是线性相关的;

(3) 当向量组只含有一个向量 $\boldsymbol{\alpha}$ 时,若 $\boldsymbol{\alpha}\neq\mathbf{0}$,则 $\boldsymbol{\alpha}$ 是线性无关的;若 $\boldsymbol{\alpha}=0$,则 $\boldsymbol{\alpha}$ 是线性相关的;

(4) 仅含两个向量的向量组线性相关的充分必要条件是这两个向量的对应分量成比例;反之,仅含两个向量的向量组线性无关的充分必要条件是这两个向量的对应分量不成比例;

(5) 两个向量线性相关的几何意义是这两个向量共线,三个向量线性相关的几何意义是这三个向量共面.

由线性相关及线性组合的定义还可推出:

定理 3.4 向量组 $\boldsymbol{\alpha}_1,\boldsymbol{\alpha}_2,\cdots,\boldsymbol{\alpha}_s(s\geqslant 2)$线性相关的充分必要条件是向量组中至少有一个向量可由其余 $s-1$ 个向量线性表示.

证明:必要性.若 $\boldsymbol{\alpha}_1,\boldsymbol{\alpha}_2,\cdots,\boldsymbol{\alpha}_s$ 线性相关,则存在一组不全为零的数 $k_1,k_2,\cdots,k_s$ 使得

$$k_1\boldsymbol{\alpha}_1+k_2\boldsymbol{\alpha}_2+\cdots+k_s\boldsymbol{\alpha}_s=\mathbf{0},$$

不妨设 $k_1\neq 0$,则有 $\boldsymbol{\alpha}_1=\left(-\frac{k_2}{k_1}\right)\boldsymbol{\alpha}_2+\cdots+\left(-\frac{k_s}{k_1}\right)\boldsymbol{\alpha}_s$.即 $\boldsymbol{\alpha}_1$ 可由其余向量线性表示.

充分性. 不妨设 $\boldsymbol{\alpha}_1=l_2\boldsymbol{\alpha}_2+\cdots+l_s\boldsymbol{\alpha}_s$，则有

$$-1\boldsymbol{\alpha}_1+l_2\boldsymbol{\alpha}_2+\cdots+l_s\boldsymbol{\alpha}_s=\mathbf{0},$$

因为 $-1,l_2,\cdots,l_s$ 不全为零，所以 $\boldsymbol{\alpha}_1,\boldsymbol{\alpha}_2,\cdots,\boldsymbol{\alpha}_s$ 线性相关.

注意这个定理的逆否命题也是真命题，即向量组线性无关的充分必要条件是该向量组中任意一个向量都不能由其余 $s-1$ 个向量线性表示. 同时，该定理揭示了线性相关的含义：线性相关的向量之间有线性关系，线性无关的向量之间则无线性关系.

定理 3.5　若向量组 $\boldsymbol{\alpha}_1,\boldsymbol{\alpha}_2,\cdots,\boldsymbol{\alpha}_s$ 线性无关，向量组 $\boldsymbol{\alpha}_1,\boldsymbol{\alpha}_2,\cdots,\boldsymbol{\alpha}_s,\boldsymbol{\beta}$ 线性相关，则 $\boldsymbol{\beta}$ 可由向量组 $\boldsymbol{\alpha}_1,\boldsymbol{\alpha}_2,\cdots,\boldsymbol{\alpha}_s$ 线性表示，且表达式唯一.

证明：因为 $\boldsymbol{\alpha}_1,\boldsymbol{\alpha}_2,\cdots,\boldsymbol{\alpha}_s,\boldsymbol{\beta}$ 线性相关，所以存在一组不全为零的数 $k_1,k_2,\cdots,k_s,k$ 使得

$$k_1\boldsymbol{\alpha}_1+k_2\boldsymbol{\alpha}_2+\cdots+k_s\boldsymbol{\alpha}_s+k\boldsymbol{\beta}=\mathbf{0},$$

若 $k=0$，则有 $k_1\boldsymbol{\alpha}_1+k_2\boldsymbol{\alpha}_2+\cdots+k_s\boldsymbol{\alpha}_s=\mathbf{0}$，因为 $\boldsymbol{\alpha}_1,\boldsymbol{\alpha}_2,\cdots,\boldsymbol{\alpha}_s$ 线性无关，从而得出 $k_1=k_2=\cdots=k_s=0$，这与 $\boldsymbol{\alpha}_1,\boldsymbol{\alpha}_2,\cdots,\boldsymbol{\alpha}_s,\boldsymbol{\beta}$ 线性相关矛盾. 故必有 $k\neq0$，从而有 $\boldsymbol{\beta}=\left(-\dfrac{k_1}{k}\right)\boldsymbol{\alpha}_1+\left(-\dfrac{k_2}{k}\right)\boldsymbol{\alpha}_2+\cdots+\left(-\dfrac{k_s}{k}\right)\boldsymbol{\alpha}_s$，即 $\boldsymbol{\beta}$ 可由向量组 $\boldsymbol{\alpha}_1,\boldsymbol{\alpha}_2,\cdots,\boldsymbol{\alpha}_s$ 线性表示.

下面证明唯一性：

若 $\boldsymbol{\beta}=k_1\boldsymbol{\alpha}_1+k_2\boldsymbol{\alpha}_2+\cdots+k_s\boldsymbol{\alpha}_s$，又 $\boldsymbol{\beta}=l_1\boldsymbol{\alpha}_1+l_2\boldsymbol{\alpha}_2+\cdots+l_s\boldsymbol{\alpha}_s$，则有

$$(k_1-l_1)\boldsymbol{\alpha}_1+(k_2-l_2)\boldsymbol{\alpha}_2+\cdots+(k_s-l_s)\boldsymbol{\alpha}_s=\mathbf{0},$$

因为 $\boldsymbol{\alpha}_1,\boldsymbol{\alpha}_2,\cdots,\boldsymbol{\alpha}_s$ 线性无关，故 $k_1-l_1=k_2-l_2=\cdots=k_s-l_s=0$，于是 $k_1=l_1,k_2=l_2,\cdots,k_s=l_s$，即 $\boldsymbol{\beta}$ 由向量组 $\boldsymbol{\alpha}_1,\boldsymbol{\alpha}_2,\cdots,\boldsymbol{\alpha}_s$ 线性表示的表达式是唯一的.

例 3.13　讨论下列向量组的线性相关性.

(1) $\boldsymbol{\alpha}_1=(1,0,-1)^{\mathrm{T}},\boldsymbol{\alpha}_2=(1,1,1)^{\mathrm{T}},\boldsymbol{\alpha}_3=(3,1,-1)^{\mathrm{T}}$，

(2) n 维单位向量组 $\boldsymbol{\varepsilon}_1=(1,0,\cdots,0)^{\mathrm{T}},\boldsymbol{\varepsilon}_2=(0,1\cdots,0)^{\mathrm{T}},\cdots,\boldsymbol{\varepsilon}_n=(0,0,\cdots,1)^{\mathrm{T}}$.

解：(1) 设 $k_1\boldsymbol{\alpha}_1+k_2\boldsymbol{\alpha}_2+k_3\boldsymbol{\alpha}_3=\mathbf{0}$，由已知可得

$$\begin{cases}k_1+k_2+3k_3=0\\ \qquad k_2+\ k_3=0\\ -k_1+k_2-\ k_3=0\end{cases}$$

该齐次方程组有非零解 $(-2c,-c,c)^{\mathrm{T}},c\in R,c\neq0$，若令 $c=1$，则有 $k_1=-2,k_2=-1,k_3=1$，故向量组 $\boldsymbol{\alpha}_1,\boldsymbol{\alpha}_2,\boldsymbol{\alpha}_3$ 线性相关.

(2) 设 $k_1\boldsymbol{\varepsilon}_1+k_2\boldsymbol{\varepsilon}_2+\cdots+k_n\boldsymbol{\varepsilon}_n=\mathbf{0}$，可得 $k_1=k_2=\cdots=k_n=0$，即 $k_1,k_2,\cdots,k_n$ 全为零，故 n 维单位向量组线性无关.

例 3.14　已知向量组 $\boldsymbol{\alpha},\boldsymbol{\beta},\boldsymbol{\gamma}$ 线性无关，证明向量组 $\boldsymbol{\alpha}+\boldsymbol{\beta},\boldsymbol{\beta}+\boldsymbol{\gamma},\boldsymbol{\gamma}+\boldsymbol{\alpha}$ 亦线性无关.

证明：设有 $k_1(\boldsymbol{\alpha}+\boldsymbol{\beta})+k_2(\boldsymbol{\beta}+\boldsymbol{\gamma})+k_3(\boldsymbol{\gamma}+\boldsymbol{\alpha})=\mathbf{0}$，则有

$$(k_1+k_3)\boldsymbol{\alpha}+(k_1+k_2)\boldsymbol{\beta}+(k_2+k_3)\boldsymbol{\gamma}=\mathbf{0}$$

因为 $\boldsymbol{\alpha},\boldsymbol{\beta},\boldsymbol{\gamma}$ 线性无关,所以

$$\begin{cases}k_1+k_3=0\\k_1+k_2=0\\k_2+k_3=0\end{cases}\tag{3.6}$$

由于系数行列式 $\begin{vmatrix}1&0&1\\1&1&0\\0&1&1\end{vmatrix}=2\neq0$,由克莱姆法则可知方程组(3.6)仅有零解,即 $k_1=k_2=k_3=0$.因而向量组 $\boldsymbol{\alpha}+\boldsymbol{\beta},\boldsymbol{\beta}+\boldsymbol{\gamma},\boldsymbol{\gamma}+\boldsymbol{\alpha}$ 线性无关.

3.3.2　线性相关性的判定

在上一节给出了非齐次线性方程组(3.2)的向量形式:$x_1\boldsymbol{\alpha}_1+x_2\boldsymbol{\alpha}_2+\cdots+x_n\boldsymbol{\alpha}_n=\boldsymbol{b}$.对于齐次线性方程组(3.3),也可类似表示得到其向量形式:

$$x_1\boldsymbol{\alpha}_1+x_2\boldsymbol{\alpha}_2+\cdots+x_n\boldsymbol{\alpha}_n=\boldsymbol{0}.$$

若齐次线性方程组(3.3)有非零解,即存在一组不全为零的数 $k_1,k_2,\cdots,k_n$ 使得

$$k_1\boldsymbol{\alpha}_1+k_2\boldsymbol{\alpha}_2+\cdots+k_n\boldsymbol{\alpha}_n=\boldsymbol{0}$$

成立,因而向量组 $\boldsymbol{\alpha}_1,\boldsymbol{\alpha}_2,\cdots,\boldsymbol{\alpha}_n$ 线性相关.若齐次线性方程组(3.3)只有零解,即只有当 $k_1=k_2=\cdots=k_n=0$ 时,式 $k_1\boldsymbol{\alpha}_1+k_2\boldsymbol{\alpha}_2+\cdots+k_n\boldsymbol{\alpha}_n=\boldsymbol{0}$ 才成立,故此时向量组 $\boldsymbol{\alpha}_1,\boldsymbol{\alpha}_2,\cdots,\boldsymbol{\alpha}_n$ 线性无关.

结合定理3.2可得:

定理3.6　n 维列向量组 $\boldsymbol{\alpha}_1,\boldsymbol{\alpha}_2,\cdots,\boldsymbol{\alpha}_s$

(1) 线性相关的充分必要条件是矩阵 $\boldsymbol{A}=(\boldsymbol{\alpha}_1,\boldsymbol{\alpha}_2,\cdots,\boldsymbol{\alpha}_s)$ 的秩小于向量组 $\boldsymbol{\alpha}_1,\boldsymbol{\alpha}_2,\cdots,\boldsymbol{\alpha}_s$ 中向量的个数 s,即 $r(\boldsymbol{\alpha}_1,\boldsymbol{\alpha}_2,\cdots,\boldsymbol{\alpha}_s)<s$.

(2) 线性无关的充分必要条件是矩阵 $\boldsymbol{A}=(\boldsymbol{\alpha}_1,\boldsymbol{\alpha}_2,\cdots,\boldsymbol{\alpha}_s)$ 的秩等于向量组 $\boldsymbol{\alpha}_1,\boldsymbol{\alpha}_2,\cdots,\boldsymbol{\alpha}_s$ 中向量的个数 s,即 $r(\boldsymbol{\alpha}_1,\boldsymbol{\alpha}_2,\cdots,\boldsymbol{\alpha}_s)=s$.

注:行向量组的线性相关性也可利用上述定理来判定,只需要注意应按 $\boldsymbol{A}=(\boldsymbol{\alpha}_1^{\mathrm{T}},\boldsymbol{\alpha}_2^{\mathrm{T}},\cdots,\boldsymbol{\alpha}_s^{\mathrm{T}})$ 方式构造矩阵.

例3.15　判断向量组 $\boldsymbol{\alpha}_1=(1,2,2,1)^{\mathrm{T}},\boldsymbol{\alpha}_2=(2,1,5,-1)^{\mathrm{T}},\boldsymbol{\alpha}_3=(0,3,-1,3)^{\mathrm{T}},\boldsymbol{\alpha}_4=(1,0,4,-1)^{\mathrm{T}}$ 是否线性相关.

解:对矩阵 $(\boldsymbol{\alpha}_1,\boldsymbol{\alpha}_2,\boldsymbol{\alpha}_3,\boldsymbol{\alpha}_4)$ 施行初等行变换化为行阶梯形矩阵:

$$\boldsymbol{A}=\begin{pmatrix}1&2&0&1\\2&1&3&0\\2&5&-1&4\\1&-1&3&-1\end{pmatrix}\xrightarrow[r_4-r_1]{\substack{r_2-2r_1\\r_3-2r_1}}\begin{pmatrix}1&2&0&1\\0&-3&3&-2\\0&1&-1&2\\0&-3&3&-2\end{pmatrix}\xrightarrow[r_2\leftrightarrow r_3]{\substack{r_4-r_2\\r_2+3r_3}}\begin{pmatrix}1&2&0&1\\0&1&-1&2\\0&0&0&4\\0&0&0&0\end{pmatrix}$$

从而 $r(\boldsymbol{A})=3<4$,由定理3.6可知 $\boldsymbol{\alpha}_1,\boldsymbol{\alpha}_2,\boldsymbol{\alpha}_3,\boldsymbol{\alpha}_4$ 线性相关.

推论 3.1　n 个 n 维向量组 $\boldsymbol{\alpha}_1,\boldsymbol{\alpha}_2,\cdots,\boldsymbol{\alpha}_n$ 线性相关(线性无关)的充分必要条件是矩阵 $\boldsymbol{A}=(\boldsymbol{\alpha}_1,\boldsymbol{\alpha}_2,\cdots,\boldsymbol{\alpha}_n)$ 的行列式等于(不等于)零.

推论 3.2　当向量组中所含向量的个数大于向量的维数时,向量组线性相关.

下面给出与向量组线性相关性有关的一些结论:

定理 3.7　如果向量组中有一部分向量(部分组)线性相关,则整个向量组线性相关.

证明:设向量组 $\boldsymbol{\alpha}_1,\boldsymbol{\alpha}_2,\cdots,\boldsymbol{\alpha}_s$ 中有 r 个 $(r\leqslant s)$ 向量的部分组线性相关,不妨设 $\boldsymbol{\alpha}_1,\boldsymbol{\alpha}_2,\cdots,\boldsymbol{\alpha}_r$ 线性相关,则存在不全为零的数 $k_1,k_2,\cdots,k_r$ 使得

$$k_1\boldsymbol{\alpha}_1+k_2\boldsymbol{\alpha}_2+\cdots+k_r\boldsymbol{\alpha}_r=\boldsymbol{0}$$

成立.因而存在一组不全为零的数 $k_1,k_2,\cdots,k_r,0,0,\cdots,0$ 使

$$k_1\boldsymbol{\alpha}_1+k_2\boldsymbol{\alpha}_2+\cdots+k_r\boldsymbol{\alpha}_r+0\cdot\boldsymbol{\alpha}_{r+1}+\cdots+0\cdot\boldsymbol{\alpha}_s=\boldsymbol{0}$$

成立,即 $\boldsymbol{\alpha}_1,\boldsymbol{\alpha}_2,\cdots,\boldsymbol{\alpha}_s$ 线性相关.

推论 3.3　线性无关的向量组中的任何部分组皆线性无关.

定理 3.8　设 $\boldsymbol{\alpha}_j=(a_{1j},a_{2j},\cdots,a_{nj})^{\mathrm{T}},\boldsymbol{\beta}_j=(a_{1j},a_{2j},\cdots,a_{nj},a_{n+1,j})^{\mathrm{T}},j=1,2,\cdots,s$.若 n 维向量组 $\boldsymbol{\alpha}_1,\boldsymbol{\alpha}_2,\cdots,\boldsymbol{\alpha}_s$ 线性无关,则 $n+1$ 维向量组 $\boldsymbol{\beta}_1,\boldsymbol{\beta}_2,\cdots,\boldsymbol{\beta}_s$ 也线性无关.

证明:因为 $s=r(\boldsymbol{\alpha}_1,\boldsymbol{\alpha}_2,\cdots,\boldsymbol{\alpha}_s)\leqslant r(\boldsymbol{\beta}_1,\boldsymbol{\beta}_2,\cdots,\boldsymbol{\beta}_s)\leqslant s$,所以 $r(\boldsymbol{\beta}_1,\boldsymbol{\beta}_2,\cdots,\boldsymbol{\beta}_s)=s$,故 $\boldsymbol{\beta}_1,\boldsymbol{\beta}_2,\cdots,\boldsymbol{\beta}_s$ 线性无关.

若向量组 $\boldsymbol{\alpha}_1,\boldsymbol{\alpha}_2,\cdots,\boldsymbol{\alpha}_s$ 增加的分量不止一个,上述定理仍然成立.通常把增加分量后的向量组 $\boldsymbol{\beta}_1,\boldsymbol{\beta}_2,\cdots,\boldsymbol{\beta}_s$ 叫作向量组 $\boldsymbol{\alpha}_1,\boldsymbol{\alpha}_2,\cdots,\boldsymbol{\alpha}_s$ 的升维组,也称向量组 $\boldsymbol{\alpha}_1,\boldsymbol{\alpha}_2,\cdots,\boldsymbol{\alpha}_s$ 为向量组 $\boldsymbol{\beta}_1,\boldsymbol{\beta}_2,\cdots,\boldsymbol{\beta}_s$ 的降维组.因而上述定理可简称为“若向量组线性无关,则其升维组也线性无关”.

推论 3.4　若一个向量组线性相关,则其降维组也线性相关.

在 3.1 节可知,向量组和矩阵有一一对应的关系.定理 3.7 从增加向量个数角度讨论向量组的相关性,定理 3.8 则从增加维数的角度讨论向量组的相关性,实际上对于列向量组而言,增加向量个数相当于对应矩阵增加列数,增加维数则相当于对应矩阵增加了行数.从矩阵的角度去思考有助于大家掌握这部分的结论.

定理 3.9　设有两向量组

$$\boldsymbol{A}:\boldsymbol{\alpha}_1,\boldsymbol{\alpha}_2,\cdots,\boldsymbol{\alpha}_s;\qquad \boldsymbol{B}:\boldsymbol{\beta}_1,\boldsymbol{\beta}_2,\cdots,\boldsymbol{\beta}_t,$$

若向量组 $\boldsymbol{B}$ 能由向量组 $\boldsymbol{A}$ 线性表示,且 $s<t$,则向量组 $\boldsymbol{B}$ 线性相关.

证明略.

一般,判断向量组线性相关性的方法有 3 种:

(1) 定义法　最基本的方法;

(2) 初等变换法　最常用的方法;

(3) 相关结论法　最直接的方法.

例 3.16　用恰当的方法判断下列向量组的线性相关性.

(1) $\boldsymbol{\alpha}_1=(1,-2,3)^{\mathrm{T}},\boldsymbol{\alpha}_2=(-2,4,-6)^{\mathrm{T}}$;

(2) $\boldsymbol{\alpha}_1=(1,2,3)^{\mathrm{T}},\boldsymbol{\alpha}_2=(3,6,a)^{\mathrm{T}},\boldsymbol{\alpha}_3=(0,0,0)^{\mathrm{T}}$；

(3) $\boldsymbol{\alpha}_1=(1,-2,1)^{\mathrm{T}},\boldsymbol{\alpha}_2=(3,0,5)^{\mathrm{T}},\boldsymbol{\alpha}_3=(4,5,-3)^{\mathrm{T}},\boldsymbol{\alpha}_4=(a,b,c)^{\mathrm{T}}$；

(4) $\boldsymbol{\alpha}_1=(1,a,0,0)^{\mathrm{T}},\boldsymbol{\alpha}_2=(0,b,1,0)^{\mathrm{T}},\boldsymbol{\alpha}_3=(0,c,0,1)^{\mathrm{T}}$；

(5) $\boldsymbol{\alpha}_1=(-1,3,1)^{\mathrm{T}},\boldsymbol{\alpha}_2=(2,1,0)^{\mathrm{T}},\boldsymbol{\alpha}_3=(1,4,1)^{\mathrm{T}}$；

(6) $\boldsymbol{\alpha}_1=(a,b,c,d)^{\mathrm{T}}$.

解：(1) 因为 $\boldsymbol{\alpha}_1,\boldsymbol{\alpha}_2$ 对应的分量成比例，所以 $\boldsymbol{\alpha}_1,\boldsymbol{\alpha}_2$ 线性相关；

(2) 因为含零向量的向量组一定线性相关，所以 $\boldsymbol{\alpha}_1,\boldsymbol{\alpha}_2,\boldsymbol{\alpha}_3$ 线性相关；

(3) 因为向量个数 4 大于向量维数 3，所以 $\boldsymbol{\alpha}_1,\boldsymbol{\alpha}_2,\boldsymbol{\alpha}_3,\boldsymbol{\alpha}_4$ 线性相关；

(4) 因为向量组 $(1,0,0)^{\mathrm{T}},(0,1,0)^{\mathrm{T}},(0,0,1)^{\mathrm{T}}$ 为基本单位向量组，是线性无关的，由定理 3.8 可知增加维数后的向量组仍然线性无关，所以 $\boldsymbol{\alpha}_1,\boldsymbol{\alpha}_2,\boldsymbol{\alpha}_3$ 线性无关；

(5) 向量个数等于维数，故可用行列式是否为零判断. 因为

$$\begin{vmatrix}-1 & 2 & 1\\ 3 & 1 & 4\\ 1 & 0 & 1\end{vmatrix}=0$$

所以 $\boldsymbol{\alpha}_1,\boldsymbol{\alpha}_2,\boldsymbol{\alpha}_3$ 线性相关；

(6) 因为向量组只有一个向量，线性相关性由该向量是否为零向量决定. 所以当 $a=b=c=d=0$ 时，线性相关；否则线性无关.

习题 3.3

1. 已知 $\boldsymbol{\alpha}_1=(1,1,1)^{\mathrm{T}},\boldsymbol{\alpha}_2=(0,2,5)^{\mathrm{T}},\boldsymbol{\alpha}_3=(2,4,7)^{\mathrm{T}}$，试讨论向量组 $\boldsymbol{\alpha}_1,\boldsymbol{\alpha}_2,\boldsymbol{\alpha}_3$ 及 $\boldsymbol{\alpha}_1,\boldsymbol{\alpha}_2$ 的线性相关性.

2. 判断下列向量组的线性相关性.

(1) $\boldsymbol{\alpha}_1=(3,-2,0)^{\mathrm{T}},\boldsymbol{\alpha}_2=(1,2,2)^{\mathrm{T}}$；

(2) $\boldsymbol{\alpha}_1=(1,1,1)^{\mathrm{T}},\boldsymbol{\alpha}_2=(0,2,5)^{\mathrm{T}},\boldsymbol{\alpha}_3=(1,3,6)^{\mathrm{T}}$；

(3) $\boldsymbol{\alpha}_1=(1,-1,2,4)^{\mathrm{T}},\boldsymbol{\alpha}_2=(0,3,1,2)^{\mathrm{T}},\boldsymbol{\alpha}_3=(3,0,7,14)^{\mathrm{T}}$；

(4) $\boldsymbol{\alpha}_1=(1,0,0,2,5)^{\mathrm{T}},\boldsymbol{\alpha}_2=(0,1,0,3,4)^{\mathrm{T}},\boldsymbol{\alpha}_3=(0,0,1,4,7)^{\mathrm{T}},\boldsymbol{\alpha}_4=(2,-3,4,11,12)^{\mathrm{T}}$.

3. 设向量组 $\boldsymbol{\alpha}_1,\boldsymbol{\alpha}_2,\boldsymbol{\alpha}_3$ 线性相关，向量组 $\boldsymbol{\alpha}_2,\boldsymbol{\alpha}_3,\boldsymbol{\alpha}_4$ 线性无关，证明

(1) $\boldsymbol{\alpha}_1$ 能由 $\boldsymbol{\alpha}_2,\boldsymbol{\alpha}_3$ 线性表示；

(2) $\boldsymbol{\alpha}_4$ 不能由 $\boldsymbol{\alpha}_1,\boldsymbol{\alpha}_2,\boldsymbol{\alpha}_3$ 线性表示.

4. 设向量组 $\boldsymbol{\alpha}_1,\boldsymbol{\alpha}_2,\boldsymbol{\alpha}_3$ 线性无关，$\boldsymbol{\beta}_1=2\boldsymbol{\alpha}_1+3\boldsymbol{\alpha}_2,\boldsymbol{\beta}_2=\boldsymbol{\alpha}_2+4\boldsymbol{\alpha}_3,\boldsymbol{\beta}_3=5\boldsymbol{\alpha}_3+\boldsymbol{\alpha}_1$，试证向量组 $\boldsymbol{\beta}_1,\boldsymbol{\beta}_2,\boldsymbol{\beta}_3$ 也线性无关.

5. 问 t 为何值时，向量组 $\boldsymbol{\alpha}_1=(t,-1,-1)^{\mathrm{T}},\boldsymbol{\alpha}_2=(-1,t,-1)^{\mathrm{T}},\boldsymbol{\alpha}_3=(-1,-1,t)^{\mathrm{T}}$ 线性相关？

6. 问 t 为何值时，向量组 $\boldsymbol{\alpha}_1=(1,1,1)^T$，$\boldsymbol{\alpha}_2=(1,2,3)^T$，$\boldsymbol{\alpha}_3=(1,3,t)^T$ 线性无关？

7. 设三维列向量组 $\boldsymbol{\alpha}_1,\boldsymbol{\alpha}_2,\boldsymbol{\alpha}_3$ 线性无关，$\boldsymbol{A}$ 是三阶矩阵，且有

$$\boldsymbol{A\alpha}_1=\boldsymbol{\alpha}_1+2\boldsymbol{\alpha}_2+3\boldsymbol{\alpha}_3,\ \boldsymbol{A\alpha}_2=2\boldsymbol{\alpha}_2+3\boldsymbol{\alpha}_3,\ \boldsymbol{A\alpha}_3=3\boldsymbol{\alpha}_2-4\boldsymbol{\alpha}_3$$

试求 $|\boldsymbol{A}|$.

3.4　向量组的秩

从 3.1 节可以看出，矩阵的秩在线性方程组的求解以及有解判别中发挥了很大的作用. 同样，矩阵的秩在 3.2 节中讨论向量组的线性组合和 3.3 节中讨论向量组的线性相关时也扮演了重要的角色. 本节将介绍向量组的秩. 由于矩阵和向量组之间存在着对应关系，向量组的秩可通过矩阵的秩得到.

3.4.1　极大线性无关组

一个向量组可能含有很多向量，甚至有无穷多个. 一般很难对每一个向量进行研究，因此，就必须选出一些“独立的代表”，它们能够“表示”向量组中的所有的向量，同时能刻画向量组的性质，而充当这一角色的就是极大线性无关组.

定义 3.9　设有向量组 $\boldsymbol{A}:\boldsymbol{\alpha}_1,\boldsymbol{\alpha}_2,\cdots,\boldsymbol{\alpha}_s$，若在向量组 $\boldsymbol{A}$ 中能选出 $r(r\leqslant s)$ 个向量 $\boldsymbol{\alpha}_1,\boldsymbol{\alpha}_2,\cdots,\boldsymbol{\alpha}_r$，满足

(1) 向量组 $\boldsymbol{A}_0:\boldsymbol{\alpha}_1,\boldsymbol{\alpha}_2,\cdots,\boldsymbol{\alpha}_r$ 线性无关；

(2) 向量组 $\boldsymbol{A}$ 中任意 $r+1$ 个向量(若有的话)都线性相关.

则称向量组 $\boldsymbol{A}_0$ 是向量组 $\boldsymbol{A}$ 的一个极大线性无关组(简称为极大无关组).

注：(1) 含有零向量的向量组没有极大无关组；

(2) 线性无关向量组的极大无关组是其本身；

(3) 向量组和它的极大无关组是等价的；

(4) 向量组的极大无关组可能不止一个，但其极大无关组所含向量的个数是相同的.

例如，对于二维向量组 $\boldsymbol{\alpha}_1=(0,1)$，$\boldsymbol{\alpha}_2=(1,0)$，$\boldsymbol{\alpha}_3=(1,1)$，$\boldsymbol{\alpha}_4=(0,2)$. 因为向量个数为 4，大于向量维数 2，故向量组线性相关. 又 $\boldsymbol{\alpha}_1,\boldsymbol{\alpha}_2$ 线性无关，且向量组 $\boldsymbol{\alpha}_1,\boldsymbol{\alpha}_2,\boldsymbol{\alpha}_3$ 和 $\boldsymbol{\alpha}_1,\boldsymbol{\alpha}_2,\boldsymbol{\alpha}_4$ 皆线性相关，故 $\boldsymbol{\alpha}_1,\boldsymbol{\alpha}_2$ 是 $\boldsymbol{\alpha}_1,\boldsymbol{\alpha}_2,\boldsymbol{\alpha}_3,\boldsymbol{\alpha}_4$ 的一个极大无关组，同样 $\boldsymbol{\alpha}_2,\boldsymbol{\alpha}_3$ 也是一个极大无关组.

3.4.2　向量组的秩

定义 3.10　向量组 $\boldsymbol{\alpha}_1,\boldsymbol{\alpha}_2,\cdots,\boldsymbol{\alpha}_s$ 的极大无关组所含向量的个数称为该向量组的秩，记为 $r(\boldsymbol{\alpha}_1,\boldsymbol{\alpha}_2,\cdots,\boldsymbol{\alpha}_s)$.

规定：由零向量组成的向量组的秩为 0.

在上例中二维向量组 $\boldsymbol{\alpha}_1=(0,1)$，$\boldsymbol{\alpha}_2=(1,0)$，$\boldsymbol{\alpha}_3=(1,1)$，$\boldsymbol{\alpha}_4=(0,2)$ 的秩为 2，记作

$r(\boldsymbol{\alpha}_1,\boldsymbol{\alpha}_2,\boldsymbol{\alpha}_3,\boldsymbol{\alpha}_4)=2$.

一般把矩阵行向量组的秩称为矩阵的行秩，其列向量组的秩称为矩阵的列秩.

由向量组和矩阵之间的对应关系，可得到下面的结论：

定理 3.10 向量组 $\boldsymbol{\alpha}_1,\boldsymbol{\alpha}_2,\cdots,\boldsymbol{\alpha}_s$ 的秩等于它所对应矩阵 $\boldsymbol{A}=(\boldsymbol{\alpha}_1,\boldsymbol{\alpha}_2,\cdots,\boldsymbol{\alpha}_s)$ 的行秩，也等于对应矩阵 $\boldsymbol{A}$ 的列秩.

另外，根据前面两章知识可知方程组的初等变换不改变方程组的解集，将此应用于矩阵的初等变换可知，矩阵的初等行变换不改变列向量组的线性相关性和线性组合之间的关系. 这样便可得到求向量组的"独立的代表"（极大无关组），以及用极大无关组"表示"向量组中其余向量的方法：

(1) 以向量组 $\boldsymbol{\alpha}_1,\boldsymbol{\alpha}_2,\cdots,\boldsymbol{\alpha}_s$ 的向量为列作出一个矩阵 $\boldsymbol{A}=(\boldsymbol{\alpha}_1,\boldsymbol{\alpha}_2,\cdots,\boldsymbol{\alpha}_s)$，用初等行变换将矩阵 $\boldsymbol{A}$ 化为行阶梯形矩阵，当行阶梯形矩阵的秩为 r 时，行阶梯形非零行中第一个非零元素所在的 r 个列向量是线性无关的，从而 $\boldsymbol{A}$ 中所对应的 r 个列向量也是线性无关的，即是 $\boldsymbol{\alpha}_1,\boldsymbol{\alpha}_2,\cdots,\boldsymbol{\alpha}_s$ 的一个极大无关组；

(2) 继续把矩阵 $\boldsymbol{A}$ 化为行最简形阵，就可以用极大无关组表示其余向量.

例 3.17 求向量组 $\boldsymbol{\alpha}_1=(2,4,2)^{\mathrm{T}},\boldsymbol{\alpha}_2=(1,1,0)^{\mathrm{T}},\boldsymbol{\alpha}_3=(2,3,1)^{\mathrm{T}},\boldsymbol{\alpha}_4=(3,5,2)^{\mathrm{T}}$ 的一个极大无关组，并把其余向量用极大无关组线性表示.

解：对矩阵$(\boldsymbol{\alpha}_1,\boldsymbol{\alpha}_2,\boldsymbol{\alpha}_3,\boldsymbol{\alpha}_4)$施行初等行变换化为行阶梯形矩阵，进而再化为行最简形矩阵：

$$\boldsymbol{A}=\begin{pmatrix}2&1&2&3\\4&1&3&5\\2&0&1&2\end{pmatrix}\xrightarrow[r_3-r_1]{r_2-2r_1}\begin{pmatrix}2&1&2&3\\0&-1&-1&-1\\0&-1&-1&-1\end{pmatrix}$$

$$\xrightarrow[r_3+r_2]{r_2\times(-1)}\begin{pmatrix}2&1&2&3\\0&1&1&1\\0&0&0&0\end{pmatrix}\xrightarrow[r_1\times\frac{1}{2}]{r_1-r_2}\begin{pmatrix}1&0&1/2&1\\0&1&1&1\\0&0&0&0\end{pmatrix}$$

由最后一个矩阵可知：$\boldsymbol{\alpha}_1,\boldsymbol{\alpha}_2$ 为一个极大无关组，且 $\boldsymbol{\alpha}_3=\dfrac{1}{2}\boldsymbol{\alpha}_1+\boldsymbol{\alpha}_2,\boldsymbol{\alpha}_4=\boldsymbol{\alpha}_1+\boldsymbol{\alpha}_2$.

习题 3.4

1. 设矩阵

$$\boldsymbol{A}=\begin{pmatrix}2&-1&-1&1&2\\1&1&-2&1&4\\4&-6&2&-2&4\\3&6&-9&7&9\end{pmatrix},$$

求矩阵 $\boldsymbol{A}$ 的列向量组的一个极大无关组，并用极大无关组表示其余列向量.

2. 求下列向量组的秩与极大无关组，并用极大无关组表示其余向量.

(1) $\boldsymbol{\alpha}_1=(1,2,3,4)^{\mathrm{T}},\boldsymbol{\alpha}_2=(2,3,4,5)^{\mathrm{T}},\boldsymbol{\alpha}_3=(3,4,5,6)^{\mathrm{T}},\boldsymbol{\alpha}_4=(4,5,6,7)^{\mathrm{T}}$；

(2) $\boldsymbol{\alpha}_1=(1,1,3,1)^{\mathrm{T}},\boldsymbol{\alpha}_2=(-1,1,-1,3)^{\mathrm{T}},\boldsymbol{\alpha}_3=(5,-2,8,-9)^{\mathrm{T}},\boldsymbol{\alpha}_4=(-1,3,1,7)^{\mathrm{T}}$；

(3) $\boldsymbol{\alpha}_1=(2,1,1,1)^{\mathrm{T}},\boldsymbol{\alpha}_2=(-1,1,7,10)^{\mathrm{T}},\boldsymbol{\alpha}_3=(3,1,-1,-2)^{\mathrm{T}},\boldsymbol{\alpha}_4=(8,5,9,11)^{\mathrm{T}}$

3. 设向量组

$$\boldsymbol{\alpha}_1=\begin{pmatrix}a\\3\\1\end{pmatrix},\boldsymbol{\alpha}_2=\begin{pmatrix}2\\b\\3\end{pmatrix},\boldsymbol{\alpha}_3=\begin{pmatrix}1\\2\\1\end{pmatrix},\boldsymbol{\alpha}_4=\begin{pmatrix}2\\3\\1\end{pmatrix}$$

的秩为 2，求 a,b.

4. 求向量组

$$\boldsymbol{\alpha}_1=(1,2,-1,1)^{\mathrm{T}},\boldsymbol{\alpha}_2=(2,0,t,0)^{\mathrm{T}},$$
$$\boldsymbol{\alpha}_3=(0,-4,5,-2)^{\mathrm{T}},\boldsymbol{\alpha}_4=(3,-2,t+4,-1)^{\mathrm{T}}$$

的秩和一个极大无关组.

5. 设向量组 $\boldsymbol{B}$ 能由向量组 $\boldsymbol{A}$ 线性表示，且它们的秩相等，证明向量组 $\boldsymbol{A}$ 与向量组 $\boldsymbol{B}$ 等价.

6. 设 $\boldsymbol{A}_{m\times n}$ 及 $\boldsymbol{B}_{n\times s}$ 为两个矩阵，证明：$\boldsymbol{A}$ 与 $\boldsymbol{B}$ 乘积的秩不大于 $\boldsymbol{A}$ 的秩和 $\boldsymbol{B}$ 的秩，即 $r(\boldsymbol{AB})\leqslant\min(r(\boldsymbol{A}),r(\boldsymbol{B}))$.

3.5　线性方程组解的结构

在本章第一节讨论了线性方程组的解的情况，本节应用向量的相关性理论进一步研究线性方程组解的结构.

3.5.1　齐次线性方程组解的结构

齐次线性方程组 $\boldsymbol{Ax}=\boldsymbol{0}$ 的解有下列性质：

性质 1　如果 $\boldsymbol{\xi}_1,\boldsymbol{\xi}_2$ 是 $\boldsymbol{Ax}=\boldsymbol{0}$ 的两个解，则 $\boldsymbol{\xi}_1+\boldsymbol{\xi}_2$ 也是它的解.

证明：因为 $\boldsymbol{\xi}_1,\boldsymbol{\xi}_2$ 是齐次线性方程组的两个解，因此有 $\boldsymbol{A\xi}_1=\boldsymbol{0},\boldsymbol{A\xi}_2=\boldsymbol{0}$，从而

$$\boldsymbol{A}(\boldsymbol{\xi}_1+\boldsymbol{\xi}_2)=\boldsymbol{A\xi}_1+\boldsymbol{A\xi}_2=\boldsymbol{0}+\boldsymbol{0}=\boldsymbol{0}$$

所以 $\boldsymbol{\xi}_1+\boldsymbol{\xi}_2$ 也是齐次线性方程组 $\boldsymbol{Ax}=\boldsymbol{0}$ 的解.

性质 2　如果 $\boldsymbol{\xi}$ 是 $\boldsymbol{Ax}=\boldsymbol{0}$ 的解，则 $c\boldsymbol{\xi}$ 也是它的解（c 是任意常数）.

证明：已知 $\boldsymbol{\xi}$ 是 $\boldsymbol{Ax}=\boldsymbol{0}$ 的解，所以有 $\boldsymbol{A\xi}=\boldsymbol{0}$，从而 $\boldsymbol{A}(c\boldsymbol{\xi})=c(\boldsymbol{A\xi})=c\cdot\boldsymbol{0}=\boldsymbol{0}$，即 $c\boldsymbol{\xi}$ 也是它的解.

由性质1、2可得，如果 $\boldsymbol{\xi}_1,\boldsymbol{\xi}_2,\cdots,\boldsymbol{\xi}_s$ 都是齐次线性方程组 $\boldsymbol{Ax}=\boldsymbol{0}$ 的解，则其线性组合 $c_1\boldsymbol{\xi}_1+c_2\boldsymbol{\xi}_2+\cdots+c_s\boldsymbol{\xi}_s$ 也是它的解. 其中 $c_1,c_2,\cdots,c_s$ 都是任意常数.

若一个齐次线性方程组有非零解，则它有无穷多解，这无穷多解构成了一个向量组（称为解向量组或者齐次线性方程组的解集）. 若能求出这个解向量组的一个极大线性无关组，那么就能用它的线性组合来表示这个齐次线性方程组的通解.

定义 3.11 如果 $\boldsymbol{\alpha}_1,\boldsymbol{\alpha}_2,\cdots,\boldsymbol{\alpha}_s$ 是齐次线性方程组 $\boldsymbol{Ax}=\boldsymbol{0}$ 的解向量组的一个极大线性无关组，则称 $\boldsymbol{\alpha}_1,\boldsymbol{\alpha}_2,\cdots,\boldsymbol{\alpha}_s$ 是齐次线性方程组的一个基础解系.

定理 3.11 如果齐次线性方程组 $\boldsymbol{Ax}=\boldsymbol{0}$ 的系数矩阵 $\boldsymbol{A}$ 的秩 $r(\boldsymbol{A})=r<n$，则 $\boldsymbol{Ax}=\boldsymbol{0}$ 的基础解系一定存在，且每个基础解系中恰好有 $n-r$ 个解向量.

证明：因为 $r(\boldsymbol{A})=r<n$，所以齐次线性方程组有无穷多解，由定理3.1的证明过程可知齐次线性方程组的一般解为

$$\begin{cases} x_1=-b_{11}x_{r+1}-\cdots-b_{1,n-r}x_n \\ x_2=-b_{21}x_{r+1}-\cdots-b_{2,n-r}x_n \\ \quad\vdots \\ x_r=-b_{r1}x_{r+1}-\cdots-b_{r,n-r}x_n \end{cases} \tag{3.7}$$

其中 $x_{r+1},x_{r+2},\cdots,x_n$ 为自由未知量. 对 $n-r$ 个自由未知量分别取

$$\begin{pmatrix}1\\0\\\vdots\\0\end{pmatrix},\begin{pmatrix}0\\1\\\vdots\\0\end{pmatrix},\cdots,\begin{pmatrix}0\\0\\\vdots\\1\end{pmatrix}$$

代入(3.7)可得齐次线性方程组的 $n-r$ 个解：

$$\boldsymbol{\xi}_1=\begin{pmatrix}-b_{11}\\-b_{21}\\\vdots\\-b_{r1}\\1\\0\\\vdots\\0\end{pmatrix},\boldsymbol{\xi}_2=\begin{pmatrix}-b_{12}\\-b_{22}\\\vdots\\-b_{r2}\\0\\1\\\vdots\\0\end{pmatrix},\cdots,\boldsymbol{\xi}_{n-r}=\begin{pmatrix}-b_{1,n-r}\\-b_{2,n-r}\\\vdots\\-b_{r,n-r}\\0\\0\\\vdots\\1\end{pmatrix}.$$

下面证明 $\boldsymbol{\xi}_1,\boldsymbol{\xi}_2,\cdots,\boldsymbol{\xi}_{n-r}$ 是齐次线性方程组的一个基础解系，首先证明 $\boldsymbol{\xi}_1,\boldsymbol{\xi}_2,\cdots,\boldsymbol{\xi}_{n-r}$ 线性无关. 易知向量组 $\begin{pmatrix}1\\0\\\vdots\\0\end{pmatrix},\begin{pmatrix}0\\1\\\vdots\\0\end{pmatrix},\cdots,\begin{pmatrix}0\\0\\\vdots\\1\end{pmatrix}$ 是线性无关的，由定理3.8可知 $\boldsymbol{\xi}_1,\boldsymbol{\xi}_2,\cdots,$

$\boldsymbol{\xi}_{n-r}$线性无关. 且齐次线性方程组的任意一个解都可由其线性表示. 所以 $\boldsymbol{\xi}_1,\boldsymbol{\xi}_2,\cdots,\boldsymbol{\xi}_{n-r}$是齐次线性方程组的一个基础解系，因此齐次线性方程组的通解为：

$$\boldsymbol{x}=c_1\boldsymbol{\xi}_1+c_2\boldsymbol{\xi}_2+\cdots+c_{n-r}\boldsymbol{\xi}_{n-r}$$

其中 $c_1,c_2,\cdots,c_{n-r}$为任意常数.

例 3.18　求齐次线性方程组$\begin{cases}2x_1-4x_2+5x_3+3x_4=0\\3x_1-6x_2+4x_3+2x_4=0\\4x_1-8x_2+17x_3+11x_4=0\end{cases}$的一个基础解系，并用基础解系表示它的通解.

解：对系数矩阵施行初等行变换化为行阶梯形矩阵

$$\boldsymbol{A}=\begin{pmatrix}2&-4&5&3\\3&-6&4&2\\4&-8&17&11\end{pmatrix}\to\begin{pmatrix}2&-4&5&3\\1&-2&-1&-1\\4&-8&17&11\end{pmatrix}\to\begin{pmatrix}1&-2&-1&-1\\2&-4&5&3\\4&-8&17&11\end{pmatrix}$$

$$\to\begin{pmatrix}1&-2&-1&-1\\0&0&7&5\\0&0&7&5\end{pmatrix}\to\begin{pmatrix}1&-2&-1&-1\\0&0&7&5\\0&0&0&0\end{pmatrix}$$

因为 $r(\boldsymbol{A})=2<4$，所以齐次线性方程组有非零解. 对系数矩阵继续施行初等行变换化为行最简形矩阵

$$\boldsymbol{A}=\begin{pmatrix}2&-4&5&3\\3&-6&4&2\\4&-8&17&11\end{pmatrix}\to\begin{pmatrix}1&-2&-1&-1\\0&0&7&5\\0&0&0&0\end{pmatrix}\to\begin{pmatrix}1&-2&0&-2/7\\0&0&1&5/7\\0&0&0&0\end{pmatrix}$$

取自由未知量为 x_2,x_4，同解方程组为

$$\begin{cases}x_1=2x_2+2/7x_4\\x_3=-5/7x_4\end{cases}.$$

分别取自由未知量$\begin{pmatrix}x_2\\x_4\end{pmatrix}=\begin{pmatrix}1\\0\end{pmatrix},\begin{pmatrix}0\\1\end{pmatrix}$，代入上式得到齐次线性方程组的一个基础解系为：$\boldsymbol{\xi}_1=\begin{pmatrix}2\\1\\0\\0\end{pmatrix},\boldsymbol{\xi}_2=\begin{pmatrix}2/7\\0\\-5/7\\1\end{pmatrix}$，则齐次线性方程组的通解为：

$$\boldsymbol{x}=c_1\boldsymbol{\xi}_1+c_2\boldsymbol{\xi}_2,(c_1,c_2\text{ 为任意常数}).$$

3.5.2　非齐次线性方程组解的结构

非齐次线性方程组可表示为 $\boldsymbol{Ax}=\boldsymbol{b}$，而齐次线性方程组 $\boldsymbol{Ax}=\boldsymbol{0}$ 为非齐次线性方程组 $\boldsymbol{Ax}=\boldsymbol{b}$ 的导出组. 下面讨论非齐次线性方程组的解和它的导出组的解之间的关系.

性质 3 如果 $\boldsymbol{\eta}$ 是非齐次线性方程组 $\boldsymbol{Ax}=\boldsymbol{b}$ 的解，$\boldsymbol{\xi}$ 是其导出组 $\boldsymbol{Ax}=\boldsymbol{0}$ 的一个解，则 $\boldsymbol{\xi}+\boldsymbol{\eta}$ 是非齐次线性方程组 $\boldsymbol{Ax}=\boldsymbol{b}$ 的解.

证明：由已知得 $\boldsymbol{A\eta}=\boldsymbol{b},\boldsymbol{A\xi}=\boldsymbol{0}$，所以有 $\boldsymbol{A}(\boldsymbol{\xi}+\boldsymbol{\eta})=\boldsymbol{A\xi}+\boldsymbol{A\eta}=\boldsymbol{b}$，即 $\boldsymbol{\xi}+\boldsymbol{\eta}$ 是非齐次线性方程组 $\boldsymbol{Ax}=\boldsymbol{b}$ 的解.

性质 4 如果 $\boldsymbol{\eta}_1,\boldsymbol{\eta}_2$ 是非齐次线性方程组 $\boldsymbol{Ax}=\boldsymbol{b}$ 的两个解，则 $\boldsymbol{\eta}_1-\boldsymbol{\eta}_2$ 是其导出组 $\boldsymbol{Ax}=\boldsymbol{0}$ 的解.

证明：由 $\boldsymbol{A\eta}_1=\boldsymbol{b},\boldsymbol{A\eta}_2=\boldsymbol{b}$ 得 $\boldsymbol{A}(\boldsymbol{\eta}_1-\boldsymbol{\eta}_2)=\boldsymbol{A\eta}_1-\boldsymbol{A\eta}_2=\boldsymbol{b}-\boldsymbol{b}=\boldsymbol{0}$，即 $\boldsymbol{\eta}_1-\boldsymbol{\eta}_2$ 是其导出组 $\boldsymbol{Ax}=\boldsymbol{0}$ 的解.

定理 3.12 如果 $\boldsymbol{\eta}$ 是非齐次线性方程组的一个特解，$\boldsymbol{\alpha}$ 是其导出组的通解，则 $\boldsymbol{\eta}+\boldsymbol{\alpha}$ 是非齐次线性方程组的通解.

由此可知，如果非齐次线性方程组有无穷多解，则其导出组一定有非零解，且非齐次线性方程组的全部解可表示为：

$$\boldsymbol{\eta}+c_1\boldsymbol{\xi}_1+c_2\boldsymbol{\xi}_2+\cdots+c_{n-r}\boldsymbol{\xi}_{n-r}$$

其中 $\boldsymbol{\eta}$ 是非齐次线性方程组的一个特解，$\boldsymbol{\xi}_1,\boldsymbol{\xi}_2,\cdots,\boldsymbol{\xi}_{n-r}$ 是导出组的一个基础解系.

例 3.19 求非齐次线性方程组 $\begin{cases}2x_1+x_2-x_3+x_4=1\\4x_1+2x_2-2x_3+x_4=2\\2x_1+x_2-x_3-x_4=1\end{cases}$ 的解，用其导出组的基础解系表示其通解.

解：对增广矩阵施行初等行变换化为行阶梯形矩阵

$$\boldsymbol{B}=\begin{pmatrix}2&1&-1&1&1\\4&2&-2&1&2\\2&1&-1&-1&1\end{pmatrix}\to\begin{pmatrix}2&1&-1&1&1\\0&0&0&1&0\\0&0&0&0&0\end{pmatrix}$$

因为 $r(\boldsymbol{B})=r(\boldsymbol{A})=2<4$，所以非齐次线性方程组有无穷多解. 对增广矩阵继续施行初等行变换，化为行最简形矩阵：

$$\boldsymbol{B}=\begin{pmatrix}2&1&-1&1&1\\4&2&-2&1&2\\2&1&-1&-1&1\end{pmatrix}\to\begin{pmatrix}2&1&-1&1&1\\0&0&0&1&0\\0&0&0&0&0\end{pmatrix}\to\begin{pmatrix}1&1/2&-1/2&0&1/2\\0&0&0&1&0\\0&0&0&0&0\end{pmatrix}$$

取自由未知量为 x_2,x_3，同解方程组为

$$\begin{cases}x_1=-1/2x_2+1/2x_3+1/2\\x_4=0\end{cases},$$

取自由未知量 $\begin{pmatrix}x_2\\x_3\end{pmatrix}=\begin{pmatrix}0\\0\end{pmatrix}$，代入上式得非齐次方程组的一个特解为：$\boldsymbol{\eta}=(1/2,0,0,0)^{\mathrm{T}}$.

导出组的同解方程组为

$$\begin{cases} x_1 = -1/2x_2 + 1/2x_3 \\ x_4 = 0 \end{cases},$$

令自由未知量 x_2, x_3 分别取 $(1,0)^T, (0,1)^T$，代入上式得到其导出组的一个基础解系为：

$$\boldsymbol{\xi}_1 = (-1/2, 1, 0, 0)^T, \quad \boldsymbol{\xi}_2 = (1/2, 0, 1, 0)^T$$

则原方程组的通解为：

$$\boldsymbol{x} = \boldsymbol{\eta} + c_1\boldsymbol{\xi}_1 + c_2\boldsymbol{\xi}_2 \quad (c_1, c_2 \text{ 为任意常数}).$$

习题 3.5

1. 求下列齐次线性方程组的一个基础解系.

(1) $\begin{cases} x_1 + x_2 + 2x_3 - x_4 = 0 \\ 2x_1 + x_2 + x_3 - x_4 = 0 \\ 2x_1 + 2x_2 + x_3 + 2x_4 = 0 \end{cases}$　(2) $\begin{cases} 2x_1 + x_2 - x_3 + x_4 = 0 \\ 4x_1 + 2x_2 - 2x_3 + x_4 = 0 \\ 2x_1 + x_2 - x_3 - x_4 = 0 \end{cases}$

2. 求下列非齐次线性方程组的解，用其导出组的基础解系表示其通解.

(1) $\begin{cases} x_1 + 3x_2 + 3x_3 - 2x_4 + x_5 = 3 \\ 2x_1 + 6x_2 + x_3 - 3x_4 = 2 \\ x_1 + 3x_2 - 2x_3 - x_4 - x_5 = -1 \\ 3x_1 + 9x_2 + 4x_3 - 5x_4 + x_5 = 5 \end{cases}$　(2) $\begin{cases} 2x + 3y + z = 4 \\ x - 2y + 4z = -5 \\ 3x + 8y - 2z = 13 \\ 4x - y + 9z = -6 \end{cases}$

3. 已知 $\boldsymbol{\eta}_1, \boldsymbol{\eta}_2, \boldsymbol{\eta}_3$ 是齐次线性方程组 $\boldsymbol{Ax} = \boldsymbol{0}$ 的一个基础解系，证明 $\boldsymbol{\eta}_1, \boldsymbol{\eta}_1 + \boldsymbol{\eta}_2, \boldsymbol{\eta}_1 + \boldsymbol{\eta}_2 + \boldsymbol{\eta}_3$ 也是齐次线性方程组 $\boldsymbol{Ax} = \boldsymbol{0}$ 的一个基础解系.

4. 设矩阵 $\boldsymbol{A} = (a_{ij})_{m\times n}, \boldsymbol{B} = (b_{ij})_{n\times s}$，证明 $\boldsymbol{AB} = \boldsymbol{0}$ 的充分必要条件是矩阵 $\boldsymbol{B}$ 的每个列向量都是齐次方程组 $\boldsymbol{Ax} = \boldsymbol{0}$ 的解.

5. 设 $\boldsymbol{\eta}_1, \boldsymbol{\eta}_2, \boldsymbol{\eta}_3$ 是四元非齐次线性方程组 $\boldsymbol{Ax} = \boldsymbol{b}$ 的三个解向量，且矩阵 $\boldsymbol{A}$ 的秩为 3，$\boldsymbol{\eta}_1 = (1,2,3,4)^T, \boldsymbol{\eta}_2 + \boldsymbol{\eta}_3 = (0,1,2,3)^T$，求 $\boldsymbol{Ax} = \boldsymbol{b}$ 的解.

3.6 应用举例

3.6.1 交通流量

如图 3.1 所示，某城市市区的交叉路口由两条单向车道组成. 图中给出了在交通高峰时段每小时进入和离开路口的车辆数. 试计算在 4 个交叉路口车辆的数量.

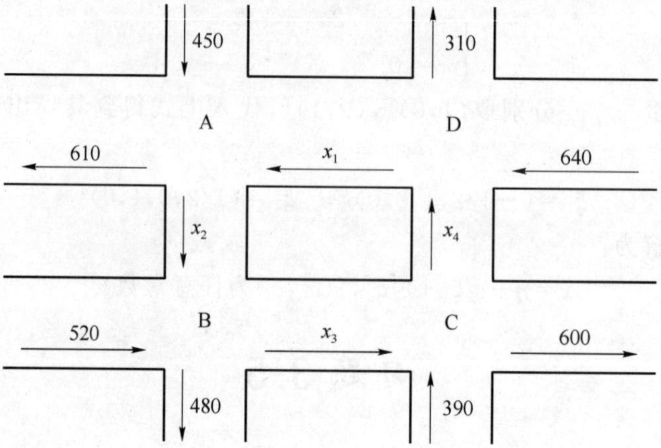

图 3.1

在每一路口，必有进入的车辆的数量与离开的车辆的数量相等，例如，在路口 A，进入该路口的车辆数 x_1+450，离开路口的车辆数为 x_2+610. 因此

$$x_1+450=x_2+610 \text{(路口 A)}$$

类似地，

$$x_2+520=x_3+480 \text{(路口 B)}$$
$$x_3+390=x_4+600 \text{(路口 C)}$$
$$x_4+640=x_1+310 \text{(路口 D)}$$

此方程组的增广矩阵为

$$\begin{pmatrix} 1 & -1 & 0 & 0 & 160 \\ 0 & 1 & -1 & 0 & -40 \\ 0 & 0 & 1 & -1 & 210 \\ -1 & 0 & 0 & 1 & -330 \end{pmatrix}$$

相应的行最简形阵为

$$\begin{pmatrix} 1 & 0 & 0 & -1 & 330 \\ 0 & 1 & 0 & -1 & 170 \\ 0 & 0 & 1 & -1 & 210 \\ 0 & 0 & 0 & 0 & 0 \end{pmatrix}$$

该方程组有解，且由于方程组中存在一个自由未知量，因此，有无穷多解，而交通示意图中并没有给出足够的信息来唯一地确定 x_1,x_2,x_3,x_4，如果知道在某一路口的车辆数量，则其他路口的车辆数量即可求得. 例如，假设在路口 C 和路口 D 之间的平均车辆数量为 $x_4=200$，则相应的 x_1,x_2,x_3 为

$$x_1=x_4+330=530,$$
$$x_2=x_4+170=370,$$
$$x_3=x_4+210=410.$$

3.6.2　市场占有率的稳态向量

假设市场上有 3 种品牌的牛奶:伊利、蒙牛、三元.若顾客在 t 时间购买这 3 种牛奶的数量分别为 2,2,2.顾客下次购买牛奶的随机情况如表 3.2 所示.

表 3.2

下次购买 \ 本次购买		牛奶品牌		
		伊利	蒙牛	三元
牛奶品牌	伊利	0.3	0.2	0.2
	蒙牛	0.4	0.5	0.4
	三元	0.3	0.3	0.4

问顾客在 t+1 时间购买 3 种牛奶的概率分别是多少?

由表 3-2 可得顾客下次购买牛奶的随机矩阵 $\boldsymbol{P}$,即

$$\boldsymbol{P}=\begin{pmatrix}0.3 & 0.2 & 0.2\\ 0.4 & 0.5 & 0.4\\ 0.3 & 0.3 & 0.4\end{pmatrix},$$

再把在 t 时间的状态向量化作概率向量,得到

$$x_t=\begin{pmatrix}1/3\\ 1/3\\ 1/3\end{pmatrix},$$

则

$$x_{t+1}=\boldsymbol{P}x_t=\begin{pmatrix}0.3 & 0.2 & 0.2\\ 0.4 & 0.5 & 0.4\\ 0.3 & 0.3 & 0.4\end{pmatrix}\begin{pmatrix}1/3\\ 1/3\\ 1/3\end{pmatrix}=\begin{pmatrix}0.233\ 3\\ 0.433\ 3\\ 0.333\ 3\end{pmatrix},$$

即消费者下次购买伊利、蒙牛、三元牛奶的概率分别是 0.233 3,0.433 3,0.333 3.

厂家通常更关心的是自己的市场占有率问题,即这个马尔科夫消费链的长期行为.继续计算下去:

$$x_{t+2}=\begin{pmatrix}0.223\ 3\\ 0.443\ 3\\ 0.333\ 3\end{pmatrix},x_{t+3}=\begin{pmatrix}0.222\ 3\\ 0.444\ 3\\ 0.333\ 3\end{pmatrix},x_{t+4}=\begin{pmatrix}0.222\ 2\\ 0.444\ 4\\ 0.333\ 3\end{pmatrix},x_{t+5}=\begin{pmatrix}0.222\ 2\\ 0.444\ 4\\ 0.333\ 3\end{pmatrix},$$

x_{t+2} 到 x_{t+5} 的值几乎不变,由此可知,之后各期的结构也是一样.这些向量无限逼近

$$\boldsymbol{x}=\begin{pmatrix}0.222\ 2\\ 0.444\ 4\\ 0.333\ 3\end{pmatrix},$$

这是马尔科夫链的一条重要性质.

如果 $\boldsymbol{P}$ 是一个随机矩阵,一个概率向量 $\boldsymbol{y}$ 满足

$$\boldsymbol{P}\boldsymbol{y}=\boldsymbol{y},$$

则该向量叫作相对于 $\boldsymbol{P}$ 的稳态向量.

此时,对厂商市场占有率的求解就有了新的思路,建立向量方程组 $\boldsymbol{P}\boldsymbol{y}=\boldsymbol{y}$,其中 $\boldsymbol{y}=(y_1,y_2,y_3)^{\mathrm{T}}$,解得 $\boldsymbol{y}=(0.222\ 2,0.444\ 4,0.333\ 3)^{\mathrm{T}}$.

它说明了长期之后各个厂商的市场占有率.

问题至此并没有结束,若初始状态向量为$(1,2,3)^{\mathrm{T}}$,则计算结果为

$$x_{t+1}=\begin{pmatrix}0.216\ 7\\0.433\ 3\\0.350\ 0\end{pmatrix},x_{t+2}=\begin{pmatrix}0.221\ 7\\0.443\ 3\\0.335\ 0\end{pmatrix},x_{t+3}=\begin{pmatrix}0.222\ 2\\0.444\ 3\\0.333\ 5\end{pmatrix},$$

$$x_{t+4}=\begin{pmatrix}0.222\ 2\\0.444\ 4\\0.333\ 4\end{pmatrix},\cdots,x_{t+10}=\begin{pmatrix}0.222\ 2\\0.444\ 4\\0.333\ 3\end{pmatrix},x_{t+11}=\begin{pmatrix}0.222\ 2\\0.444\ 4\\0.333\ 3\end{pmatrix}.$$

我们得到了与以前相同的稳态向量.事实上,由于稳态向量的定义式 $\boldsymbol{P}\boldsymbol{y}=\boldsymbol{y}$ 中并不包含初始向量,因此,无论初始状态向量为何值,只要随机矩阵确定,马尔科夫链的最终稳态结果都是相同的,这是一个美妙的结果,它使我们不必关心系统的初始状态.

马尔科夫链的平稳分布在各学科的预测中有广泛的应用,一旦随机矩阵确定,就能迅速找到系统的最终稳态状态,亦为均衡状态.

3.6.3 阅读问题

设 $n+1$ 个学生读 n 种不同的书,规定每人至少读其中一种书,证明:这 $n+1$ 个学生中必能找出甲、乙两组不同的学生,使得甲组学生读书的种类与乙组学生读书的种类完全相同.

解:用 n 维行向量 $\boldsymbol{\alpha}_i=(a_{i1},a_{i2},\cdots,a_{in})$记第 i 个学生的阅读记录$(i=1,2,\cdots,n+1)$:若第 i 个学生读过第 j 种书,则 $a_{ij}=1$,否则 $a_{ij}=0$.显然这 $n+1$ 个 n 维行向量 $\boldsymbol{\alpha}_1,\boldsymbol{\alpha}_2,\cdots,\boldsymbol{\alpha}_{n+1}$ 必线性相关,即存在不全为零的数 $k_1,k_2,\cdots,k_{n+1}$,使得

$$k_1\boldsymbol{\alpha}_1+k_2\boldsymbol{\alpha}_2+\cdots+k_{n+1}\boldsymbol{\alpha}_{n+1}=\boldsymbol{0}$$

由于 $a_{ij}=0$ 或 1,且 $\boldsymbol{\alpha}_i\neq\boldsymbol{0}(i=1,2,\cdots,n+1)$,因此线性组合的系数 $k_1,k_2,\cdots,k_{n+1}$ 中必有正数和负数,将上式中系数为正的项留在左边,系数为负的项移到右边,略去系数为零的项,得

$$k_{i_1}\boldsymbol{\alpha}_{i_1}+k_{i_2}\boldsymbol{\alpha}_{i_2}+\cdots+k_{i_s}\boldsymbol{\alpha}_{i_s}=l_{j_1}\boldsymbol{\alpha}_{j_1}+l_{j_2}\boldsymbol{\alpha}_{j_2}+\cdots+l_{j_t}\boldsymbol{\alpha}_{j_t}$$

将 $i_1,i_2,\cdots,i_s$ 分为甲组,$j_1,j_2,\cdots,j_t$ 分为乙组.注意到上式中所有线性组合的系数都是正的,故左、右两边向量的分量非负,所以其左、右两边正分量的个数分别是甲、乙两组学生读书的种类,它们完全相同.

第4章　相似矩阵

相似是方阵之间的一种重要关系，它不仅可以简化矩阵计算，而且还能应用于科学与工程技术的许多领域. 本章首先介绍方阵的特征值和特征向量，再讨论矩阵的相似对角化，然后给出实对称矩阵的相似对角化方法.

4.1　方阵的特征值与特征向量

4.1.1　方阵的特征值的定义

在很多数学问题的求解，以及工程技术和经济管理的许多定量分析模型中，常常需要寻求数 λ 和非零向量 $\boldsymbol{x}$，使得 $\boldsymbol{Ax}=\lambda\boldsymbol{x}$.

例 4.1　污染与工业发展水平关系的定量分析.

设 x_0 是某地区的污染水平(以空气或河湖水质的某种污染指数为测量单位)，y_0 是目前的工业发展水平(以某种工业发展指数为测算单位). 以 5 年为一个发展周期，一个周期后的污染水平和工业发展水平分别记为 x_1 和 y_1. 它们之间的关系是

$$x_1=3x_0+y_0,y_1=2x_0+2y_0$$

写成矩阵形式，就是

$$\begin{pmatrix}x_1\\y_1\end{pmatrix}=\begin{pmatrix}3&1\\2&2\end{pmatrix}\begin{pmatrix}x_0\\y_0\end{pmatrix}\text{或 }\boldsymbol{x}_1=\boldsymbol{Ax}_0$$

其中 $\boldsymbol{x}_1=\begin{pmatrix}x_1\\y_1\end{pmatrix},\boldsymbol{x}_0=\begin{pmatrix}x_0\\y_0\end{pmatrix},\boldsymbol{A}=\begin{pmatrix}3&1\\2&2\end{pmatrix}$.

如果当前的水平为 $\boldsymbol{x}_0=\begin{pmatrix}1\\1\end{pmatrix}$，则

$$\boldsymbol{x}_1=\begin{pmatrix}x_1\\y_1\end{pmatrix}=\begin{pmatrix}3&1\\2&2\end{pmatrix}\begin{pmatrix}1\\1\end{pmatrix}=\begin{pmatrix}4\\4\end{pmatrix}=4\begin{pmatrix}1\\1\end{pmatrix}=4\boldsymbol{x}_0$$

即 $\boldsymbol{Ax}_0=4\boldsymbol{x}_0$. 由此可以预测 n 个周期后的污染水平和工业发展水平：

$$\boldsymbol{x}_n=4\boldsymbol{x}_{n-1}=4^2\boldsymbol{x}_{n-2}=\cdots=4^n\boldsymbol{x}_0$$

在上述讨论中，表达式 $\boldsymbol{Ax}_0=4\boldsymbol{x}_0$ 反映了矩阵 $\boldsymbol{A}$ 作用在向量 $\boldsymbol{x}_0$ 上只改变了常数倍，也

即变换后的向量与原向量保持共线的关系.我们把具有这种性质的非零向量 $\boldsymbol{x}_0$ 称为矩阵 $\boldsymbol{A}$ 的特征向量,数 4 称为对应于 $\boldsymbol{x}_0$ 的特征值.

定义 4.1 设 $\boldsymbol{A}$ 为 n 阶方阵,λ 是一个数,如果存在非零 n 维向量 $\boldsymbol{x}$,使得:$\boldsymbol{Ax}=\lambda\boldsymbol{x}$,则称 λ 是方阵 $\boldsymbol{A}$ 的一个特征值,非零向量 $\boldsymbol{x}$ 为矩阵 $\boldsymbol{A}$ 的属于(或对应于)特征值 λ 的特征向量.

特别地,单位矩阵的特征值全为 1,零方阵的特征值全为 0.

从几何的角度看,$\boldsymbol{Ax}$ 表示对非零向量 $\boldsymbol{x}$ 做线性变换,$\lambda\boldsymbol{x}$ 表示对非零向量 $\boldsymbol{x}$ 做数乘变换,$\boldsymbol{Ax}=\lambda\boldsymbol{x}$ 则表示与 $\boldsymbol{A}$ 对应的线性变换,存在非零向量 $\boldsymbol{x}$ 与它的像 $\lambda\boldsymbol{x}$ 共线,只是在同方向或反方向上做了缩放,λ 决定着缩放的方向和大小,如图 4.1 所示.

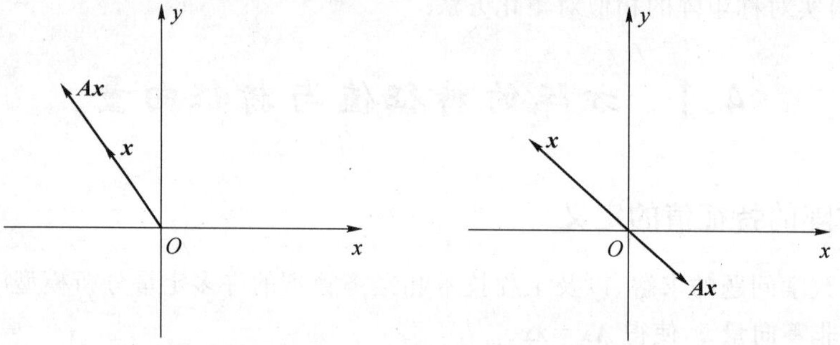

图 4.1 特征值和特征向量的几何含义

下面讨论一般方阵特征值和它所对应特征向量的计算方法.

设 $\boldsymbol{A}$ 是 n 阶方阵,如果 λ 是 $\boldsymbol{A}$ 的特征值,$\boldsymbol{x}$ 是 $\boldsymbol{A}$ 的属于 λ 的特征向量,则

$$\boldsymbol{Ax}=\lambda\boldsymbol{x}\Rightarrow(\lambda\boldsymbol{E}-\boldsymbol{A})\boldsymbol{x}=\boldsymbol{0}\quad(\boldsymbol{x}\neq\boldsymbol{0}).$$

因为 $\boldsymbol{x}$ 是非零向量,所以说明 $\boldsymbol{x}$ 是齐次线性方程组 $(\lambda\boldsymbol{E}-\boldsymbol{A})\boldsymbol{x}=\boldsymbol{0}$ 的非零解,而齐次线性方程组有非零解的充分必要条件是其系数矩阵的行列式等于零,即

$$|\lambda\boldsymbol{E}-\boldsymbol{A}|=0$$

而属于 λ 的特征向量就是齐次线性方程组 $(\lambda\boldsymbol{E}-\boldsymbol{A})\boldsymbol{x}=\boldsymbol{0}$ 的非零解.

定义 4.2 方阵 $\lambda\boldsymbol{E}-\boldsymbol{A}$ 称为 $\boldsymbol{A}$ 的特征矩阵,$|\lambda\boldsymbol{E}-\boldsymbol{A}|$ 称为 $\boldsymbol{A}$ 的特征多项式,$|\lambda\boldsymbol{E}-\boldsymbol{A}|=0$ 称为 $\boldsymbol{A}$ 的特征方程,其根称为方阵 $\boldsymbol{A}$ 的特征值.

由以上可归纳出求方阵 $\boldsymbol{A}$ 的特征值及特征向量的步骤:

(1) 计算 $|\lambda\boldsymbol{E}-\boldsymbol{A}|$;

(2) 求 $|\lambda\boldsymbol{E}-\boldsymbol{A}|=0$ 的全部根,它们就是 $\boldsymbol{A}$ 的全部特征值;

(3) 对于矩阵 $\boldsymbol{A}$ 的每一个特征值 λ_0,求出齐次线性方程组 $(\lambda_0\boldsymbol{E}-\boldsymbol{A})\boldsymbol{x}=\boldsymbol{0}$ 的一个基础解系:$\boldsymbol{p}_1,\boldsymbol{p}_2,\cdots,\boldsymbol{p}_{n-r}$,其中 r 为矩阵 $\lambda_0\boldsymbol{E}-\boldsymbol{A}$ 的秩;则矩阵 $\boldsymbol{A}$ 的属于 λ_0 的全部特征向量为:$k_1\boldsymbol{p}_1+k_2\boldsymbol{p}_2+\cdots+k_{n-r}\boldsymbol{p}_{n-r}$,其中 $k_1,k_2,\cdots,k_{n-r}$ 为不全为零的常数.

例 4.2 求 $\boldsymbol{A}=\begin{pmatrix}0&-1&-1\\-1&0&-1\\-1&-1&0\end{pmatrix}$的特征值及对应的特征向量.

解:该方阵的特征多项式是 $|\lambda\boldsymbol{E}-\boldsymbol{A}|=\begin{vmatrix}\lambda&1&1\\1&\lambda&1\\1&1&\lambda\end{vmatrix}=(\lambda+2)(\lambda-1)^2$,

所以特征值为 $\lambda_1=\lambda_2=1,\lambda_3=-2$

当 $\lambda_1=\lambda_2=1$ 时,解齐次线性方程组 $(\boldsymbol{E}-\boldsymbol{A})\boldsymbol{x}=\boldsymbol{0}$. 由

$$\boldsymbol{E}-\boldsymbol{A}=\begin{pmatrix}1&1&1\\1&1&1\\1&1&1\end{pmatrix}\rightarrow\begin{pmatrix}1&1&1\\0&0&0\\0&0&0\end{pmatrix}$$

得基础解系为 $\boldsymbol{p}_1=(-1,1,0)^{\mathrm{T}},\boldsymbol{p}_2=(-1,0,1)^{\mathrm{T}}$,所以 $\boldsymbol{A}$ 的属于特征值 1 的全部特征向量为 $k_1\boldsymbol{p}_1+k_2\boldsymbol{p}_2$,其中 k_1,k_2 为不全为零的常数.

当 $\lambda_3=-2$ 时,解齐次线性方程组 $(-2\boldsymbol{E}-\boldsymbol{A})\boldsymbol{x}=\boldsymbol{0}$. 由

$$-2\boldsymbol{E}-\boldsymbol{A}=\begin{pmatrix}-2&1&1\\1&-2&1\\1&1&-2\end{pmatrix}\rightarrow\begin{pmatrix}1&1&-2\\0&1&-1\\0&0&0\end{pmatrix}$$

得基础解系为 $\boldsymbol{p}_3=(1,1,1)^{\mathrm{T}}$,所以 $\boldsymbol{A}$ 的属于特征值 -2 的全部特征向量为 $k_3\boldsymbol{p}_3$ $(k_3\neq0)$.

例 4.3 求 $\boldsymbol{A}=\begin{pmatrix}0&1&0\\0&0&1\\0&0&0\end{pmatrix}$的特征值及对应的特征向量.

解:该方阵的特征多项式是 $|\lambda\boldsymbol{E}-\boldsymbol{A}|=\begin{vmatrix}\lambda&-1&0\\0&\lambda&-1\\0&0&\lambda\end{vmatrix}=\lambda^3$,

所以特征值为 $\lambda_1=\lambda_2=\lambda_3=0$.

当 $\lambda_1=\lambda_2=\lambda_3=0$ 时,解齐次线性方程组 $(0\boldsymbol{E}-\boldsymbol{A})\boldsymbol{x}=\boldsymbol{0}$. 由

$$-\boldsymbol{A}=\begin{pmatrix}0&-1&0\\0&0&-1\\0&0&0\end{pmatrix},$$

得基础解系为 $\boldsymbol{p}=(1,0,0)^{\mathrm{T}}$,所以 $\boldsymbol{A}$ 的属于特征值 0 的全部的特征向量为 $k\boldsymbol{p}(k\neq0)$.

4.1.2 特征值、特征向量的基本性质

定理 4.1 n 阶矩阵 $\boldsymbol{A}$ 与它的转置矩阵 $\boldsymbol{A}^{\mathrm{T}}$ 有相同的特征值.

证明:因为 $|\lambda\boldsymbol{E}-\boldsymbol{A}^{\mathrm{T}}|=|(\lambda\boldsymbol{E}-\boldsymbol{A})^{\mathrm{T}}|=|\lambda\boldsymbol{E}-\boldsymbol{A}|$,即 $\boldsymbol{A}$ 与 $\boldsymbol{A}^{\mathrm{T}}$ 有相同的特征多项式,所

以 $\boldsymbol{A}$ 与 $\boldsymbol{A}^{\mathrm{T}}$ 有相同的特征值.

注:$\boldsymbol{A}$ 与 $\boldsymbol{A}^{\mathrm{T}}$ 同一特征值的特征向量不一定相同.

定理 4.2 设 n 阶矩阵 $\boldsymbol{A}=(a_{ij})_{n\times n}$ 的 n 个特征值为 $\lambda_1,\lambda_2,\cdots,\lambda_n$,则:

(1) $\lambda_1+\lambda_2+\cdots+\lambda_n=a_{11}+a_{22}+\cdots+a_{nn}$,且称 $\sum\limits_{i=1}^{n}a_{ii}$ 为矩阵 $\boldsymbol{A}$ 的迹,记作 $tr(\boldsymbol{A})$;

(2) $\lambda_1\lambda_2\cdots\lambda_n=|\boldsymbol{A}|$.

该定理反映了矩阵 $\boldsymbol{A}$ 的全部特征值的和与矩阵 $\boldsymbol{A}$ 的主对角线上元素的关系,以及矩阵 $\boldsymbol{A}$ 的全部特征值的积与矩阵 $\boldsymbol{A}$ 的行列式之间的关系.定理的证明要用到 n 次多项式根与系数的关系.在此证明从略.

定理 4.3 设 λ 是 n 阶矩阵 $\boldsymbol{A}$ 的特征值,且 $\boldsymbol{x}$ 是矩阵 $\boldsymbol{A}$ 的属于 λ 的特征向量,则有

(1) $k\lambda$ 是 $k\boldsymbol{A}$ 的特征值,并有 $(k\boldsymbol{A})\boldsymbol{x}=(k\lambda)\boldsymbol{x}$;

(2) λ^k 是 $\boldsymbol{A}^k$ 的特征值,即 $\boldsymbol{A}^k\boldsymbol{x}=\lambda^k\boldsymbol{x}$,$k\neq0$;

(3) 若 $\boldsymbol{A}$ 可逆,则 $\lambda\neq0$,且 $\dfrac{1}{\lambda}$ 是 $\boldsymbol{A}^{-1}$ 的特征值,$\lambda^{-1}|\boldsymbol{A}|$ 是伴随矩阵 $\boldsymbol{A}^*$ 的特征值.

证明:因为 $\boldsymbol{x}$ 是矩阵 $\boldsymbol{A}$ 的属于 λ 的特征向量,则 $\boldsymbol{A}\boldsymbol{x}=\lambda\boldsymbol{x}$,

(1) 两边同乘 k 得:$(k\boldsymbol{A})\boldsymbol{x}=(k\lambda)\boldsymbol{x}$,则 $k\lambda$ 是 $k\boldsymbol{A}$ 的特征值;

(2) 当 $k\neq0$ 时,因为

$$\boldsymbol{A}^k\boldsymbol{x}=\boldsymbol{A}^{k-1}(\boldsymbol{A}\boldsymbol{x})=\boldsymbol{A}^{k-1}(\lambda\boldsymbol{x})=\lambda\boldsymbol{A}^{k-2}(\boldsymbol{A}\boldsymbol{x})=\lambda^2\boldsymbol{A}^{k-2}\boldsymbol{x}=\cdots=\lambda^{k-1}(\boldsymbol{A}\boldsymbol{x})=\lambda^k\boldsymbol{x},$$

所以 λ^k 是 $\boldsymbol{A}^k$ 的特征值;

(3) 因为 $\boldsymbol{A}$ 可逆,根据定理 4.2 可知,它所有的特征值都不为零,由 $\boldsymbol{A}\boldsymbol{x}=\lambda\boldsymbol{x}$,得

$$\boldsymbol{A}^{-1}(\boldsymbol{A}\boldsymbol{x})=\boldsymbol{A}^{-1}(\lambda\boldsymbol{x}),$$

即

$$(\boldsymbol{A}^{-1}\boldsymbol{A})\boldsymbol{x}=\lambda(\boldsymbol{A}^{-1}\boldsymbol{x})\Rightarrow\boldsymbol{x}=\lambda(\boldsymbol{A}^{-1}\boldsymbol{x})$$

再由 $\lambda\neq0$,两边同除以 λ 得:

$$\boldsymbol{A}^{-1}\boldsymbol{x}=\frac{1}{\lambda}\boldsymbol{x},$$

所以 $\lambda\neq0$,且 $\dfrac{1}{\lambda}$ 是 $\boldsymbol{A}^{-1}$ 的特征值;又由于 $\boldsymbol{A}^*=|\boldsymbol{A}|\boldsymbol{A}^{-1}$,故 $\lambda^{-1}|\boldsymbol{A}|$ 是伴随矩阵 $\boldsymbol{A}^*$ 的特征值.

例 4.4 已知三阶方阵 $\boldsymbol{A}$,有一特征值是 3,且 $tr(\boldsymbol{A})=|\boldsymbol{A}|=6$,求 $\boldsymbol{A}$ 的所有特征值.

解:设 $\boldsymbol{A}$ 的特征值为 $3,\lambda_2,\lambda_3$,由定理 4.2 得:

$$\lambda_2+\lambda_3+3=tr(\boldsymbol{A})=6,\lambda_2\cdot\lambda_3\cdot3=|\boldsymbol{A}|=6,$$

由此得:$\lambda_2=1,\lambda_3=2$

例 4.5 已知三阶方阵 $\boldsymbol{A}$ 的三个特征值是 $1,-2,3$,求

(1) $|\boldsymbol{A}|$;(2) $\boldsymbol{A}^{-1}$ 的特征值;(3) $\boldsymbol{A}^{\mathrm{T}}$ 的特征值;(4) $\boldsymbol{A}^*$ 的特征值.

解:(1) $|\boldsymbol{A}|=1\times(-2)\times 3=-6$;

(2) $\boldsymbol{A}^{-1}$的特征值:$1,-1/2,1/3$;

(3) $\boldsymbol{A}^{\mathrm{T}}$ 的特征值:1, -2, 3;

(4) $\boldsymbol{A}^{*}=|\boldsymbol{A}|\boldsymbol{A}^{-1}=-6\boldsymbol{A}^{-1}$,则 $\boldsymbol{A}^{*}$ 的特征值为:$-6\times 1,-6\times(-1/2),-6\times 1/3$

即为:$-6,3,-2$.

例 4.6 已知矩阵$\boldsymbol{A}=\begin{pmatrix}2&1&1\\1&2&1\\1&1&2\end{pmatrix}$,且向量$\boldsymbol{\alpha}=\begin{pmatrix}1\\k\\1\end{pmatrix}$是矩阵 $\boldsymbol{A}$ 的特征向量,试求常数 k.

解:设 λ 是 $\boldsymbol{A}$ 对于 $\boldsymbol{\alpha}$ 的特征值,所以 $\boldsymbol{A\alpha}=\lambda\boldsymbol{\alpha}$,即

$$\lambda\begin{pmatrix}1\\k\\1\end{pmatrix}=\begin{pmatrix}2&1&1\\1&2&1\\1&1&2\end{pmatrix}\begin{pmatrix}1\\k\\1\end{pmatrix}=\begin{pmatrix}3+k\\2+2k\\3+k\end{pmatrix}$$

得:

$$\begin{cases}\lambda=3+k\\k\lambda=2+2k\end{cases}\Rightarrow\begin{cases}\lambda_1=1\\k_1=-2\end{cases}\text{或}\begin{cases}\lambda_2=4\\k_2=1\end{cases}.$$

定理 4.4 设 $\boldsymbol{p}_1,\boldsymbol{p}_2$ 是方阵 $\boldsymbol{A}$ 的属于不同特征值 λ_1,λ_2 的特征向量,则 $\boldsymbol{p}_1,\boldsymbol{p}_2$ 线性无关.

证明:设有常数 k_1,k_2,使

$$k_1\boldsymbol{p}_1+k_2\boldsymbol{p}_2=\boldsymbol{0},\tag{4.1}$$

则 $\boldsymbol{A}(k_1\boldsymbol{p}_1+k_2\boldsymbol{p}_2)=\boldsymbol{0}$,即 $k_1(\boldsymbol{Ap}_1)+k_2(\boldsymbol{Ap}_2)=\boldsymbol{0}$,得

$$\lambda_1k_1\boldsymbol{p}_1+\lambda_2k_2\boldsymbol{p}_2=\boldsymbol{0},\tag{4.2}$$

式子(4.1)乘以 λ_2 再减去式子(4.2),得

$$(\lambda_1-\lambda_2)k_1\boldsymbol{p}_1=\boldsymbol{0}.$$

由于 $\lambda_1-\lambda_2\neq 0$,$\boldsymbol{p}_1\neq\boldsymbol{0}$,从而 $k_1=0$.

同理可得 $k_2=0$,故 $\boldsymbol{p}_1,\boldsymbol{p}_2$ 线性无关.

仿照此方法,用数学归纳法可得到下面的结论:

推论 4.1 不同特征值对应的特征向量一定线性无关.

习题 4.1

1. 求下列矩阵的特征值及对应的特征向量.

(1) $\boldsymbol{A}=\begin{pmatrix}1&2\\5&4\end{pmatrix}$ (2) $\boldsymbol{A}=\begin{pmatrix}-1&-4&1\\1&3&0\\0&0&2\end{pmatrix}$ (3) $\boldsymbol{A}=\begin{pmatrix}-2&0&-4\\1&2&1\\1&0&3\end{pmatrix}$

2. 设$A=\begin{pmatrix} 7 & 4 & -1 \\ 4 & 7 & y \\ -4 & -4 & x \end{pmatrix}$的特征值为$\lambda_1=\lambda_2=3,\lambda_3=12$,求$x,y$的值.

3. 证明:若$A^2=O$,则A的特征值全为零.

4. 如果n阶矩阵A满足$A^2=A$,则称A为幂等矩阵.试证:幂等矩阵的特征值只能是0或1.

5. 已知三阶方阵A的特征值分别是$1,-1,2$,求下列各矩阵的所有特征值.

(1) $|A|A^T$;(2) A^3+2A^2-3A+E.

6. 三阶矩阵A的特征值为$-2,1,3$,则下列矩阵中可逆矩阵是(　　)

(A) $2E-A$　　(B) $2E+A$　　(C) $E-A$　　(D) $A-3E$

4.2 相似矩阵及矩阵对角化条件

对角矩阵是矩阵中形式最简单、运算最方便的一类矩阵.那么,任意方阵是否可化为对角矩阵,且保持方阵的一些原有性质不变,这在理论和应用上都具有重要意义,本节将讨论这个问题.

4.2.1 相似矩阵的定义

在第一章中,只讨论了一些特殊方阵的幂.对于一般方阵A的高次幂A^k,人们总是设法寻找一个可逆矩阵P,使得$P^{-1}AP=B$,且B^k容易计算,从而由

$$A^k=(PBP^{-1})^k=PB^kP^{-1},$$

就能方便地求出A^k.

下面给出方阵A,B之间这种关系的数学定义.

定义 4.3 设A,B为n阶矩阵,如果存在n阶可逆矩阵P,使得$P^{-1}AP=B$成立,则称矩阵A与B相似,记作$A\sim B$.

例 4.7 设$A=\begin{pmatrix} 3 & -1 \\ -1 & 3 \end{pmatrix}$,$P=\begin{pmatrix} 1 & -1 \\ -1 & 2 \end{pmatrix}$,$Q=\begin{pmatrix} -1 & 1 \\ 1 & 1 \end{pmatrix}$,则$P,Q$均可逆.

由

$$P^{-1}AP=\begin{pmatrix} 1 & -1 \\ -1 & 2 \end{pmatrix}^{-1}\begin{pmatrix} 3 & -1 \\ -1 & 3 \end{pmatrix}\begin{pmatrix} 1 & -1 \\ -1 & 2 \end{pmatrix}=\begin{pmatrix} 4 & -3 \\ 0 & 2 \end{pmatrix}$$

$$Q^{-1}AQ=\begin{pmatrix} -1 & 1 \\ 1 & 1 \end{pmatrix}^{-1}\begin{pmatrix} 3 & -1 \\ -1 & 3 \end{pmatrix}\begin{pmatrix} -1 & 1 \\ 1 & 1 \end{pmatrix}=\begin{pmatrix} 4 & 0 \\ 0 & 2 \end{pmatrix}$$

可知$A\sim\begin{pmatrix} 4 & -3 \\ 0 & 2 \end{pmatrix}$,$A\sim\begin{pmatrix} 4 & 0 \\ 0 & 2 \end{pmatrix}$.

由此可以看出，与矩阵 $\boldsymbol{A}$ 相似的矩阵不是唯一的，也未必是对角矩阵.

4.2.2　相似矩阵的性质

容易证明相似矩阵有下列基本性质：

(1) 反身性：$\boldsymbol{A}\sim\boldsymbol{A}$；

(2) 对称性：若 $\boldsymbol{A}\sim\boldsymbol{B}$，则 $\boldsymbol{B}\sim\boldsymbol{A}$；

(3) 传递性：若 $\boldsymbol{A}\sim\boldsymbol{B}$，$\boldsymbol{B}\sim\boldsymbol{C}$，则 $\boldsymbol{A}\sim\boldsymbol{C}$.

其中，$\boldsymbol{A}$，$\boldsymbol{B}$，$\boldsymbol{C}$ 都是 n 阶方阵.

相似的两个矩阵之间还存在着许多共同的性质.

定理 4.5　若矩阵 $\boldsymbol{A}$ 与 $\boldsymbol{B}$ 相似，则：

(1) $\boldsymbol{A}$ 与 $\boldsymbol{B}$ 有相同的特征多项式和特征值；

(2) $\boldsymbol{A}$ 与 $\boldsymbol{B}$ 的行列式相等，即 $|\boldsymbol{A}|=|\boldsymbol{B}|$；

(3) $\boldsymbol{A}$ 与 $\boldsymbol{B}$ 的秩相等，即 $r(\boldsymbol{A})=r(\boldsymbol{B})$；

(4) 矩阵 $\boldsymbol{A}^m$ 与 $\boldsymbol{B}^m$ 相似，其中 m 为正整数.

证明：(1) 由已知得：$\boldsymbol{P}^{-1}\boldsymbol{A}\boldsymbol{P}=\boldsymbol{B}$

$$|\lambda\boldsymbol{E}-\boldsymbol{B}|=|\boldsymbol{P}^{-1}\lambda\boldsymbol{E}\boldsymbol{P}-\boldsymbol{P}^{-1}\boldsymbol{A}\boldsymbol{P}|=|\boldsymbol{P}^{-1}(\lambda\boldsymbol{E}-\boldsymbol{A})\boldsymbol{P}|$$
$$=|\boldsymbol{P}^{-1}|\cdot|\lambda\boldsymbol{E}-\boldsymbol{A}|\cdot|\boldsymbol{P}|=|\lambda\boldsymbol{E}-\boldsymbol{A}|;$$

所以 $\boldsymbol{A}$ 与 $\boldsymbol{B}$ 有相同的特征多项式，当然也有相同的特征值.

(2) 因为 $\boldsymbol{P}^{-1}\boldsymbol{A}\boldsymbol{P}=\boldsymbol{B}$，所以两边求行列式得：

$$|\boldsymbol{P}^{-1}\boldsymbol{A}\boldsymbol{P}|=|\boldsymbol{B}|\Rightarrow|\boldsymbol{P}^{-1}||\boldsymbol{A}||\boldsymbol{P}|=|\boldsymbol{B}|,$$

即得：$|\boldsymbol{A}|=|\boldsymbol{B}|$；

(3) 由相似的定义可知，$\boldsymbol{A}$ 与 $\boldsymbol{B}$ 等价，从而 $\boldsymbol{A}$ 与 $\boldsymbol{B}$ 的秩相等，即 $r(\boldsymbol{A})=r(\boldsymbol{B})$.

(4) 当 $k=1$ 时，$\boldsymbol{P}^{-1}\boldsymbol{A}\boldsymbol{P}=\boldsymbol{B}$ 成立，(矩阵 $\boldsymbol{A}$、$\boldsymbol{B}$ 相似)

假设 $k=m$ 时成立，即有 $\boldsymbol{P}^{-1}\boldsymbol{A}^m\boldsymbol{P}=\boldsymbol{B}^m$. 现证 $k=m+1$ 时也成立，

$$\boldsymbol{B}^{m+1}=\boldsymbol{B}^m\boldsymbol{B}=(\boldsymbol{P}^{-1}\boldsymbol{A}^m\boldsymbol{P})(\boldsymbol{P}^{-1}\boldsymbol{A}\boldsymbol{P})=\boldsymbol{P}^{-1}\boldsymbol{A}^m(\boldsymbol{P}\boldsymbol{P}^{-1})\boldsymbol{A}\boldsymbol{P}=\boldsymbol{P}^{-1}A^{m+1}\boldsymbol{P},$$

则 $k=m+1$ 时也成立. 所以矩阵 $\boldsymbol{A}^m$ 与 $\boldsymbol{B}^m$ 相似.

例 4.8　如果 n 阶矩阵 $\boldsymbol{A}$ 与 n 阶单位矩阵 $\boldsymbol{E}$ 相似，则 $\boldsymbol{A}=\boldsymbol{E}$.

解：因为 $\boldsymbol{A}\sim\boldsymbol{E}$，所以一定存在可逆阵 $\boldsymbol{P}$ 使 $\boldsymbol{P}^{-1}\boldsymbol{A}\boldsymbol{P}=\boldsymbol{E}$ 成立，由此得

$$\boldsymbol{A}=\boldsymbol{P}\boldsymbol{E}\boldsymbol{P}^{-1}=\boldsymbol{P}\boldsymbol{P}^{-1}=\boldsymbol{E}.$$

这个结果表明，与单位阵相似的矩阵只有它本身.

4.2.3　方阵对角化

定义 4.4　若方阵 $\boldsymbol{A}$ 可以和某个对角矩阵相似，则称矩阵 $\boldsymbol{A}$ 可对角化.

定理 4.6　n 阶矩阵 $\boldsymbol{A}$ 相似于对角阵

$$\boldsymbol{\Lambda}=\begin{pmatrix}\lambda_1 & & & \\ & \lambda_2 & & \\ & & \ddots & \\ & & & \lambda_n\end{pmatrix}$$

的充分必要条件是 $\boldsymbol{A}$ 有 n 个线性无关的特征向量.

证明:必要性

如果 $\boldsymbol{A}$ 与对角阵 $\boldsymbol{\Lambda}$ 相似,则存在可逆矩阵 $\boldsymbol{P}$ 使

$$\boldsymbol{P}^{-1}\boldsymbol{AP}=\boldsymbol{\Lambda}.$$

设 $\boldsymbol{P}=(\boldsymbol{p}_1,\boldsymbol{p}_2,\cdots,\boldsymbol{p}_n)$,由 $\boldsymbol{AP}=\boldsymbol{P\Lambda}$ 有

$$\boldsymbol{A}(\boldsymbol{p}_1,\boldsymbol{p}_2,\cdots,\boldsymbol{p}_n)=(\boldsymbol{p}_1,\boldsymbol{p}_2,\cdots,\boldsymbol{p}_n)\begin{pmatrix}\lambda_1 & & & \\ & \lambda_2 & & \\ & & \ddots & \\ & & & \lambda_n\end{pmatrix},$$

可得 $\boldsymbol{Ap}_i=\lambda_i\boldsymbol{p}_i \quad (i=1,2,\cdots,n)$.

因为 $\boldsymbol{P}$ 可逆,有 $|\boldsymbol{P}|\neq 0$,所以 $\boldsymbol{p}_i(i=1,2,\cdots,n)$ 都是非零向量,因而 $\boldsymbol{p}_1,\boldsymbol{p}_2,\cdots,\boldsymbol{p}_n$ 都是 $\boldsymbol{A}$ 的特征向量,并且这 n 个特征向量线性无关.

充分性

设 $\boldsymbol{p}_1,\boldsymbol{p}_2,\cdots,\boldsymbol{p}_n$ 为 $\boldsymbol{A}$ 的 n 个线性无关特征向量,它们所对应的特征值依次为 λ_1, $\lambda_2,\cdots,\lambda_n$,则有

$$\boldsymbol{Ap}_i=\lambda_i\boldsymbol{p}_i(i=1,2,\cdots,n),$$

令 $\boldsymbol{P}=(\boldsymbol{p}_1,\boldsymbol{p}_2,\cdots,\boldsymbol{p}_n)$,因为 $\boldsymbol{p}_1,\boldsymbol{p}_2,\cdots,\boldsymbol{p}_n$ 线性无关,所以 $\boldsymbol{P}$ 可逆.

$$\begin{aligned}\boldsymbol{AP}&=\boldsymbol{A}(\boldsymbol{p}_1,\boldsymbol{p}_2,\cdots,\boldsymbol{p}_n)\\&=(\boldsymbol{Ap}_1,\boldsymbol{Ap}_2,\cdots,\boldsymbol{Ap}_n)\\&=(\lambda_1\boldsymbol{p}_1,\lambda_2\boldsymbol{p}_2,\cdots,\lambda_n\boldsymbol{p}_n)\\&=(\boldsymbol{p}_1,\boldsymbol{p}_2,\cdots,\boldsymbol{p}_n)\begin{pmatrix}\lambda_1 & & & \\ & \lambda_2 & & \\ & & \ddots & \\ & & & \lambda_n\end{pmatrix}\\&=\boldsymbol{P\Lambda}\end{aligned}$$

用 $\boldsymbol{P}^{-1}$ 左乘上式两端得

$$\boldsymbol{P}^{-1}\boldsymbol{AP}=\boldsymbol{\Lambda},$$

即矩阵 $\boldsymbol{A}$ 与对角矩阵 $\boldsymbol{\Lambda}$ 相似.

推论 4.2 若 n 阶矩阵 $\boldsymbol{A}$ 有 n 个相异的特征值 $\lambda_1,\lambda_2,\cdots,\lambda_n$,则矩阵 $\boldsymbol{A}$ 一定可对角化.

定理 4.7 n 阶矩阵 $\boldsymbol{A}$ 可对角化的充分必要条件是 $\boldsymbol{A}$ 的 k 重特征值有 k 个线性无关的特征向量.

证明略.

例如,在 4.1 节例 4.2 中,二重特征值 $\lambda_1=\lambda_2=1$ 对应两个线性无关的特征向量,所以矩阵可以对角化;而在 4.1 节例 4.3 中,三重特征值 $\lambda_1=\lambda_2=\lambda_3=0$ 只对应一个线性无关的特征向量,所以矩阵不可以对角化.

定理 4.6 和定理 4.7 给出了一个矩阵可对角化的条件,且定理 4.6 的证明本身还给出了对角化的具体方法. n 阶矩阵 $\boldsymbol{A}$ 对角化的方法如下:

(1) 求 $\boldsymbol{A}$ 的特征值,求出 n 阶矩阵 $\boldsymbol{A}$ 的所有不同特征值 $\lambda_1,\lambda_2,\cdots,\lambda_m$,它们的重数分别为 $n_1,n_2,\cdots,n_m$;

(2) 求 $\boldsymbol{A}$ 的特征向量. 对每个特征值 λ_i, $i=1,2,\cdots,m$,求出齐次线性方程组 $(\lambda_i\boldsymbol{E}-\boldsymbol{A})\boldsymbol{x}=\boldsymbol{0}$ 的一个基础解系,设为 $\boldsymbol{p}_{i1},\boldsymbol{p}_{i2},\cdots,\boldsymbol{p}_{is_i}$ $(i=1,2,\cdots,m)$;

(3) 判别 $\boldsymbol{A}$ 是否可对角化,若 $\boldsymbol{A}$ 的 n_i 重特征值 λ_i,对应地有 $n_i(s_i=n_i)$ 个线性无关的特征向量,则 $\boldsymbol{A}$ 可对角化;否则, $\boldsymbol{A}$ 不可对角化;

(4) 求出对角矩阵,当 $\boldsymbol{A}$ 可对角化时,求出可逆矩阵 $\boldsymbol{P}$ 和对角矩阵 $\boldsymbol{\Lambda}$:

$$\boldsymbol{P}=(\boldsymbol{p}_{11},\boldsymbol{p}_{12},\cdots,\boldsymbol{p}_{1n_1},\boldsymbol{p}_{21},\boldsymbol{p}_{22},\cdots,\boldsymbol{p}_{2n_2},\cdots,\boldsymbol{p}_{m1},\boldsymbol{p}_{m2},\cdots,\boldsymbol{p}_{mn_m}),$$

$$\boldsymbol{\Lambda}=\operatorname{diag}(\underbrace{\lambda_1,\cdots,\lambda_1}_{n_1},\underbrace{\lambda_2,\cdots,\lambda_2}_{n_2},\cdots,\underbrace{\lambda_m,\cdots,\lambda_m}_{n_m}).$$

例 4.9　已知 $\boldsymbol{A}=\begin{pmatrix}1&2&2\\2&1&-2\\-2&-2&1\end{pmatrix}$,问矩阵 $\boldsymbol{A}$ 可否对角化? 若可对角化求出可逆阵 $\boldsymbol{P}$ 及对角阵 $\boldsymbol{\Lambda}$.

解: $|\lambda\boldsymbol{E}-\boldsymbol{A}|=(\lambda+1)(\lambda-1)(\lambda-3)$,可得

$\lambda_1=-1,\lambda_2=1,\lambda_3=3$,由定理 4.6 的推论可得矩阵 $\boldsymbol{A}$ 可对角化.

当 $\lambda_1=-1$ 时, $-1\boldsymbol{E}-\boldsymbol{A}=\begin{pmatrix}-2&-2&-2\\-2&-2&2\\2&2&-2\end{pmatrix}\to\begin{pmatrix}1&1&0\\0&0&1\\0&0&0\end{pmatrix}$,

取 x_2 为自由未知量,对应的方程组为

$$\begin{cases}x_1+x_2=0\\x_3=0\end{cases},$$

解得一个基础解系为: $\boldsymbol{p}_1=(-1,1,0)^{\mathrm{T}}$;

当 $\lambda_2=1$, $\boldsymbol{E}-\boldsymbol{A}=\begin{pmatrix}0&-2&-2\\-2&0&2\\2&2&0\end{pmatrix}\to\begin{pmatrix}1&1&0\\0&1&1\\0&0&0\end{pmatrix}$,

取 x_3 为自由未知量,对应的方程组为

$$\begin{cases}x_1+x_2=0\\x_2+x_3=0\end{cases},$$

解得一个基础解系为：$\boldsymbol{p}_2=(1,-1,1)^{\mathrm{T}}$；

当 $\lambda_3=3$ 时，$3\boldsymbol{E}-\boldsymbol{A}=\begin{pmatrix}2&-2&-2\\-2&2&2\\2&2&2\end{pmatrix}\to\begin{pmatrix}1&1&1\\0&1&1\\0&0&0\end{pmatrix}$，

取 x_3 为自由未知量，对应的方程组为

$$\begin{cases}x_1+x_2+x_3=0\\ \qquad x_2+x_3=0\end{cases},$$

解得一个基础解系为：$\boldsymbol{p}_3=(0,-1,1)^{\mathrm{T}}$；

由此可知，可逆阵 $\boldsymbol{P}=(\boldsymbol{p}_1,\boldsymbol{p}_2,\boldsymbol{p}_3)=\begin{pmatrix}-1&1&0\\1&-1&-1\\0&1&1\end{pmatrix}$，对应的对角阵 $\boldsymbol{\Lambda}=\begin{pmatrix}-1&0&0\\0&1&0\\0&0&3\end{pmatrix}$.

例 4.10 已知 $\boldsymbol{A}=\begin{pmatrix}0&-1&-1\\-1&0&-1\\-1&-1&0\end{pmatrix}$，问矩阵 $\boldsymbol{A}$ 可否对角化？若可对角化求出可逆阵 $\boldsymbol{P}$ 及对角阵 $\boldsymbol{\Lambda}$.

解：$|\lambda\boldsymbol{E}-\boldsymbol{A}|=(\lambda+2)(\lambda-1)^2$，令 $|\lambda\boldsymbol{E}-\boldsymbol{A}|=0$ 得：$\lambda_1=\lambda_2=1,\lambda_3=-2$，

当 $\lambda_1=\lambda_2=1$ 时，$\boldsymbol{E}-\boldsymbol{A}=\begin{pmatrix}1&1&1\\1&1&1\\1&1&1\end{pmatrix}\to\begin{pmatrix}1&1&1\\0&0&0\\0&0&0\end{pmatrix}$，

取 x_2,x_3 为自由未知量，对应的方程为 $x_1+x_2+x_3=0$，求得一个基础解系为 $\boldsymbol{p}_1=(-1,1,0)^{\mathrm{T}}$，$\boldsymbol{p}_2=(-1,0,1)^{\mathrm{T}}$；

对于 $\lambda_3=-2$ 时，

$$-2\boldsymbol{E}-\boldsymbol{A}=\begin{pmatrix}-2&1&1\\1&-2&1\\1&1&-2\end{pmatrix}\to\begin{pmatrix}1&1&-2\\1&-2&1\\-2&1&1\end{pmatrix}$$

$$\to\begin{pmatrix}1&1&-2\\0&-3&3\\0&-3&3\end{pmatrix}\to\begin{pmatrix}1&1&-2\\0&1&-1\\0&0&0\end{pmatrix},$$

取 x_3 为自由未知量，对应的方程组为

$$\begin{cases}x_1+x_2-2x_3=0\\ \quad -x_2+\ x_3=0\end{cases},$$

求得它的一个基础解系为 $\boldsymbol{p}_3=(1,1,1)^{\mathrm{T}}$；

由定理 4.7 可得矩阵 $\boldsymbol{A}$ 可对角化，存在可逆阵 $\boldsymbol{P}=(\boldsymbol{p}_1,\boldsymbol{p}_2,\boldsymbol{p}_3)=\begin{pmatrix}1&-1&-1\\1&1&0\\1&0&1\end{pmatrix}$，相应的对角阵 $\boldsymbol{\Lambda}=\begin{pmatrix}-2&0&0\\0&1&0\\0&0&1\end{pmatrix}$.

由定理 4.5 的结论(4)知：当 n 阶矩阵 $\boldsymbol{A}$、$\boldsymbol{B}$ 相似时，有矩阵 $\boldsymbol{A}^m$ 与 $\boldsymbol{B}^m$ 相似，(m 为任意非负整数)，且 $\boldsymbol{P}^{-1}\boldsymbol{A}^m\boldsymbol{P}=\boldsymbol{B}^m$. 由此可得：$\boldsymbol{A}^m=\boldsymbol{P}\boldsymbol{B}^m\boldsymbol{P}^{-1}$，如果 $\boldsymbol{B}$ 是对角阵 $\boldsymbol{\Lambda}$，则 $\boldsymbol{A}^m=\boldsymbol{P}\boldsymbol{\Lambda}^m\boldsymbol{P}^{-1}$.

例 4.11 已知 $\boldsymbol{A}=\begin{pmatrix}4&6&0\\-3&-5&0\\-3&-6&1\end{pmatrix}$，试计算 $\boldsymbol{A}^{10}$.

解：$|\lambda\boldsymbol{E}-\boldsymbol{A}|=\begin{vmatrix}\lambda-4&-6&0\\3&\lambda+5&0\\3&6&\lambda-1\end{vmatrix}=(\lambda-1)\begin{vmatrix}\lambda-4&-6\\3&\lambda+5\end{vmatrix}=(\lambda+2)(\lambda-1)^2$，

令 $|\lambda\boldsymbol{E}-\boldsymbol{A}|=0$ 得：$\lambda_1=\lambda_2=1,\lambda_3=-2$.

当 $\lambda_1=\lambda_2=1$ 时，$\boldsymbol{E}-\boldsymbol{A}=\begin{pmatrix}-3&-6&0\\3&6&0\\3&6&0\end{pmatrix}\to\begin{pmatrix}-3&-6&0\\0&0&0\\0&0&0\end{pmatrix}\to\begin{pmatrix}1&2&0\\0&0&0\\0&0&0\end{pmatrix}$，

取 x_2,x_3 为自由未知量，对应的方程为 $x_1+2x_2=0$，求得一个基础解系为 $\boldsymbol{p}_1=(-2,1,0)^{\mathrm{T}}$，$\boldsymbol{p}_2=(0,0,1)^{\mathrm{T}}$，

当 $\lambda_3=-2$ 时，$-2\boldsymbol{E}-\boldsymbol{A}=\begin{pmatrix}-6&-6&0\\3&3&0\\3&6&-3\end{pmatrix}\to\begin{pmatrix}1&1&0\\0&0&0\\0&1&-1\end{pmatrix}\to\begin{pmatrix}1&1&0\\0&1&-1\\0&0&0\end{pmatrix}$.

取 x_3 为自由未知量，对应的方程组为

$$\begin{cases}x_1+x_2=0\\x_2-x_3=0\end{cases},$$

求得它的一个基础解系为 $\boldsymbol{p}_3=(-1,1,1)^{\mathrm{T}}$.

综上得可逆阵为 $\boldsymbol{P}=(\boldsymbol{p}_1,\boldsymbol{p}_2,\boldsymbol{p}_3)=\begin{pmatrix}-2&0&-1\\1&0&1\\0&1&1\end{pmatrix}$，相应的对角阵 $\boldsymbol{\Lambda}=\begin{pmatrix}1&0&0\\0&1&0\\0&0&-2\end{pmatrix}$.

从而

$$\boldsymbol{A}^{10}=\boldsymbol{P}\boldsymbol{\Lambda}^{10}\boldsymbol{P}^{-1}=\begin{pmatrix}-2&0&-1\\1&0&1\\0&1&1\end{pmatrix}\begin{pmatrix}1&0&0\\0&1&0\\0&0&-2\end{pmatrix}^{10}\begin{pmatrix}-1&-1&0\\-1&-2&1\\1&2&0\end{pmatrix}$$

$$=\begin{pmatrix}-2&0&-1\,024\\1&0&1\,024\\0&1&1\,024\end{pmatrix}\begin{pmatrix}-1&-1&0\\-1&-2&1\\1&2&0\end{pmatrix}=\begin{pmatrix}-1\,022&-2\,046&0\\1\,023&2\,047&0\\1\,023&2\,046&1\end{pmatrix}.$$

习题 4.2

1. 已知 n 阶方阵 $\boldsymbol{A}$、$\boldsymbol{B}$ 相似，且 $|\boldsymbol{A}|=5$，求 $|\boldsymbol{B}^{\mathrm{T}}|$，$|(\boldsymbol{A}^{\mathrm{T}}\boldsymbol{B})^{-1}|$.

2. 若 $\boldsymbol{A}=\begin{pmatrix}22&31\\y&x\end{pmatrix}$ 与 $\boldsymbol{B}=\begin{pmatrix}1&2\\3&4\end{pmatrix}$ 相似，求 x,y 的值.

3. (1) 已知 $\boldsymbol{A}=\begin{pmatrix}3&-1&1\\2&0&1\\1&-1&2\end{pmatrix}$，问矩阵 $\boldsymbol{A}$ 可否对角化？若可对角化求出可逆阵 $\boldsymbol{P}$ 及对角阵 $\boldsymbol{\Lambda}$.

(2) 已知 $\boldsymbol{A}=\begin{pmatrix}-2&0&-4\\1&2&1\\1&0&3\end{pmatrix}$，问矩阵 $\boldsymbol{A}$ 可否对角化？若可对角化求出可逆阵 $\boldsymbol{P}$ 及对角阵 $\boldsymbol{\Lambda}$.

4. 已知 $\boldsymbol{A}=\begin{pmatrix}3&1\\5&-1\end{pmatrix}$，求 $\boldsymbol{A}^n$.

5. 如果 $\boldsymbol{A}$、$\boldsymbol{B}$ 为 n 阶方阵可逆阵，试证 $\boldsymbol{AB}$ 与 $\boldsymbol{BA}$ 的特征值相同.

6. 设 3 阶矩阵 $\boldsymbol{A}$ 的特征值为 $\lambda_1=1,\lambda_2=2,\lambda_3=3$，对应的特征向量依次为

$$\alpha_1=\begin{pmatrix}1\\1\\1\end{pmatrix},\alpha_2=\begin{pmatrix}1\\2\\4\end{pmatrix},\alpha_3=\begin{pmatrix}1\\3\\9\end{pmatrix}.$$

求 $\boldsymbol{A}^n$.

7. 设方阵 $\boldsymbol{A}=\begin{pmatrix}2&0&0\\0&0&1\\0&1&x\end{pmatrix}$ 与 $\boldsymbol{B}=\begin{pmatrix}2&0&0\\0&y&0\\0&0&-1\end{pmatrix}$ 相似，求 x,y 之值；并求可逆阵 $\boldsymbol{P}$，使 $\boldsymbol{P}^{-1}\boldsymbol{AP}=\boldsymbol{B}$.

4.3 正交矩阵

在第三章中，研究了向量的线性运算，进而讨论了向量间的线性关系. 这一节将介绍向量的度量性质.

4.3.1　向量的内积

在解析几何中，向量 $\boldsymbol{x}=(x_1,x_2,x_3)$ 和 $\boldsymbol{y}=(y_1,y_2,y_3)$ 的长度和夹角是通过向量的数量积(也称为点积)来表示，且有

$$\boldsymbol{x}\cdot\boldsymbol{y}=|\boldsymbol{x}||\boldsymbol{y}|\cos\theta(\theta\text{ 为向量 }\boldsymbol{x}\text{ 与 }\boldsymbol{y}\text{ 的夹角}).$$

把上面的概念推广到 n 维向量空间，有下面的定义.

定义 4.5　设有 n 维向量

$$\boldsymbol{x}=\begin{pmatrix}x_1\\x_2\\\vdots\\x_n\end{pmatrix},\boldsymbol{y}=\begin{pmatrix}y_1\\y_2\\\vdots\\y_n\end{pmatrix}$$

令 $\langle\boldsymbol{x},\boldsymbol{y}\rangle=x_1y_1+x_2y_2+\cdots+x_ny_n=\boldsymbol{x}^{\mathrm{T}}\boldsymbol{y}$，称 $\langle\boldsymbol{x},\boldsymbol{y}\rangle$ 为向量 $\boldsymbol{x}$ 与 $\boldsymbol{y}$ 的内积.

根据定义容易验证，内积满足下列的性质：

(1) 对称性：$\langle\boldsymbol{x},\boldsymbol{y}\rangle=\langle\boldsymbol{y},\boldsymbol{x}\rangle$；

(2) 线性性：$\langle k\boldsymbol{x}+l\boldsymbol{y},\boldsymbol{z}\rangle=k\langle\boldsymbol{x},\boldsymbol{z}\rangle+l\langle\boldsymbol{y},\boldsymbol{z}\rangle$；

(3) 非负性：$\langle\boldsymbol{x},\boldsymbol{x}\rangle\geqslant 0$，当且仅当 $\boldsymbol{x}=\boldsymbol{0}$ 时，$\langle\boldsymbol{x},\boldsymbol{x}\rangle=0$.

仿照三维向量，利用内积定义 n 维向量的长度和向量间的夹角.

定义 4.6　设有 n 维向量 $\boldsymbol{x}=(x_1,x_2,\cdots,x_n)^{\mathrm{T}}$，记

$$\|\boldsymbol{x}\|=\sqrt{\langle\boldsymbol{x},\boldsymbol{x}\rangle}=\sqrt{x_1^2+x_2^2+\cdots+x_n^2},$$

称之为向量 $\boldsymbol{x}=(x_1,x_2,\cdots,x_n)^{\mathrm{T}}$ 的长度(或范数).

长度为 1 的向量称为单位向量. 当 $\boldsymbol{x}\neq\boldsymbol{0}$ 时，称 $\dfrac{\boldsymbol{x}}{\|\boldsymbol{x}\|}$ 为 $\boldsymbol{x}$ 的单位化(也称标准化、规范化).

向量的长度具有下述性质：

(1) 非负性：$\|\boldsymbol{x}\|\geqslant\boldsymbol{0}$；

(2) 齐次性：$\|\lambda\boldsymbol{x}\|=\lambda\|\boldsymbol{x}\|$；

(3) 三角不等式：$\|\boldsymbol{x}+\boldsymbol{y}\|\leqslant\|\boldsymbol{x}\|+\|\boldsymbol{y}\|$.

定义 4.7　设 $\boldsymbol{x}$ 与 $\boldsymbol{y}$ 是两个 n 维向量，且 $\boldsymbol{x}\neq\boldsymbol{0},\boldsymbol{y}\neq\boldsymbol{0}$，称

$$\theta=\arccos\frac{\langle\boldsymbol{x},\boldsymbol{y}\rangle}{\|\boldsymbol{x}\|\,\|\boldsymbol{y}\|}(0\leqslant\theta\leqslant\pi)$$

为向量 $\boldsymbol{x}$ 与 $\boldsymbol{y}$ 的夹角.

例 4.12　已知 $\boldsymbol{x}=(1,1,1,1)^{\mathrm{T}},\boldsymbol{y}=(1,4,-2,2)^{\mathrm{T}}$，试计算 $\langle\boldsymbol{x},\boldsymbol{y}\rangle$，$\|\boldsymbol{x}\|$，$\|\boldsymbol{y}\|$ 及 $\boldsymbol{x}$ 与 $\boldsymbol{y}$ 的夹角.

解：

$$\langle\boldsymbol{x},\boldsymbol{y}\rangle=1\times1+1\times4+1\times(-2)+1\times2=5,$$

$$\|\boldsymbol{x}\|=\sqrt{1^2+1^2+1^2+1^2}=2,$$

$$\| \boldsymbol{y} \| = \sqrt{1^2+4^2+(-2)^2+2^2}=5,$$

$$\theta = \arccos \frac{\langle \boldsymbol{x}, \boldsymbol{y} \rangle}{\| \boldsymbol{x} \| \| \boldsymbol{y} \|} = \arccos 1/2 = \pi/3.$$

若$\langle \boldsymbol{x}, \boldsymbol{y} \rangle = 0$,则称向量 $\boldsymbol{x}$ 与 $\boldsymbol{y}$ 正交.显然,零向量与任何同维向量正交.

4.3.2 正交向量组

定义 4.8 当若干非零向量两两正交时,称它们构成的向量组为正交向量组;进一步地,若它们又都是单位向量,则称为标准正交向量组(或正交规范组).

下面讨论正交向量组的性质.

定理 4.8 若 n 维向量组 $\boldsymbol{\alpha}_1, \boldsymbol{\alpha}_2, \cdots, \boldsymbol{\alpha}_m$ 是正交向量组,则 $\boldsymbol{\alpha}_1, \boldsymbol{\alpha}_2, \cdots, \boldsymbol{\alpha}_m$ 线性无关.

证明 设有一组数 $k_1, k_2, \cdots, k_m$,使得

$$k_1\boldsymbol{\alpha}_1 + k_2\boldsymbol{\alpha}_2 + \cdots + k_m\boldsymbol{\alpha}_m = \boldsymbol{0}$$

上式两边与 $\boldsymbol{\alpha}_i$ 作内积,得

$$\langle \boldsymbol{\alpha}_i, k_1\boldsymbol{\alpha}_1 + k_2\boldsymbol{\alpha}_2 + \cdots + k_m\boldsymbol{\alpha}_m \rangle = 0$$

由$\langle \boldsymbol{\alpha}_i, \boldsymbol{\alpha}_j \rangle = 0 (i \neq j)$,得

$$k_i \langle \boldsymbol{\alpha}_i, \boldsymbol{\alpha}_i \rangle = k_i \| \boldsymbol{\alpha}_i \|^2 = 0$$

从而由$\langle \boldsymbol{\alpha}_i, \boldsymbol{\alpha}_i \rangle = \| \boldsymbol{\alpha}_i \|^2 > 0$ 知

$$k_i = 0, i = 1, 2, \cdots, m,$$

即 $\boldsymbol{\alpha}_1, \boldsymbol{\alpha}_2, \cdots, \boldsymbol{\alpha}_m$ 线性无关.

正交向量组必定线性无关,它是线性无关向量组的特殊情况.一般的线性无关的向量组 $\boldsymbol{\alpha}_1, \boldsymbol{\alpha}_2, \cdots, \boldsymbol{\alpha}_m$ 未必正交,但可以将其正交化.下面给出由线性无关的向量组 $\boldsymbol{\alpha}_1, \boldsymbol{\alpha}_2, \cdots, \boldsymbol{\alpha}_m$ 构造正交向量组 $\boldsymbol{\beta}_1, \boldsymbol{\beta}_2, \cdots, \boldsymbol{\beta}_m$ 的施密特正交化方法.

(1) 正交化:令

$\boldsymbol{\beta}_1 = \boldsymbol{\alpha}_1$;

$\boldsymbol{\beta}_2 = \boldsymbol{\alpha}_2 - \dfrac{\langle \boldsymbol{\beta}_1, \boldsymbol{\alpha}_2 \rangle}{\langle \boldsymbol{\beta}_1, \boldsymbol{\beta}_1 \rangle}\boldsymbol{\beta}_1$;

$\vdots$

$$\boldsymbol{\beta}_m = \boldsymbol{\alpha}_m - \frac{\langle \boldsymbol{\beta}_1, \boldsymbol{\alpha}_m \rangle}{\langle \boldsymbol{\beta}_1, \boldsymbol{\beta}_1 \rangle}\boldsymbol{\beta}_1 - \frac{\langle \boldsymbol{\beta}_2, \boldsymbol{\alpha}_m \rangle}{\langle \boldsymbol{\beta}_2, \boldsymbol{\beta}_2 \rangle}\boldsymbol{\beta}_2 - \cdots - \frac{\langle \boldsymbol{\beta}_{m-1}, \boldsymbol{\alpha}_m \rangle}{\langle \boldsymbol{\beta}_{m-1}, \boldsymbol{\beta}_{m-1} \rangle}\boldsymbol{\beta}_{m-1}$$

则易验证 $\boldsymbol{\beta}_1, \boldsymbol{\beta}_2, \cdots, \boldsymbol{\beta}_m$ 两两正交,且 $\boldsymbol{\beta}_1, \boldsymbol{\beta}_2, \cdots, \boldsymbol{\beta}_m$ 与 $\boldsymbol{\alpha}_1, \boldsymbol{\alpha}_2, \cdots, \boldsymbol{\alpha}_m$ 等价.

若要将向量组 $\boldsymbol{\alpha}_1, \boldsymbol{\alpha}_2, \cdots, \boldsymbol{\alpha}_m$ 正交规范化,则可继续以下过程.

(2) 单位化:令

$$\boldsymbol{e}_1 = \frac{\boldsymbol{\beta}_1}{\| \boldsymbol{\beta}_1 \|}, \boldsymbol{e}_2 = \frac{\boldsymbol{\beta}_2}{\| \boldsymbol{\beta}_2 \|}, \cdots, \boldsymbol{e}_m = \frac{\boldsymbol{\beta}_m}{\| \boldsymbol{\beta}_m \|},$$

则 $\boldsymbol{e}_1, \boldsymbol{e}_2, \cdots, \boldsymbol{e}_m$ 是一组规范正交向量组.

例 4.13　设 $\boldsymbol{\alpha}_1=\begin{pmatrix}1\\2\\-1\end{pmatrix},\boldsymbol{\alpha}_2=\begin{pmatrix}-1\\3\\1\end{pmatrix},\boldsymbol{\alpha}_3=\begin{pmatrix}4\\-1\\0\end{pmatrix}$,用施密特正交化方法将向量组正交规范化.

解:容易证明 $\boldsymbol{\alpha}_1,\boldsymbol{\alpha}_2,\boldsymbol{\alpha}_3$ 线性无关.取 $\boldsymbol{\beta}_1=\boldsymbol{\alpha}_1$;

$$\boldsymbol{\beta}_2=\boldsymbol{\alpha}_2-\frac{\langle\boldsymbol{\beta}_1,\boldsymbol{\alpha}_2\rangle}{\langle\boldsymbol{\beta}_1,\boldsymbol{\beta}_1\rangle}\boldsymbol{\beta}_1=\begin{pmatrix}-1\\3\\1\end{pmatrix}-\frac{4}{6}\begin{pmatrix}1\\2\\-1\end{pmatrix}=\frac{5}{3}\begin{pmatrix}-1\\1\\1\end{pmatrix};$$

$$\boldsymbol{\beta}_3=\boldsymbol{\alpha}_3-\frac{\langle\boldsymbol{\beta}_1,\boldsymbol{\alpha}_3\rangle}{\langle\boldsymbol{\beta}_1,\boldsymbol{\beta}_1\rangle}\boldsymbol{\beta}_1-\frac{\langle\boldsymbol{\beta}_2,\boldsymbol{\alpha}_3\rangle}{\langle\boldsymbol{\beta}_2,\boldsymbol{\beta}_2\rangle}\boldsymbol{\beta}_2=\begin{pmatrix}4\\-1\\0\end{pmatrix}-\frac{1}{3}\begin{pmatrix}1\\2\\-1\end{pmatrix}+\frac{5}{3}\begin{pmatrix}-1\\1\\1\end{pmatrix}=2\begin{pmatrix}1\\0\\1\end{pmatrix};$$

再把它们单位化,取

$$\boldsymbol{e}_1=\frac{\boldsymbol{\beta}_1}{\|\boldsymbol{\beta}_1\|}=\frac{1}{\sqrt{6}}\begin{pmatrix}1\\2\\-1\end{pmatrix},\boldsymbol{e}_2=\frac{\boldsymbol{\beta}_2}{\|\boldsymbol{\beta}_2\|}=\frac{1}{\sqrt{3}}\begin{pmatrix}-1\\1\\1\end{pmatrix},\boldsymbol{e}_3=\frac{\boldsymbol{\beta}_3}{\|\boldsymbol{\beta}_3\|}=\frac{1}{\sqrt{2}}\begin{pmatrix}1\\0\\1\end{pmatrix},$$

即 $\boldsymbol{e}_1,\boldsymbol{e}_2,\boldsymbol{e}_3$ 即为所求.

4.3.3　正交矩阵

定义 4.9　若 n 阶矩阵 $\boldsymbol{A}$ 满足 $\boldsymbol{A}^{\mathrm{T}}\boldsymbol{A}=\boldsymbol{E}$,则称 $\boldsymbol{A}$ 为正交矩阵.

定理 4.9　设 $\boldsymbol{A}$ 为正交矩阵,它有如下的主要性质:

(1) $|\boldsymbol{A}|=\pm1$,$\boldsymbol{A}^{-1}$存在,并且 $\boldsymbol{A}^{-1}$也为正交矩阵;

(2) 若 $\boldsymbol{B}$ 也是正交矩阵,则 $\boldsymbol{AB}$ 为正交矩阵;

(3) $\boldsymbol{A}$ 的行(列)向量组构成一个标准正交基.

证明:(1) $|\boldsymbol{A}^{\mathrm{T}}||\boldsymbol{A}|=|\boldsymbol{A}|^2=|\boldsymbol{E}|=1$,故$|\boldsymbol{A}|=\pm1$,从而 $\boldsymbol{A}^{-1}$存在.另外由逆矩阵的定义可知 $\boldsymbol{A}^{-1}=\boldsymbol{A}^{\mathrm{T}}$,而$(\boldsymbol{A}^{-1})^{\mathrm{T}}\boldsymbol{A}^{-1}=(\boldsymbol{A}^{\mathrm{T}})^{\mathrm{T}}\boldsymbol{A}^{-1}=\boldsymbol{A}\boldsymbol{A}^{-1}=\boldsymbol{E}$,所以 $\boldsymbol{A}^{-1}$也为正交矩阵.

(2) 由 $\boldsymbol{A}^{\mathrm{T}}\boldsymbol{A}=\boldsymbol{E},\boldsymbol{B}^{\mathrm{T}}\boldsymbol{B}=\boldsymbol{E}$,可知$(\boldsymbol{AB})^{\mathrm{T}}\boldsymbol{AB}=\boldsymbol{B}^{\mathrm{T}}\boldsymbol{A}^{\mathrm{T}}\boldsymbol{AB}=\boldsymbol{E}$,即 $\boldsymbol{AB}$ 为正交矩阵.

(3) 对 $\boldsymbol{A}$ 按列分块 $\boldsymbol{A}=(\boldsymbol{\alpha}_1,\boldsymbol{\alpha}_2,\cdots,\boldsymbol{\alpha}_n)$,由 $\boldsymbol{A}^{\mathrm{T}}\boldsymbol{A}=\boldsymbol{E}$ 可得

$$\boldsymbol{A}^{\mathrm{T}}\boldsymbol{A}=\begin{pmatrix}\boldsymbol{\alpha}_1^{\mathrm{T}}\\\boldsymbol{\alpha}_2^{\mathrm{T}}\\\vdots\\\boldsymbol{\alpha}_n^{\mathrm{T}}\end{pmatrix}(\boldsymbol{\alpha}_1,\boldsymbol{\alpha}_2,\cdots,\boldsymbol{\alpha}_n)=\begin{pmatrix}\boldsymbol{\alpha}_1^{\mathrm{T}}\boldsymbol{\alpha}_1&\cdots&\boldsymbol{\alpha}_1^{\mathrm{T}}\boldsymbol{\alpha}_n\\\vdots&&\vdots\\\boldsymbol{\alpha}_n^{\mathrm{T}}\boldsymbol{\alpha}_1&\cdots&\boldsymbol{\alpha}_n^{\mathrm{T}}\boldsymbol{\alpha}_n\end{pmatrix}=\begin{pmatrix}\|\boldsymbol{\alpha}_1\|^2&\cdots&\langle\boldsymbol{\alpha}_1,\boldsymbol{\alpha}_n\rangle\\\vdots&&\vdots\\\langle\boldsymbol{\alpha}_n,\boldsymbol{\alpha}_1\rangle&\cdots&\|\boldsymbol{\alpha}_n\|^2\end{pmatrix}=\boldsymbol{E}.$$

由此可知 $\boldsymbol{A}$ 的列向量组 $\boldsymbol{A}$ 两两正交,且都是单位向量,故构成 $\boldsymbol{A}$ 的一个标准正交基.对 $\boldsymbol{A}$ 的行向量组类似可证.

定义 4.10　设 $\boldsymbol{A}$ 为正交矩阵,则向量的线性变换 $y=\boldsymbol{Ax}$ 称为正交变换.正交变换具有保长度不变性.

习题 4.3

1. 以下哪些是正交阵？说明理由.

(1) $\begin{pmatrix} 1/9 & -8/9 & -4/9 \\ -8/9 & 1/9 & -4/9 \\ -4/9 & -4/9 & 7/9 \end{pmatrix}$ (2) $\begin{pmatrix} 0 & 1/\sqrt{3} & -2/\sqrt{6} \\ 1/\sqrt{2} & 1/\sqrt{3} & 1/\sqrt{6} \\ -1/\sqrt{2} & 1/\sqrt{3} & 1/\sqrt{6} \end{pmatrix}$

(3) $\begin{pmatrix} \cos\theta & -\sin\theta \\ \sin\theta & \cos\theta \end{pmatrix}$.

2. 已知矩阵 $\boldsymbol{A}=\begin{pmatrix} 2/3 & 1/\sqrt{2} & 1/\sqrt{18} \\ a & b & -4/\sqrt{18} \\ 2/3 & -1/\sqrt{2} & 1/\sqrt{18} \end{pmatrix}$是正交矩阵，求 a,b 的值.

3. 设 $\boldsymbol{\alpha}$ 为单位向量，证明 $\boldsymbol{H}=\boldsymbol{E}-2\boldsymbol{\alpha}\boldsymbol{\alpha}^{\mathrm{T}}$ 是对称的正交矩阵.

4. 证明正交矩阵的特征值只能是 1 或 −1.

5. 设 $\boldsymbol{\alpha}_1=\begin{pmatrix} 1 \\ -1 \\ 0 \end{pmatrix},\boldsymbol{\alpha}_2=\begin{pmatrix} 2 \\ 1 \\ 3 \end{pmatrix},\boldsymbol{\alpha}_3=\begin{pmatrix} 3 \\ 1 \\ 2 \end{pmatrix}$，用施密特正交化方法将向量组正交规范化.

6. 已知 $\boldsymbol{\alpha}=(1,2,-1,1)^{\mathrm{T}},\boldsymbol{\beta}=(2,3,1,-1)^{\mathrm{T}},\boldsymbol{\gamma}=(-1,-1,-2,2)^{\mathrm{T}}$，求：

(1) 内积 $\langle\boldsymbol{\alpha},\boldsymbol{\beta}\rangle,\langle\boldsymbol{\alpha},\boldsymbol{\gamma}\rangle$；

(2) 向量 $\boldsymbol{\alpha},\boldsymbol{\beta},\boldsymbol{\gamma}$ 的范数；

(3) 与 $\boldsymbol{\alpha},\boldsymbol{\beta},\boldsymbol{\gamma}$ 都正交的所有向量.

4.4 实对称矩阵的对角化

在本章第 2 节讨论了矩阵对角化的条件，从中看到一般矩阵并不一定可对角化. 而在实际应用中有一类很重要的矩阵——实对称矩阵，它一定可以对角化，这一节就来讨论实对称矩阵对角化的问题.

4.4.1 实对称矩阵的特征值与特征向量

定理 4.10 实对称矩阵的特征值都是实数，也必有实特征向量.

定理 4.11 实对称矩阵的属于不同特征值的特征向量是正交的.

证明：设 λ_1,λ_2 是实对称矩阵 $\boldsymbol{A}$ 的两个不同的特征值，$\boldsymbol{p}_1,\boldsymbol{p}_2$ 是对应的特征向量，由 $\boldsymbol{A}$ 的对称性有

$$\lambda_1\boldsymbol{p}_1^{\mathrm{T}}=(\lambda_1\boldsymbol{p}_1)^{\mathrm{T}}=(\boldsymbol{A}\boldsymbol{p}_1)^{\mathrm{T}}=\boldsymbol{p}_1^{\mathrm{T}}\boldsymbol{A}^{\mathrm{T}}=\boldsymbol{p}_1^{\mathrm{T}}\boldsymbol{A},$$

上式右乘 $\boldsymbol{p}_2$ 得

$$\lambda_1\boldsymbol{p}_1^{\mathrm{T}}\boldsymbol{p}_2=\boldsymbol{p}_1^{\mathrm{T}}\boldsymbol{A}\boldsymbol{p}_2=\boldsymbol{p}_1^{\mathrm{T}}(\lambda_2\boldsymbol{p}_2)=\lambda_2\boldsymbol{p}_1^{\mathrm{T}}\boldsymbol{p}_2,$$

即

$$(\lambda_1-\lambda_2)\boldsymbol{p}_1^{\mathrm{T}}\boldsymbol{p}_2=0.$$

但 $\lambda_1\neq\lambda_2$，故 $\boldsymbol{p}_1^{\mathrm{T}}\boldsymbol{p}_2=0$，即 $\boldsymbol{p}_1$ 与 $\boldsymbol{p}_2$ 正交.

定理 4.12　设 $\boldsymbol{A}$ 为 n 阶实对称矩阵，λ_i 是 $\boldsymbol{A}$ 的 n_i 重特征值，则 $r(\boldsymbol{A}-\lambda_i\boldsymbol{E})=n-n_i$，从而特征值 λ_i 恰有 n_i 个线性无关的特征向量.

证明略. 如果利用施密特正交化方法把这 n_i 个向量正交化，它们仍是矩阵 $\boldsymbol{A}$ 的属于特征值 λ_i 的特征向量.

4.4.2　实对称矩阵的对角化

定理 4.13　设 $\boldsymbol{A}$ 为 n 阶实对称矩阵，则存在 n 阶正交矩阵 $\boldsymbol{Q}$，使 $\boldsymbol{Q}^{-1}\boldsymbol{A}\boldsymbol{Q}$ 为对角阵 $\boldsymbol{\Lambda}$. 其中 $\boldsymbol{\Lambda}$ 是以 $\boldsymbol{A}$ 的 n 个特征值为对角元的对角阵. 即实对称矩阵必可经过正交变换对角化.

证明：假设 $\boldsymbol{A}$ 有 m 个不同特征值 $\lambda_1,\lambda_2,\cdots,\lambda_m$，其重数分别为 $n_1,n_2,\cdots,n_m$，$n_1+n_2+\cdots+n_m=n$. 由上述说明可知，对同一特征值 λ_i，相应有 n_i 个正交的特征向量；而不同特征值对应的特征向量也是正交的，因此 $\boldsymbol{A}$ 一定有 n 个正交的特征向量，再将这 n 个正交的特征向量单位化，记其为 $\boldsymbol{p}_1,\boldsymbol{p}_2,\cdots,\boldsymbol{p}_n$，显然这是一个标准正交向量组，令 $\boldsymbol{Q}=(\boldsymbol{p}_1,\boldsymbol{p}_2,\cdots,\boldsymbol{p}_n)$，则 $\boldsymbol{Q}$ 为正交矩阵，且 $\boldsymbol{Q}^{-1}\boldsymbol{A}\boldsymbol{Q}$ 为对角阵 $\boldsymbol{\Lambda}$.

该定理的证明过程同时也给出了将实对称矩阵利用正交变换对角化的方法.

总结实对称阵对角化的步骤如下：

(1) 求出 n 阶矩阵 $\boldsymbol{A}$ 的所有不同特征值 $\lambda_1,\lambda_2,\cdots,\lambda_m$，它们的重数分别为 $n_1,n_2,\cdots,n_m$；

(2) 对于每个特征值 λ_i（n_i 重根），求齐次线性方程组 $(\lambda_i\boldsymbol{E}-\boldsymbol{A})\boldsymbol{x}=\boldsymbol{0}$ 的一个基础解系：$\boldsymbol{\xi}_{i1},\boldsymbol{\xi}_{i2},\cdots,\boldsymbol{\xi}_{in_i}$，利用施密特正交化方法将其正交化，再将其单位化得：$\boldsymbol{p}_{i1},\boldsymbol{p}_{i2},\cdots,\boldsymbol{p}_{in_i}$；

(3) 将在第二步中每个特征值得到的一组标准正交向量组组合为一个向量组：

$$\boldsymbol{p}_{11},\boldsymbol{p}_{12},\cdots,\boldsymbol{p}_{1n_1},\boldsymbol{p}_{21},\boldsymbol{p}_{22},\cdots,\boldsymbol{p}_{2n_2},\cdots,\boldsymbol{p}_{m1},\boldsymbol{p}_{m2},\cdots,\boldsymbol{p}_{mn_m},$$

这个向量组中有向量 $n_1+n_2+\cdots+n_m=n$ 个. 它们是 n 个向量组成的标准正交向量组. 以其为列向量组的矩阵 $\boldsymbol{Q}$ 就是所求正交矩阵.

(4) $\boldsymbol{Q}^{-1}\boldsymbol{A}\boldsymbol{Q}=\boldsymbol{Q}^{\mathrm{T}}\boldsymbol{A}\boldsymbol{Q}=\boldsymbol{\Lambda}$，其主对角线元素依次为：

$$\underbrace{\lambda_1,\cdots,\lambda_1}_{n_1},\underbrace{\lambda_2,\cdots,\lambda_2}_{n_2},\cdots,\underbrace{\lambda_m,\cdots,\lambda_m}_{n_m}.$$

例 4.14　求正交矩阵 $\boldsymbol{Q}$，使 $\boldsymbol{Q}^{\mathrm{T}}\boldsymbol{A}\boldsymbol{Q}$ 为对角阵，其中 $\boldsymbol{A}=\begin{pmatrix}2&-2&0\\-2&1&-2\\0&-2&0\end{pmatrix}$.

解：$|\lambda E-A|=\begin{vmatrix}\lambda-2 & 2 & 0\\ 2 & \lambda-1 & 2\\ 0 & 2 & \lambda\end{vmatrix}=(\lambda-1)(\lambda-4)(\lambda+2)$，

得 A 的特征值为：$\lambda_1=1,\lambda_2=4,\lambda_3=-2$.

分别求出属于 $\lambda_1,\lambda_2,\lambda_3$ 的线性无关的向量为：

$$\xi_1=(-2,-1,2)^T,\xi_2=(2,-2,1)^T,\xi_3=(1,2,2)^T,$$

则 ξ_1,ξ_2,ξ_3 是正交的，再将 ξ_1,ξ_2,ξ_3 单位化，得：

$$p_1=(-2/3,-1/3,2/3)^T,p_2=(2/3,-2/3,1/3)^T,p_3=(1/3,2/3,2/3)^T.$$

令 $Q=(p_1,p_2,p_3)=\frac{1}{3}\begin{pmatrix}-2 & 2 & 1\\ -1 & -2 & 2\\ 2 & 1 & 2\end{pmatrix}$，则 $Q^{-1}AQ=\begin{pmatrix}1 & 0 & 0\\ 0 & 4 & 0\\ 0 & 0 & -2\end{pmatrix}$.

例 4.15 求正交矩阵 Q，使 Q^TAQ 为对角阵，其中 $A=\begin{pmatrix}1 & -2 & 2\\ -2 & -2 & 4\\ 2 & 4 & -2\end{pmatrix}$.

解：$|\lambda E-A|=\begin{vmatrix}\lambda-1 & 2 & -2\\ 2 & \lambda+2 & -4\\ -2 & -4 & \lambda+2\end{vmatrix}=(\lambda+7)(\lambda-2)^2$，

得矩阵 A 的特征值为：$\lambda_1=-7,\lambda_2=\lambda_3=2$.

求出属于 $\lambda_1=-7$ 的特征向量为 $\alpha_1=(1,2,-2)^T$，属于 $\lambda_2=\lambda_3=2$ 的特征向量为 $\alpha_2=(-2,1,0)^T,\alpha_3=(2,0,1)^T$，利用施密特正交化方法将 α_2,α_3 正交化得：

$$\beta_2=(-2,1,0)^T,\beta_3=(2/5,4/5,1)^T.$$

所以 α_1,β_2,β_3 相互正交，再将其单位化得：

$p_1=(1/3,2/3,-2/3)^T,p_2=(-2/\sqrt{5},1/\sqrt{5},0)^T,p_3=(2/3\sqrt{5},4/3\sqrt{5},5/3\sqrt{5})^T$，

令 $Q=\begin{pmatrix}1/3 & -2/\sqrt{5} & 2/3\sqrt{5}\\ 2/3 & 1/\sqrt{5} & 4/3\sqrt{5}\\ -2/3 & 0 & 5/3\sqrt{5}\end{pmatrix}$，则 $Q^{-1}AQ=\begin{pmatrix}-7 & 0 & 0\\ 0 & 2 & 0\\ 0 & 0 & 2\end{pmatrix}$.

习题 4.4

1. 设 3 阶实对称矩阵 A 的特征值是 1,2,3；矩阵 A 的属于特征值 1,2 的特征向量分别为 $\alpha_1=(-1,-1,1)^T,\alpha_2=(1,-2,-1)^T$.

(1) 求 A 的属于 3 的特征向量；(2) 求矩阵 A.

2. 求正交矩阵 $\boldsymbol{Q}$，使 $\boldsymbol{Q}^{\mathrm{T}}\boldsymbol{A}\boldsymbol{Q}$ 为对角阵，其中

(1) $\boldsymbol{A}=\begin{pmatrix} 2 & 2 & -2 \\ 2 & 5 & -4 \\ -2 & -4 & 5 \end{pmatrix}$. (2) $\boldsymbol{A}=\begin{pmatrix} 1 & 0 & 2 \\ 0 & 1 & 2 \\ 2 & 2 & -1 \end{pmatrix}$.

3. 设实对称矩阵 $\boldsymbol{A}=\begin{pmatrix} 1 & -2 & -4 \\ -2 & x & -2 \\ -4 & -2 & 1 \end{pmatrix}$ 与对角阵 $\boldsymbol{\Lambda}=\begin{pmatrix} -4 & 0 & 0 \\ 0 & 5 & 0 \\ 0 & 0 & y \end{pmatrix}$ 相似.

(1) 求 x,y；

(2) 求正交矩阵 $\boldsymbol{Q}$，使得 $\boldsymbol{Q}^{\mathrm{T}}\boldsymbol{A}\boldsymbol{Q}=\boldsymbol{\Lambda}$.

4.5 应用举例

4.5.1 色盲遗传模型

每一个人有 23 对染色体，其中 22 对是常染色体，1 对是性染色体. 男性的 1 对性染色体是(X,Y)，女性的是(X,X). 基因位于染色体上. 1 对染色体的某一点位上的两个基因称为等位基因. 色盲是隐性基因，位于 X 染色体上. 为了描述某地区色盲遗传的数学模型，用 x_1 表示该地第一代女性居民的色盲基因频率(即 m 个女性居民样本中 X 染色体上色盲基因数目与 X 染色体上等位基因数目之比)，y_1 表示该地第一代男性居民的色盲基因频率. 由于男性从母亲接受一个 X 染色体，因此第二代男性的色盲基因频率 y_2 与第一代女性的色盲基因频率 x_1 相等；因为女性从父母双方各接受一个 X 染色体，所以第二代女性的色盲基因频率 x_2 为 x_1 与 y_1 的平均值，即有

$$\begin{cases} x_2=\dfrac{1}{2}(x_1+y_1) \\ y_2=x_1 \end{cases}$$

用 x_n 与 y_n 表示第 n 代女性和男性的色盲基因频率，类似地有

$$\begin{cases} x_n=\dfrac{1}{2}(x_{n-1}+y_{n-1}) \\ y_n=x_{n-1} \end{cases}$$

即

$$\begin{pmatrix} x_n \\ y_n \end{pmatrix}=\begin{pmatrix} 1/2 & 1/2 \\ 1 & 0 \end{pmatrix}\begin{pmatrix} x_{n-1} \\ y_{n-1} \end{pmatrix}, n=2,3,\cdots$$

将上式中的二阶矩阵记为 $\boldsymbol{A}$，则

$$\begin{pmatrix} x_n \\ y_n \end{pmatrix} = \boldsymbol{A}^{n-1}\begin{pmatrix} x_1 \\ y_1 \end{pmatrix}, n=2,3,\cdots$$

容易求得 $\boldsymbol{A}$ 的特征值为 $\lambda_1=1, \lambda_2=-\dfrac{1}{2}$，对应的特征向量依次为 $\boldsymbol{p}_1=\begin{pmatrix} 1 \\ 1 \end{pmatrix}, \boldsymbol{p}_2=\begin{pmatrix} 1 \\ -2 \end{pmatrix}$，因此 $\boldsymbol{A}$ 可对角化，从而

$$\begin{aligned}\boldsymbol{A}^{n-1} &= \begin{pmatrix} 1 & 1 \\ 1 & -2 \end{pmatrix}\begin{pmatrix} 1 & 0 \\ 0 & -1/2 \end{pmatrix}^{n-1}\begin{pmatrix} 1 & 1 \\ 1 & -2 \end{pmatrix}^{-1} \\ &= \begin{pmatrix} 1 & 1 \\ 1 & -2 \end{pmatrix}\begin{pmatrix} 1 & 0 \\ 0 & (-1/2)^{n-1} \end{pmatrix}\begin{pmatrix} 2/3 & 1/3 \\ 1/3 & -1/3 \end{pmatrix} \\ &= \frac{1}{3}\begin{pmatrix} 2+(-1/2)^{n-1} & 1-(-1/2)^{n-1} \\ 2+(-1/2)^{n-2} & 1-(-1/2)^{n-2} \end{pmatrix}\end{aligned}$$

于是当 $n\to\infty$ 时，有

$$\begin{pmatrix} x_n \\ y_n \end{pmatrix} = \frac{1}{3}\begin{pmatrix} 2+(-1/2)^{n-1} & 1-(-1/2)^{n-1} \\ 2+(-1/2)^{n-2} & 1-(-1/2)^{n-2} \end{pmatrix}\begin{pmatrix} x_1 \\ y_1 \end{pmatrix} \to \frac{1}{3}\begin{pmatrix} 2x_1+y_1 \\ 2x_1+y_1 \end{pmatrix}$$

这说明，在该地区中，如果假设没有外来居民，则无论第一代男、女居民的色盲基因频率是否相等，随着世代的增加，男、女居民的色盲基因频率将接近相等. 由于女性色盲者比例小于其色盲基因频率，而男性色盲者比例等于其色盲基因频率，因此经过许多代之后，女性色盲者比例会小于男性色盲者比例.

4.5.2 兔子与狐狸的生态模型

为了考察栖息在某地区的兔子和狐狸的数据变化情况，用 x_n 与 y_n 分别表示第 n 年兔子和狐狸的数量. 假设没有狐狸骚扰时兔子的出生率高于死亡率，即有 $x_n=1.2x_{n-1}$；没有兔子作为食物时狐狸的死亡率将超过出生率，即有 $y_n=0.6y_{n-1}$. 而实际情况是狐狸总是要抓兔子的，故兔子的数目影响着狐狸的生存，设

$$y_n=0.5x_{n-1}+0.6y_{n-1};$$

并且狐狸的侵袭会造成兔子的损耗，设狐狸对兔子的捕杀率为 k，则

$$x_n=1.2x_{n-1}-ky_{n-1}.$$

现在假定 $x_1=1\,000, y_1=100$，并记

$$\boldsymbol{\alpha}_n=\begin{pmatrix} x_n \\ y_n \end{pmatrix}, \boldsymbol{A}=\begin{pmatrix} 1.2 & -k \\ 0.5 & 0.6 \end{pmatrix},$$

则有

$$\boldsymbol{\alpha}_n=\boldsymbol{A}\boldsymbol{\alpha}_{n-1}, n=2,3,\cdots$$

从而

$$\boldsymbol{\alpha}_n=\boldsymbol{A}^{n-1}\boldsymbol{\alpha}_1,n=2,3,\cdots$$

容易求得 $\boldsymbol{A}$ 的特征多项式

$$|\lambda\boldsymbol{E}-\boldsymbol{A}|=\begin{vmatrix}\lambda-1.2 & k\\ -0.5 & \lambda-0.6\end{vmatrix}=\lambda^2-1.8\lambda+0.5k+0.72,$$

得 $\boldsymbol{A}$ 的特征值

$$\lambda=0.9\pm\sqrt{0.09-0.5k}.$$

按狐狸对兔子的捕杀率 k 的取值分三种情况讨论.

(1) $k=0.1$. 此时

$$\boldsymbol{A}=\begin{pmatrix}1.2 & -0.1\\ 0.5 & 0.6\end{pmatrix}$$

$\boldsymbol{A}$ 的特征值为 $\lambda_1=1.1,\lambda_2=0.7$,对应的特征向量依次为 $\begin{pmatrix}1\\1\end{pmatrix},\begin{pmatrix}1\\5\end{pmatrix}$,从而 $\boldsymbol{A}$ 可对角化,故

$$\boldsymbol{A}^{n-1}=\begin{pmatrix}1 & 1\\ 1 & 5\end{pmatrix}\begin{pmatrix}\lambda_1^{n-1} & 0\\ 0 & \lambda_2^{n-1}\end{pmatrix}\begin{pmatrix}1 & 1\\ 1 & 5\end{pmatrix}^{-1}=\frac{1}{4}\begin{pmatrix}5\lambda_1^{n-1}-\lambda_2^{n-1} & -\lambda_1^{n-1}+\lambda_2^{n-1}\\ 5\lambda_1^{n-1}-\lambda_2^{n-1} & -\lambda_1^{n-1}+5\lambda_2^{n-1}\end{pmatrix}$$

于是

$$\begin{aligned}\boldsymbol{\alpha}_n&=\boldsymbol{A}^{n-1}\boldsymbol{\alpha}_1=\frac{1}{4}\begin{pmatrix}5\lambda_1^{n-1}-\lambda_2^{n-1} & -\lambda_1^{n-1}+\lambda_2^{n-1}\\ 5\lambda_1^{n-1}-\lambda_2^{n-1} & -\lambda_1^{n-1}+5\lambda_2^{n-1}\end{pmatrix}\begin{pmatrix}1\ 000\\ 100\end{pmatrix}\\&=\begin{pmatrix}1\ 225\lambda_1^{n-1}-275\lambda_2^{n-1}\\ 1\ 225\lambda_1^{n-1}-125\lambda_2^{n-1}\end{pmatrix}\end{aligned}$$

即当 $n\to\infty$ 时,$x_n\to\infty,y_n\to\infty$.

(2) $k=0.16$ 时,此时

$$\boldsymbol{A}=\begin{pmatrix}1.2 & -0.16\\ 0.5 & 0.6\end{pmatrix}$$

$\boldsymbol{A}$ 的特征值为 $\lambda_1=1,\lambda_2=0.8$,对应的特征向量依次为 $\begin{pmatrix}4\\5\end{pmatrix},\begin{pmatrix}2\\5\end{pmatrix}$,从而 $\boldsymbol{A}$ 可对角化,故

$$\boldsymbol{A}^{n-1}=\begin{pmatrix}4 & 2\\ 5 & 5\end{pmatrix}\begin{pmatrix}1 & 0\\ 0 & \lambda_2^{n-1}\end{pmatrix}\begin{pmatrix}4 & 2\\ 5 & 5\end{pmatrix}^{-1}=\frac{1}{10}\begin{pmatrix}20-10\lambda_2^{n-1} & -8+8\lambda_2^{n-1}\\ 25-25\lambda_2^{n-1} & -10+20\lambda_2^{n-1}\end{pmatrix},$$

所以

$$\boldsymbol{\alpha}_n=\boldsymbol{A}^{n-1}\boldsymbol{\alpha}_1=\begin{pmatrix}1\ 920-920\lambda_2^{n-1}\\ 1\ 500-2\ 300\lambda_2^{n-1}\end{pmatrix},$$

即当 $n\to\infty$ 时，$x_n\to 1920, y_n\to 1500$.

(3) $k=0.18$ 时，此时

$$\boldsymbol{A}=\begin{pmatrix}1.2 & -0.18\\ 0.5 & 0.6\end{pmatrix}$$

$\boldsymbol{A}$ 的特征值为 $\lambda_1=\lambda_2=0.9$，对应的特征向量依次为 $\begin{pmatrix}3\\5\end{pmatrix}$，因此 $\boldsymbol{A}$ 不可对角化.

不难求出 $\boldsymbol{A}$ 的 Jordan 标准形及相似变换矩阵，得

$$\begin{pmatrix}3 & 10\\ 5 & 0\end{pmatrix}^{-1}\boldsymbol{A}\begin{pmatrix}3 & 10\\ 5 & 0\end{pmatrix}=\begin{pmatrix}0.9 & 1\\ 0 & 0.9\end{pmatrix}$$

从而

$$\begin{aligned}\boldsymbol{A}^{n-1}&=\begin{pmatrix}3 & 10\\ 5 & 0\end{pmatrix}\begin{pmatrix}0.9 & 1\\ 0 & 0.9\end{pmatrix}^{n-1}\begin{pmatrix}3 & 10\\ 5 & 0\end{pmatrix}^{-1}\\ &=\begin{pmatrix}3 & 10\\ 5 & 0\end{pmatrix}\begin{pmatrix}0.9^{n-1} & (n-1)0.9^{n-2}\\ 0 & 0.9^{n-1}\end{pmatrix}\begin{pmatrix}0 & 10\\ 5 & -3\end{pmatrix}\frac{1}{50}\\ &=\frac{1}{50}\begin{pmatrix}15(n+2)0.9^{n-2} & -9(n+2)0.9^{n-2}+30\times 0.9^{n-1}\\ 15(n-1)0.9^{n-2} & -9(n-1)0.9^{n-2}+50\times 0.9^{n-1}\end{pmatrix}\end{aligned}$$

因此

$$\boldsymbol{\alpha}_n=\boldsymbol{A}^{n-1}\boldsymbol{\alpha}_1=\begin{pmatrix}282(n+2)0.9^{n-2}+60\times 0.9^{n-1}\\ 282(n-1)0.9^{n-2}+100\times 0.9^{n-1}\end{pmatrix}$$

即当 $n\to\infty$ 时，$x_n\to 0, y_n\to 0$.

综上所述，若狐狸对兔子的捕杀率过低($k=0.1$)，兔子的群体会无限发展，狐狸的群体也会无限发展，这将是一场灾难！若狐狸对兔子的捕杀率适中($k=0.16$)，兔子的群体和狐狸的群体将达到一种平衡.若狐狸对兔子的捕杀率过高($k=0.18$)，兔子将灭绝，狐狸也会自行灭亡，这是一个悲剧！这也是成语“兔死狐悲”的一个很好的诠释.

第5章　二　次　型

平面解析几何的一个重要研究内容是判别何种方程代表何种曲线.例如,二元二次方程 $x^2+xy+y^2=1$ 表示平面直角坐标系下的一条二次曲线,通过适当的坐标变换,可以把它化为标准二次曲线方程 $\frac{1}{2}x'^2+\frac{3}{2}y'^2=1$,利用该标准曲线方程即可确定这条二次曲线的类型.同样,三元二次方程一般表示空间直角坐标系下的一个二次曲面,对于二次曲面也有判别何种方程代表何种曲面的问题.无论是二次曲线,还是二次曲面,它们的方程都具有二次齐次多项式的形式,这些二次齐次多项式就称为二次型,二次曲线和二次曲面的分类就归结为二次型的分类.一般地,可以将 n 个变量的二次齐次多项式称为 n 元二次型.本章研究有关二次型的理论.

5.1　二次型的概念

5.1.1　二次型及其矩阵表示

定义 5.1　系数取自数域 F 且含有 n 个变量 $x_1,x_2,\cdots,x_n$ 的二次齐次多项式

$$\begin{aligned}f(x_1,x_2,\cdots,x_n)=a_{11}x_1^2&+2a_{12}x_1x_2+\cdots+2a_{1n}x_1x_n\\&+a_{22}x_2^2+\cdots+2a_{2n}x_2x_n\\&+\\&\ddots\\&+a_{nn}x_n^2\end{aligned}\tag{5.1}$$

称为数域 F 上的一个 n 元二次型,简称为二次型.特别地,当 $F=R$ 时,称二次型 $f(x_1,x_2,\cdots,x_n)$为实二次型;当 $F=C$ 时,称二次型 $f(x_1,x_2,\cdots,x_n)$为复二次型.

除非特别声明,下面所涉及的二次型均为实二次型.

为了用矩阵工具研究二次型,首先研究二次型与矩阵的关系.

取 $a_{ji}=a_{ij}$,$j<i,i,j=1,2,\cdots,n$,则 $2a_{ij}x_ix_j=a_{ij}x_ix_j+a_{ji}x_jx_i$,于是(5.1)可以改写为

$$\begin{aligned}f(x_1,x_2,\cdots,x_n)=a_{11}x_1^2&+a_{12}x_1x_2+\cdots+a_{1n}x_1x_n\\&+a_{12}x_1x_2+a_{22}x_2^2+\cdots+a_{2n}x_2x_n\end{aligned}$$

$$+\cdots+a_{1n}x_1x_n+a_{2n}x_2x_n+\cdots+a_{nn}x_n^2$$

$$=(x_1x_2\cdots x_n)\begin{pmatrix}a_{11} & a_{12} & \cdots & a_{1n}\\ a_{21} & a_{22} & \cdots & a_{2n}\\ \vdots & \vdots & & \vdots\\ a_{n1} & a_{n2} & \cdots & a_{nn}\end{pmatrix}\begin{pmatrix}x_1\\ x_2\\ \vdots\\ x_n\end{pmatrix}.$$

$$\boldsymbol{A}=\begin{pmatrix}a_{11} & a_{12} & \cdots & a_{1n}\\ a_{21} & a_{22} & \cdots & a_{2n}\\ \vdots & \vdots & & \vdots\\ a_{n1} & a_{n2} & \cdots & a_{nn}\end{pmatrix},\boldsymbol{X}=\begin{pmatrix}x_1\\ x_2\\ \vdots\\ x_n\end{pmatrix}.$$

则(5.1)可记为 $f(\boldsymbol{X})=\boldsymbol{X}^{\mathrm{T}}\boldsymbol{A}\boldsymbol{X}$，或记为 $f=\boldsymbol{X}^{\mathrm{T}}\boldsymbol{A}\boldsymbol{X}$.

在二次型的上述表达式中，$\boldsymbol{A}$ 为实对称矩阵，由给定的二次型唯一确定；反之，给定一个实对称矩阵 $\boldsymbol{A}$，则 $\boldsymbol{A}$ 唯一确定实二次型 $f=\boldsymbol{X}^{\mathrm{T}}\boldsymbol{A}\boldsymbol{X}$. 因此 n 元实二次型与 n 阶实对称矩阵之间是一一对应的.

矩阵 $\boldsymbol{A}$ 和它的秩分别称为二次型 $f=\boldsymbol{X}^{\mathrm{T}}\boldsymbol{A}\boldsymbol{X}$ 的系数矩阵和二次型的秩.

例 5.1 求二次型 $f(x_1,x_2,x_3)=4x_1^2+4x_1x_2+x_2^2+2x_1x_3+x_3^2$ 的系数矩阵和秩.

解：$\boldsymbol{A}=\begin{pmatrix}4 & 2 & 1\\ 2 & 1 & 0\\ 1 & 0 & 1\end{pmatrix}$，$r(\boldsymbol{A})=3$，所以二次型的秩为 3.

5.1.2 二次型的标准形

定义 5.2 称仅含有平方项的二次型

$$f(y_1,y_2,\cdots,y_n)=d_1y_1^2+d_2y_2^2+\cdots+d_ny_n^2$$

为二次型的标准形.

二次型理论的一个重要工作就是利用线性变换将二次型化为标准形. 下面引入可逆线性变换的定义.

定义 5.3 设

$$\boldsymbol{C}=\begin{pmatrix}c_{11} & c_{12} & \cdots & c_{1n}\\ c_{21} & c_{22} & \cdots & c_{2n}\\ \vdots & \vdots & & \vdots\\ c_{n1} & c_{n2} & \cdots & c_{nn}\end{pmatrix},\boldsymbol{X}=\begin{pmatrix}x_1\\ x_2\\ \vdots\\ x_n\end{pmatrix},\boldsymbol{Y}=\begin{pmatrix}y_1\\ y_2\\ \vdots\\ y_n\end{pmatrix},$$

若 $\boldsymbol{C}$ 是可逆矩阵，则称 R^n 的线性变换 $\boldsymbol{X}=\boldsymbol{C}\boldsymbol{Y}$ 是可逆线性变换.

根据第四章正交变换的定义，若 $\boldsymbol{C}$ 为正交矩阵，则可逆线性变换 $\boldsymbol{X}=\boldsymbol{C}\boldsymbol{Y}$ 即是 R^n 的正交变换.

接下来，考虑二次型 $f=\boldsymbol{X}^{\mathrm{T}}\boldsymbol{A}\boldsymbol{X}$ 在可逆线性变换 $\boldsymbol{X}=\boldsymbol{C}\boldsymbol{Y}$ 下矩阵的变化.

将可逆线性变换 $\boldsymbol{X}=\boldsymbol{C}\boldsymbol{Y}$ 代入二次型 $f=\boldsymbol{X}^{\mathrm{T}}\boldsymbol{A}\boldsymbol{X}$ 中，得到

$$f(x_1,x_2,\cdots,x_n)=\boldsymbol{X}^{\mathrm{T}}\boldsymbol{AX}=(\boldsymbol{CY})^{\mathrm{T}}\boldsymbol{ACY}=\boldsymbol{Y}^{\mathrm{T}}(\boldsymbol{C}^{\mathrm{T}}\boldsymbol{AC})\boldsymbol{Y}.$$

令 $\boldsymbol{B}=\boldsymbol{C}^{\mathrm{T}}\boldsymbol{AC}$ 因为

$$\boldsymbol{B}^{\mathrm{T}}=(\boldsymbol{C}^{\mathrm{T}}\boldsymbol{AC})^{\mathrm{T}}=\boldsymbol{C}^{\mathrm{T}}\boldsymbol{A}^{\mathrm{T}}\boldsymbol{C}=\boldsymbol{C}^{\mathrm{T}}\boldsymbol{AC}=\boldsymbol{B},$$

即 $\boldsymbol{B}$ 仍是实对称矩阵,所以 $\boldsymbol{X}=\boldsymbol{CY}$ 决定了一个新的二次型,其系数矩阵为 $\boldsymbol{B}$.

定义 5.4 设 $\boldsymbol{A},\boldsymbol{B}$ 均为 n 阶方阵,若存在可逆矩阵 $\boldsymbol{C}$,使得 $\boldsymbol{B}=\boldsymbol{C}^{\mathrm{T}}\boldsymbol{AC}$,则称 $\boldsymbol{A}$ 与 $\boldsymbol{B}$ 合同.

矩阵的合同是矩阵之间的一种关系,称为合同关系,它满足:

(1) 反身性:任一 n 阶方阵 $\boldsymbol{A}$ 与其自身合同;

(2) 对称性:若 $\boldsymbol{A}$ 与 $\boldsymbol{B}$ 合同,则 $\boldsymbol{B}$ 与 $\boldsymbol{A}$ 合同;

(3) 传递性:若 $\boldsymbol{A}$ 与 $\boldsymbol{B}$ 合同,$\boldsymbol{B}$ 与 $\boldsymbol{C}$ 合同,则 $\boldsymbol{A}$ 与 $\boldsymbol{C}$ 合同.

由前面的推导及定义 5.4 可知,可逆线性变换将二次型变换为与之同秩的另一个二次型,且两个二次型的系数矩阵合同.因此将二次型 $f=\boldsymbol{X}^{\mathrm{T}}\boldsymbol{AX}$ 通过可逆线性变换 $\boldsymbol{X}=\boldsymbol{CY}$ 化为标准形

$$f=d_1y_1^2+d_2y_2^2+\cdots+d_ny_n^2,$$

等价于找一个可逆矩阵 $\boldsymbol{C}$,使得 $\boldsymbol{C}^{\mathrm{T}}\boldsymbol{AC}=\mathrm{diag}(d_1,d_2,\cdots,d_n)$.

习题 5.1

1. $f(x,y)=x^2+2xy+y^2+2x$ 是不是二次型? 答:________

2. $f(x_1,x_2,x_3)=-4x_1x_2+2x_1x_3+2x_2x_3$ 的秩是________;秩表示标准形中________的个数.

3. 设 $\boldsymbol{A}=\begin{pmatrix}-\frac{1}{2} & 0 & 0\\ 1 & \frac{1}{2} & 0\\ 0 & 0 & 5\end{pmatrix}$ 则与 $\boldsymbol{A}$ 合同的矩阵是( ).

(A) $\begin{pmatrix}1 & 0 & 0\\ 0 & -2 & 0\\ 0 & 0 & -1\end{pmatrix}$ (B) $\begin{pmatrix}3 & 0 & 0\\ 0 & 2 & 0\\ 0 & 0 & -5\end{pmatrix}$

(C) $\begin{pmatrix}-1 & 0 & 0\\ 0 & -1 & 0\\ 0 & 0 & -1\end{pmatrix}$ (D) $\begin{pmatrix}2 & 0 & 0\\ 0 & 2 & 0\\ 0 & 0 & 1\end{pmatrix}$

4. 用矩阵记号表示下列二次型.

(1) $f(x_1,x_2,x_3)=2x_1x_2+x_2^2+2x_1x_3-6x_2x_3$

(2) $f(x_1,x_2,x_3,x_4)=x_1^2+2x_2^2+3x_3^2+4x_1x_2+2x_2x_3$

5. 写出下列各对称矩阵所对应的二次型.

(1) $\begin{pmatrix} 0 & 0 & 1 \\ 0 & 1 & 0 \\ 1 & 0 & 0 \end{pmatrix}$ (2) $\begin{pmatrix} 1 & -1 & 2 & -1 \\ -1 & 1 & 3 & -2 \\ 2 & 3 & 1 & 0 \\ -1 & -2 & 0 & 1 \end{pmatrix}$

6. 已知二次型 $f(x_1,x_2,x_3)=2x_1^2+x_2^2+x_3^2+2x_1x_2+tx_2x_3$ 的秩为 2,求 t 的值.

5.2 实二次型的标准形

本节研究化实二次型 $f=\boldsymbol{X}^{\mathrm{T}}\boldsymbol{A}\boldsymbol{X}$ 为标准形的方法. 由上节讨论知道,这等价于对实对称矩阵 $\boldsymbol{A}$ 找一个可逆矩阵 $\boldsymbol{C}$,使得 $\boldsymbol{C}^{\mathrm{T}}\boldsymbol{A}\boldsymbol{C}$ 为对角矩阵.

另一方面,根据第四章的知识,对实对称矩阵 $\boldsymbol{A}$ 一定存在正交矩阵 $\boldsymbol{Q}$,使得

$$\boldsymbol{Q}^{-1}\boldsymbol{A}\boldsymbol{Q}=\boldsymbol{Q}^{\mathrm{T}}\boldsymbol{A}\boldsymbol{Q}=\operatorname{diag}(\lambda_1,\lambda_2,\cdots,\lambda_n),$$

其中 $\lambda_1,\lambda_2,\cdots,\lambda_n$ 是矩阵 $\boldsymbol{A}$ 的 n 个实特征值. 令 $\boldsymbol{X}=\boldsymbol{Q}\boldsymbol{Y}$,则有

$$f(x_1,x_2,\cdots,x_n)=(\boldsymbol{Q}\boldsymbol{Y})^{\mathrm{T}}\boldsymbol{A}(\boldsymbol{Q}\boldsymbol{Y})=\boldsymbol{Y}^{\mathrm{T}}(\boldsymbol{Q}^{\mathrm{T}}\boldsymbol{A}\boldsymbol{Q})\boldsymbol{Y}=\lambda_1y_1^2+\lambda_2y_2^2+\cdots+\lambda_ny_n^2,$$

即 $f(x_1,x_2,\cdots,x_n)$ 化为了标准形. 于是有下面的定理.

定理 5.1 对任意二次型 $f(x_1,x_2,\cdots,x_n)=\boldsymbol{X}^{\mathrm{T}}\boldsymbol{A}\boldsymbol{X}$,一定存在正交变换 $\boldsymbol{X}=\boldsymbol{Q}\boldsymbol{Y}$,使得 $f(x_1,x_2,\cdots,x_n)$ 为标准形.

由上面的讨论可以总结出用正交变换法将二次型化为标准形的步骤:

(1) 写出二次型的系数矩阵 $\boldsymbol{A}$;

(2) 求出 $\boldsymbol{A}$ 的所有特征值 $\lambda_1,\lambda_2,\cdots,\lambda_n$;

(3) 利用第四章知识,求出正交矩阵 $\boldsymbol{Q}$,使得 $\boldsymbol{Q}^{-1}\boldsymbol{A}\boldsymbol{Q}=\boldsymbol{Q}^{\mathrm{T}}\boldsymbol{A}\boldsymbol{Q}=\operatorname{diag}(\lambda_1,\lambda_2,\cdots,\lambda_n)$;

(4) 令 $\boldsymbol{X}=\boldsymbol{Q}\boldsymbol{Y}$,则 $f(x_1,x_2,\cdots,x_n)=\boldsymbol{X}^{\mathrm{T}}\boldsymbol{A}\boldsymbol{X}$ 可化为标准形

$$f=\lambda_1y_1^2+\lambda_2y_2^2+\cdots+\lambda_ny_n^2.$$

例 5.2 用正交变换法化二次型 $f(x_1,x_2,x_3)=3x_2^2+4x_1x_2-2x_1x_3-4x_2x_3$ 为标准形,并写出该正交变换.

解:(1) 二次型的系数矩阵 $\boldsymbol{A}=\begin{pmatrix} 0 & 2 & -1 \\ 2 & 3 & -2 \\ -1 & -2 & 0 \end{pmatrix}$.

(2) 由 $f(\lambda)=|\lambda\boldsymbol{E}-\boldsymbol{A}|=\begin{vmatrix} \lambda & -2 & 1 \\ -2 & \lambda-3 & 2 \\ 1 & 2 & \lambda \end{vmatrix}=(\lambda+1)^2(\lambda-5)$ 可知 $\boldsymbol{A}$ 的特征值为 $\lambda_1=5,\lambda_2=-1$(二重根).

对 $\lambda_1=5$,解齐次线性方程组 $(5\boldsymbol{E}-\boldsymbol{A})\boldsymbol{X}=\begin{pmatrix} 5 & -2 & 1 \\ -2 & 2 & 2 \\ 1 & 2 & 5 \end{pmatrix}\boldsymbol{X}=0$,得到该方程组的基础

解系为 $\xi_1=(-1,-2,1)^{\mathrm{T}}$,对 ξ_1 标准化,求得 $\boldsymbol{q}_1=\dfrac{1}{\sqrt{6}}(-1,-2,1)^{\mathrm{T}}$.

对 $\lambda_2=-1$,解齐次线性方程组 $(-\boldsymbol{E}-\boldsymbol{A})\boldsymbol{X}=\begin{pmatrix}-1 & -2 & 1\\ -2 & -4 & 2\\ 1 & 2 & -1\end{pmatrix}\boldsymbol{X}=0$,得到该方程组的基础解系为 $\xi_2=(1,0,1)^{\mathrm{T}}$, $\xi_3=(-2,1,0)^{\mathrm{T}}$,对 ξ_2, ξ_3 进行标准正交化,可求得 $\boldsymbol{q}_2=\dfrac{1}{\sqrt{2}}(1,0,1)^{\mathrm{T}}$, $\boldsymbol{q}_3=\dfrac{1}{\sqrt{3}}(-1,1,1)^{\mathrm{T}}$. 取

$$\boldsymbol{Q}=(\boldsymbol{q}_1,\boldsymbol{q}_2,\boldsymbol{q}_3)=\begin{pmatrix}1/\sqrt{2} & -1/\sqrt{3} & -1/\sqrt{6}\\ 0 & 1/\sqrt{3} & -2/\sqrt{6}\\ 1/\sqrt{2} & 1/\sqrt{3} & 1/\sqrt{6}\end{pmatrix},$$

则 $\boldsymbol{Q}$ 为正交矩阵.

(3) 令 $\boldsymbol{X}=\boldsymbol{Q}\boldsymbol{Y}$,可得该二次型的标准形为 $f=-y_1^2-y_2^2+5y_3^2$.

例 5.3　用正交变换法化实二次型 $f(x_1,x_2)=x_1^2+6x_1x_2+x_2^2$ 为标准形,并写出该正交变换.

解:(1) 二次型的系数矩阵 $\boldsymbol{A}=\begin{pmatrix}1 & 3\\ 3 & 1\end{pmatrix}$.

(2) $f(\lambda)=|\lambda\boldsymbol{E}-\boldsymbol{A}|=\begin{vmatrix}\lambda-1 & -3\\ -3 & \lambda-1\end{vmatrix}=(\lambda+2)(\lambda-4)$,可知 $\boldsymbol{A}$ 的特征值为 $\lambda_1=-2$, $\lambda_2=4$.

对 $\lambda_1=-2$,解方程组 $(\lambda\boldsymbol{E}-\boldsymbol{A})\boldsymbol{X}=\begin{pmatrix}-3 & -3\\ -3 & -3\end{pmatrix}\boldsymbol{X}=0$,得到该方程组的一个基础解系为 $\xi_1=(1,-1)^{\mathrm{T}}$,对 ξ_1 标准化可得 $\boldsymbol{q}_1=\dfrac{1}{\sqrt{2}}(1,-1)^{\mathrm{T}}$.

对 $\lambda_2=4$,解方程组 $(\lambda\boldsymbol{E}-\boldsymbol{A})\boldsymbol{X}=\begin{pmatrix}3 & -3\\ -3 & 3\end{pmatrix}\boldsymbol{X}=0$,得到该方程组的一个基础解系为 $\xi_2=(1,1)^{\mathrm{T}}$. 对 ξ_2 标准化可得 $\boldsymbol{q}_2=\dfrac{1}{\sqrt{2}}(1,1)^{\mathrm{T}}$.

取 $\boldsymbol{Q}=(\boldsymbol{q}_1,\boldsymbol{q}_2)=\dfrac{1}{\sqrt{2}}\begin{pmatrix}1 & 1\\ -1 & 1\end{pmatrix}$,则 $\boldsymbol{Q}$ 为正交矩阵.

(3) 令 $\boldsymbol{X}=\boldsymbol{Q}\boldsymbol{Y}$,可得该二次型的标准形为 $f=-2y_1^2+4y_2^2$.

根据第四章对正交变换的讨论知道,正交变换保持向量的长度不变. 将这一性质应用

在平面解析几何上就是正交变换不会改变二次曲线的形状；应用在空间解析几何上就是正交变换不会改变二次曲面的形状.

例如，对平面上二次曲线 $x^2+6xy+y^2=4$ 作例 5.3 中所给正交变换

$$\begin{pmatrix} x \\ y \end{pmatrix}\begin{pmatrix} 1/\sqrt{2} & 1/\sqrt{2} \\ -1/\sqrt{2} & 1/\sqrt{2} \end{pmatrix}\begin{pmatrix} x' \\ y' \end{pmatrix},$$

得到标准形为 $-2x'^2+4y'^2=4$，即 $-\frac{x'^2}{2}+y'^2=1$. 由此可知，$x^2+6xy+y^2=4$ 代表了平面上的一条双曲线.

用正交变换法化二次型为标准形，无论在理论上还是实际应用中都是十分重要的一种方法. 但是，用正交变化法化二次型为标准形，需要计算出矩阵的特征值及特征向量，并要对求出的特征向量进行标准正交化，计算过程比较烦琐. 如果对可逆线性变换不限于正交变换，则可以用更简便的方法化二次型为标准形，配方法就是这样一种方法.

配方法是应用代数配平方的方法逐次消去二次型中的混合项，最后只剩下平方项，从而达到化二次型为标准形的目的. 以下通过具体例子来说明这种方法.

例 5.4 用配方法化二次型

$$f(x_1,x_2+x_3)=x_1^2-x_2^2+4x_3^2+2x_1x_2-4x_1x_3+4x_2x_3$$

为标准形，并求出所用的可逆线性变换.

解：f 中含有 x_1 的平方项，将 f 中含有 x_1 的项集中后，配方得

$$\begin{aligned} f(x_1,x_2,x_3) &= (x_1^2+2x_1x_2-4x_1x_3)-x_2^2+4x_3^2+4x_2x_3 \\ &= (x_1+x_2-2x_3)^2-2x_2^2+8x_2x_3. \end{aligned}$$

对剩下的项，关于变量 x_2 配方，得

$$\begin{aligned} f(x_1,x_2,x_3) &= (x_1+x_2-2x_3)^2-2(x_2^2-4x_2x_3+4x_3^2)+8x_3^2 \\ &= (x_1+x_2-2x_3)^2-2(x_2-2x_3)^2+8x_3^2. \end{aligned}$$

令 $\begin{cases} y_1= & x_1+x_2-2x_3 \\ y_2= & x_2-2x_3 \\ y_3= & x_3 \end{cases}$ 即 $\boldsymbol{Y}=\begin{pmatrix} 1 & 1 & -2 \\ 0 & 1 & -2 \\ 0 & 0 & 1 \end{pmatrix}\boldsymbol{X}$，则有标准形 $f=y_1^2-2y_2^2+8y_3^2$.

所作可逆线性变换为

$$\boldsymbol{X}=\begin{pmatrix} 1 & 1 & -2 \\ 0 & 1 & -2 \\ 0 & 0 & 1 \end{pmatrix}^{-1}\boldsymbol{Y}=\begin{pmatrix} 1 & -1 & 0 \\ 0 & 1 & 2 \\ 0 & 0 & 1 \end{pmatrix}\boldsymbol{Y}.$$

当然也可以直接解方程组 $\begin{cases} y_1=x_1+x_2-2x_3 \\ y_2= x_2-2x_3 \\ y_3= x_3 \end{cases}$ 得到 $\begin{cases} x_1=y_1-y_2, \\ x_2= y_2+2y_3, \\ x_3= y_3. \end{cases}$

于是所作可逆线性变换为 $\boldsymbol{X}=\begin{pmatrix}1 & -1 & 0\\ 0 & 1 & 2\\ 0 & 0 & 1\end{pmatrix}\boldsymbol{Y}$.

从上例可以看出：由配方法得到的二次型的标准形不是唯一的，而且标准形中平方项前面的系数与二次型的矩阵的特征值无关.

例 5.5　用配方法化二次型

$$f(x_1,x_2,x_3)=2x_1^2+4x_2^2+31x_3^2-8x_1x_2+16x_1x_3-28x_2x_3$$

为标准形，并求出所用的可逆线性变换.

解：配方得

$$\begin{aligned}f(x_1,x_2,x_3)&=2(x_1^2-4x_1x_2+8x_1x_3)+4x_2^2+31x_3^2-28x_2x_3\\&=2(x_1-2x_2+4x_3)^2-4x_2^2-x_3^2+4x_2x_3\\&=2(x_1-2x_2+4x_3)^2-4\left(x_2-\frac{x_3}{2}\right)^2,\end{aligned}$$

令 $\begin{cases}y_1=x_1-2x_2+4x_3,\\ y_2=\qquad x_2-\dfrac{x_3}{2},\\ y_3=\qquad\quad x_3\end{cases}$，即 $\boldsymbol{Y}=\begin{pmatrix}1 & -2 & 4\\ 0 & 1 & -\dfrac{1}{2}\\ 0 & 0 & 1\end{pmatrix}\boldsymbol{X}$，则有标准形 $f=2y_1^2-4y_2^2$. 所作可逆线性变换为 $\boldsymbol{X}=\begin{pmatrix}1 & -2 & 4\\ 0 & 1 & -1/2\\ 0 & 0 & 1\end{pmatrix}^{-1}\boldsymbol{Y}=\begin{pmatrix}1 & 2 & -3\\ 0 & 1 & 1/2\\ 0 & 0 & 1\end{pmatrix}\boldsymbol{Y}$.

此题中需要注意的是，二次型配方后，最终得到的平方项只有两项，而原二次型有三个变量，这时在作线性变换时也应同时引进三个变量，本题引进 $y_3=x_3$ 主要是保证所作线性变换的可逆性.

比较上述两种化二次型为标准形的方法，正交变化法虽然计算复杂，但是标准形由特征值唯一确定；配方法虽然计算简便，但是标准形的形式并不唯一. 然而，无论用哪种方法化二次型为标准形，标准形中的非零项的个数都是相同的，它们由系数矩阵的秩所确定. 不仅如此，下面的定理表明，标准形中正负项的个数也是唯一确定的.

定理 5.2　（惯性定理）　一个二次型的任意标准形中正系数和负系数的个数是唯一确定的.

二次型的标准形中正系数的个数称为这个二次型的正惯性指数，记为 p；负系数的个数称为负惯性指数，记为 q. 整数 $s=p-q$ 称为这个二次型的符号差.

由上述的惯性定理可知，任何二次型的标准形都具有形式

$$f=\lambda_1y_1^2+\cdots+\lambda_py_p^2-\lambda_{p+1}y_{p+1}^2-\cdots-\lambda_ry_r^2,$$

其中 $\lambda_i>0, i=1,2,\cdots,r$，$r$ 为这个二次型的秩. 对上述标准形，继续作可逆线性变换

$$\begin{cases} y_1=\sqrt{\lambda_1}\,z_1, \\ \quad\vdots \\ y_r=\sqrt{\lambda_r}\,z_r, \\ y_{r+1}=z_{r+1}, \\ \quad\vdots \\ y_n=z_n, \end{cases}$$

则标准形进一步化为

$$f=z_1^2+\cdots+z_p^2-z_{p+1}^2-\cdots-z_r^2.$$

上式称为二次型的规范形.由惯性定理知,二次型的规范形是唯一的.

例 5.6 已知二次型经正交变换后的标准形为 $f=2y_1^2-4y_2^2+3y_3^2$,求其规范形.

解:由条件可知 $r=3,p=2,q=1$,所以其规范形为 $f=z_1^2+z_2^2-z_3^2$.

习题 5.2

1. 设二次型 $f(x_1,x_2,x_3)=ax_1^2+ax_2^2+(a-1)x_3^2+2x_1x_3-2x_2x_3$

(1) 求二次型 f 的矩阵的所有特征值;

(2) 若二次型 f 的规范形为 $y_1^2+y_2^2$,求 a 的值.

2. 用正交变换将二次型 $f(x_1,x_2,x_3)=(x_1,x_2,x_3)\begin{pmatrix}0&0&1\\3&0&0\\4&3&0\end{pmatrix}\begin{pmatrix}x_2\\x_3\\x_1\end{pmatrix}$化为标准形.

3. 用配方法将二次型 $f(x_1,x_2,x_3)=x_1^2+x_2^2-x_3^2+2x_1x_2+2x_1x_3-2x_2x_3$ 化为标准形,并判断正、负惯性指数的个数,然后写出其规范形.

5.3 实二次型的正定性

5.3.1 正定二次型概念及其判断

正定二次型是实二次型中一类重要的二次型,在研究多元函数的极值时,也经常用到正定二次型的性质.

定义 5.5 如果对于任意给定的 $\boldsymbol{X}\in R^n$,$\boldsymbol{X}\neq\boldsymbol{0}$,恒有 $\boldsymbol{X}^{\mathrm{T}}\boldsymbol{A}\boldsymbol{X}>0$,则称二次型 $f(\boldsymbol{X})=\boldsymbol{X}^{\mathrm{T}}\boldsymbol{A}\boldsymbol{X}$ 是正定二次型,称正定二次型的矩阵为正定矩阵.

例如,容易验证 $f(x_1,x_2,x_3)=2x_1^2+5x_2^2+6x_3^2$ 是正定二次型,而

$$f(x_1,x_2,x_3)=x_1^2-x_2^2+x_3^2$$

就不是正定二次型.

根据上一节的讨论，对实二次型 $f(x_1,x_2,\cdots,x_n)=\boldsymbol{X}^{\mathrm{T}}\boldsymbol{A}\boldsymbol{X}$ 一定存在正交变换 $\boldsymbol{X}=\boldsymbol{Q}\boldsymbol{Y}$，使得

$$f(x_1,x_2,\cdots,x_n)=(\boldsymbol{Q}\boldsymbol{Y})^{\mathrm{T}}\boldsymbol{A}(\boldsymbol{Q}\boldsymbol{Y})=\lambda_1y_1^2+\lambda_2y_2^2+\cdots+\lambda_ny_n^2,$$

其中 $\lambda_1,\lambda_2,\cdots,\lambda_n$ 是矩阵 $\boldsymbol{A}$ 的 n 个实特征值. 如果 $f(x_1,x_2,\cdots,x_n)=\boldsymbol{X}^{\mathrm{T}}\boldsymbol{A}\boldsymbol{X}$ 是正定二次型，取 $\boldsymbol{Y}$ 为 n 阶单位矩阵的第 i 列，$i=1,2,\cdots,n$，则可以得到

$$f=(\boldsymbol{Q}\boldsymbol{Y})^{\mathrm{T}}\boldsymbol{A}(\boldsymbol{Q}\boldsymbol{Y})=\lambda_i>0,i=1,2,\cdots,n,$$

即矩阵 $\boldsymbol{A}$ 的特征值均大于零. 这时二次型的正惯性指数等于 n，规范形为

$$f=z_1^2+z_2^2+\cdots+z_n^2. \tag{5.2}$$

反之，如果二次型的规范形具有(5.2)的形式，则显然该二次型为正定二次型. 于是可以得到如下判定一个二次型是否为正定二次型的充分必要条件.

定理 5.3　设 $\boldsymbol{A}$ 是 n 阶实对称矩阵，则以下结论等价：

(1) 二次型 $f(\boldsymbol{X})=\boldsymbol{X}^{\mathrm{T}}\boldsymbol{A}\boldsymbol{X}$ 正定；

(2) 矩阵 $\boldsymbol{A}$ 的特征值均大于零；

(3) 二次型 $f(\boldsymbol{X})=\boldsymbol{X}^{\mathrm{T}}\boldsymbol{A}\boldsymbol{X}$ 的正惯性指数等于 n；

(4) 二次型 $f(\boldsymbol{X})=\boldsymbol{X}^{\mathrm{T}}\boldsymbol{A}\boldsymbol{X}$ 的规范形为 $f=z_1^2+z_2^2+\cdots+z_n^2$.

定义 5.6　设 $f(x_1,x_2,\cdots,x_n)=\boldsymbol{X}^{\mathrm{T}}\boldsymbol{A}\boldsymbol{X}$ 是实二次型.

(1) 如果对于任意给定的 $\boldsymbol{X}\in R^n$，$\boldsymbol{X}\neq\boldsymbol{0}$，恒有 $f(x_1,x_2,\cdots,x_n)=\boldsymbol{X}^{\mathrm{T}}\boldsymbol{A}\boldsymbol{X}<0$，则称二次型为负定的；

(2) 如果对于任意给定的 $\boldsymbol{X}\in R^n$，恒有 $f(x_1,x_2,\cdots,x_n)=\boldsymbol{X}^{\mathrm{T}}\boldsymbol{A}\boldsymbol{X}\geqslant0$，则称二次型为半正定的；

(3) 如果对于任意给定的 $\boldsymbol{X}\in R^n$，恒有 $f(x_1,x_2,\cdots,x_n)=\boldsymbol{X}^{\mathrm{T}}\boldsymbol{A}\boldsymbol{X}\leqslant0$，则称二次型为半负定的.

既非正定半正定，又非负定半负定的二次型称为不定二次型.

例 5.7　二次型 $f(x_1,x_2,x_3)=x_1^2+3x_2^2$ 是半正定的；

二次型 $f(x_1,x_2,x_3)=-x_1^2-2x_2^2-4x_3^2$ 是负定的；

二次型 $f(x_1,x_2,x_3)=-x_1^2-3x_3^2$ 是半负定的；

二次型 $f(x_1,x_2,x_3)=x_1^2-3x_2^2+6x_3^2$ 是不定的.

5.3.2　正定矩阵及其判别

考虑到正定二次型与正定矩阵是一一对应的，由二次型的正定性也可确定正定矩阵. 下面给出几个判定实对称矩阵 $\boldsymbol{A}$ 为正定矩阵的充分必要条件，本书略去它们的证明.

定理 5.4　设 $\boldsymbol{A}$ 是 n 阶实对称矩阵，则以下结论等价：

(1) 矩阵 $\boldsymbol{A}$ 正定；

(2) 对任意 n 阶实可逆矩阵 $\boldsymbol{C}$，有 $\boldsymbol{C}^{\mathrm{T}}\boldsymbol{A}\boldsymbol{C}$ 正定；

(3) $\boldsymbol{A}$ 的特征值均为正值；

(4) $\boldsymbol{A}$ 与单位矩阵合同.

定理 5.5 n 阶实对称矩阵 $\boldsymbol{A}$ 正定的充分必要条件是 $\boldsymbol{A}$ 的各阶顺序主子式均大于零,即

$$\Delta_k=\begin{vmatrix} a_{11} & a_{12} & \cdots & a_{1k} \\ a_{21} & a_{22} & \cdots & a_{2k} \\ \vdots & \vdots & & \vdots \\ a_{k1} & a_{k2} & \cdots & a_{kk} \end{vmatrix}>0, k=1,2,\cdots,n.$$

例 5.8 设二次型 $f(x_1,x_2,x_3)=5x_1^2+x_2^2+5x_3^2+4x_1x_2-8x_1x_3-4x_2x_3$,判断其是否是正定二次型.

解法 1:因为该二次型的矩阵为 $\boldsymbol{A}=\begin{pmatrix} 5 & 2 & -4 \\ 2 & 1 & -2 \\ -4 & -2 & 5 \end{pmatrix}$,其特征多项式为

$$f(\lambda)=|\lambda\boldsymbol{E}-\boldsymbol{A}|=(\lambda-1)(\lambda^2-10\lambda+1),$$

所以 $\boldsymbol{A}$ 的特征值为 $1,\frac{1}{2}(10\pm\sqrt{96})$,它们都大于零,故 $\boldsymbol{A}$ 为正定矩阵,即 f 为正定二次型.

解法 2:因为 $\boldsymbol{A}$ 的顺序主子式

$$\Delta_1=5>0,\Delta_2=\begin{vmatrix} 5 & 2 \\ 2 & 1 \end{vmatrix}=1>0,\Delta_3=\begin{vmatrix} 5 & 2 & -4 \\ 2 & 1 & -2 \\ -4 & -2 & 5 \end{vmatrix}=1>0,$$

所以 $\boldsymbol{A}$ 为正定矩阵,由此知 f 为正定二次型.

习题 5.3

1. 设 $\boldsymbol{A}=\begin{pmatrix} 1 & 1 & 0 \\ 1 & k & 0 \\ 0 & 0 & k^2 \end{pmatrix}$,$\boldsymbol{A}$ 为正定矩阵,则 k ________.

2. 二次型 $f=\boldsymbol{X}^{\mathrm{T}}\boldsymbol{A}\boldsymbol{X}$ 为正定二次型的充要条件是(　　).

(A) $|\boldsymbol{A}|>0$　　(B) 负惯性指数为 0

(C) $\boldsymbol{A}$ 的所有对角元 $a_{ii}>0$　　(D) $\boldsymbol{A}$ 合同于单位阵 $\boldsymbol{E}$

3. 当 a,b,c 满足(　　)时,二次型 $f(x_1,x_2,x_3)=ax_1^2+bx_2^2+ax_3^2+2cx_1x_3$ 为正定二次型.

(A) $a>0,b+c>0$　　(B) $a>0,b>0$

(C) $a>|c|,b>0$　　(D) $|a|>c,b>0$

4. 判别下列二次型是否正定.

(1) $f(x_1,x_2,x_3)=-2x_1^2-6x_2^2-4x_3^2+2x_1x_2+2x_1x_3$

(2) $f(x_1,x_2,x_3,x_4)=x_1^2+3x_2^2+9x_3^2+19x_4^2-2x_1x_2+4x_1x_3+2x_1x_4-6x_2x_4-12x_3x_4$

5. 已知 $\boldsymbol{A},\boldsymbol{B}$ 都是 n 阶正定矩阵，求证 $\boldsymbol{A}+\boldsymbol{B}$ 的特征值全部大于零.

6. 已知 $\boldsymbol{A}$ 为 n 阶正定矩阵，证明 $|\boldsymbol{A}+\boldsymbol{E}|>1$.

5.4　应用举例

5.4.1　多元函数极值

在实际问题中经常要遇到求三元以上函数的极值问题，对此可由二次型的正定性加以解决.

定义 5.7　设 n 元函数 $f(\boldsymbol{X})=f(x_1,x_2,\cdots,x_n)$ 在 $\boldsymbol{X}=(x_1,x_2,\cdots,x_n)^{\mathrm{T}}\in R^n$ 的某个邻域内有一阶、二阶连续偏导数. 记 $\nabla f(\boldsymbol{X})=\left(\frac{\partial f(\boldsymbol{X})}{\partial x_1},\frac{\partial f(\boldsymbol{X})}{\partial x_2},\cdots,\frac{\partial f(\boldsymbol{X})}{\partial x_n}\right)$，$\nabla f(\boldsymbol{X})$ 称为函数 $f(\boldsymbol{X})$ 在点 $\boldsymbol{X}=(x_1,x_2,\cdots,x_n)^{\mathrm{T}}$ 处的梯度.

定义 5.8　满足 $\nabla f(\boldsymbol{X}_0)=0$ 的点 $\boldsymbol{X}_0$ 称为函数 $f(\boldsymbol{X})$ 的驻点.

定义 5.9　$\boldsymbol{H}(\boldsymbol{X})=\left(\frac{\partial^2 f(\boldsymbol{X})}{\partial x_i\partial x_j}\right)_{n\times n}=\begin{pmatrix}\frac{\partial^2 f(\boldsymbol{X})}{\partial x_1^2} & \frac{\partial^2 f(\boldsymbol{X})}{\partial x_1\partial x_2} & \cdots & \frac{\partial^2 f(\boldsymbol{X})}{\partial x_1\partial x_n}\\ \vdots & \vdots & & \vdots\\ \frac{\partial^2 f(\boldsymbol{X})}{\partial x_n\partial x_1} & \frac{\partial^2 f(\boldsymbol{X})}{\partial x_n\partial x_2} & \cdots & \frac{\partial^2 f(\boldsymbol{X})}{\partial x_n^2}\end{pmatrix}$ 称为函数 $f(\boldsymbol{X})=f(x_1,x_2,\cdots,x_n)$ 在点 $\boldsymbol{X}\in R^n$ 处的黑塞(Hessian)矩阵. 显然 $\boldsymbol{H}(\boldsymbol{X})$ 是由 $f(\boldsymbol{X})$ 的 n^2 个二阶偏导数构成的 n 阶实对称矩阵.

定理 5.6　(极值存在的必要条件)　设函数 $f(\boldsymbol{X})$ 在点 $\boldsymbol{X}_0=(x_1^0,x_2^0,\cdots,x_n^0)^{\mathrm{T}}$ 处存在一阶偏导数，且 $\boldsymbol{X}_0$ 为该函数的极值点，则 $\nabla f(\boldsymbol{X}_0)=0$.

定理 5.7　(极值的充分条件)　设函数 $f(\boldsymbol{X})$ 在点 $\boldsymbol{X}_0\in R^n$ 的某个邻域内具有一阶、二阶连续偏导数，且

$$\nabla f(\boldsymbol{X}_0)=\left(\frac{\partial f(\boldsymbol{X}_0)}{\partial x_1},\frac{\partial f(\boldsymbol{X}_0)}{\partial x_2},\cdots,\frac{\partial f(\boldsymbol{X}_0)}{\partial x_n}\right)=0$$

则

(1) 当 $\boldsymbol{H}(\boldsymbol{X}_0)$ 为正定矩阵时，$f(\boldsymbol{X}_0)$ 为 $f(\boldsymbol{X})$ 的极小值；

(2) 当 $\boldsymbol{H}(\boldsymbol{X}_0)$ 为负定矩阵时，$f(\boldsymbol{X}_0)$ 为 $f(\boldsymbol{X})$ 的极大值；

(3) 当 $\boldsymbol{H}(\boldsymbol{X}_0)$ 为不定矩阵时，$f(\boldsymbol{X}_0)$ 不是 $f(\boldsymbol{X})$ 的极值.

利用二次型的正定性来判断多元函数的极值虽然是一个很好的方法，但也有一定的

局限性，因为充分条件对正定和负定的要求是很严格的，若条件不满足，那结论就不一定成立.

例 5.9 求三元函数 $f(x,y,z)=x^2+2y^2+3z^2+2x+4y-6z$ 的极值.

解：先求驻点，由

$$\begin{cases} f_x=2x+2=0 \\ f_y=4y+4=0 \\ f_z=6z-6=0 \end{cases}$$

得 $x=-1,y=-1,z=1$. 所以驻点为 $\boldsymbol{P}_0(-1,-1,1)$.

再求(Hessian)黑塞矩阵. 因为

$$f_{xx}=2, f_{xy}=0, f_{xz}=0, f_{yy}=4, f_{yz}=0, f_{zz}=6,$$

所以 $\boldsymbol{H}=\begin{pmatrix} 2 & 0 & 0 \\ 0 & 4 & 0 \\ 0 & 0 & 6 \end{pmatrix}$，可知 $\boldsymbol{H}$ 是正定的，所以 $f(x,y,z)$ 在 $\boldsymbol{P}_0(-1,-1,1)$ 点取得极小值：$f(-1,-1,1)=-6$.

当然，此题也可用初等方法 $f(x,y,z)=(x+1)^2+2(y+1)^2+3(z-1)^2-6$ 求得极小值 -6，结果一样.

5.4.2 证明不等式

其证明思路是：首先构造二次型，然后利用二次型正(半)定性的定义或等价条件，判断该二次型(矩阵)为正(半)定矩阵，从而得到不等式.

例 5.10 求证：$9x^2+y^2+3z^2>2yz-4xy-2xz$(其中 x,y,z 是不全为零的实数).

证明：设二次型 $f(x,y,z)=9x^2+y^2+3z^2-2yz+4xy+2xz$，则 f 的矩阵是

$$\boldsymbol{A}=\begin{pmatrix} 9 & 2 & 1 \\ 2 & 1 & -1 \\ 1 & -1 & 3 \end{pmatrix},$$

因为 $\boldsymbol{A}$ 的各阶顺序主子式为：$|9|=9>0$；$\begin{vmatrix} 9 & 2 \\ 2 & 1 \end{vmatrix}=5>0$，$|\boldsymbol{A}|=1>0$. 所以，$\boldsymbol{A}$ 正定，从而 $f>0$.

且 x,y,z 是不全为零的实数，即

$$f(x,y,z)=9x^2+y^2+3z^2-2yz+4xy+2xz>0.$$

其中 x,y,z 是不全为零的实数，结论得证.

5.4.3 二次曲线

事实上，化简二次曲线并判断曲线的类型所用的坐标变换就是二次型中的可逆线性变换，因此可以利用二次型判断二次曲线的形状.

例 5.11　判断二次曲线 $x^2+4y^2-2-2xy+2x=0$ 的形状.

解:设 $f(x,y)=x^2+4y^2-2-2xy+2x$,令 $g(x,y,z)=x^2+4y^2-2z^2-2xy+2xz$,则 $f(x,y)=g(x,y,1)$.

对 $g(x,y,z)$ 实施可逆线性变换

$$\begin{cases} x_1=x-y+z \\ y_1=y+\dfrac{z}{3} \\ z_1=z \end{cases},\text{即}\begin{cases} x=x_1+y_1-\dfrac{4}{3}z_1 \\ y=y_1-\dfrac{z_1}{3} \\ z=z_1 \end{cases}$$

则 $g(x,y,z)=x_1^2+3y_1^2-\dfrac{10}{3}z_1^2$,从而 $f(x,y)=g(x,y,1)=x_1^2+3y_1^2-\dfrac{10}{3}=0$. 即

$$\frac{3}{10}x_1^2+\frac{9}{10}y_1^2=1,$$

故曲线 $x^2+4y^2-2-2xy+2x=0$ 表示椭圆.

参考答案

习题 1.1

1. (1) ×;(2) ×;(3) ×;(4) √.

2. $a=\frac{5}{3},b=-\frac{1}{3}$.

3. $\begin{pmatrix}0&1&1&1\\0&0&0&1\\1&0&0&1\\1&1&0&0\end{pmatrix}$.

4. $\begin{pmatrix}1&-1&1&2\\2&3&-1&-1\\4&1&1&1\\1&4&-2&3\end{pmatrix},\begin{pmatrix}1&-1&1&2&1\\2&3&-1&-1&-1\\4&1&1&1&0\\1&4&-2&3&-2\end{pmatrix}$.

5. $a=3,b=-3$.

习题 1.2

1. (1) ×;(2) ×;(3) √;(4) √.

2. (1) A;(2) D;(3) C;(4) D;(5) B.

3. $\begin{pmatrix}8&7&3\\-7&8&8\end{pmatrix}$.

4. $\boldsymbol{A}+3\boldsymbol{B}=\begin{pmatrix}9&-4\\3&6\\17&12\end{pmatrix},\boldsymbol{A}^{\mathrm{T}}-2\boldsymbol{B}^{\mathrm{T}}=\begin{pmatrix}4&3&-8\\1&-4&-3\end{pmatrix}$.

5. (1) $\begin{pmatrix}2&6&4\\1&3&2\\3&9&6\end{pmatrix}$;(2) (11);(3) $\begin{pmatrix}2&1\\4&3\\7&9\end{pmatrix}$;(4) $\begin{pmatrix}6&-1&2\\4&3&-6\end{pmatrix}$;(5) $\begin{pmatrix}-2&0\\1&0\\-3&0\end{pmatrix}$.

6. (1) $\begin{pmatrix}0&3&-4\\0&0&-1\\0&0&0\end{pmatrix}$;(2) $\boldsymbol{A}^{\mathrm{T}}\boldsymbol{B}=\begin{pmatrix}1&3&0\\2&6&0\\1&5&3\end{pmatrix},\boldsymbol{B}^{\mathrm{T}}\boldsymbol{A}=\begin{pmatrix}1&2&1\\3&6&5\\0&0&3\end{pmatrix}$.

7. $(\boldsymbol{A}-\boldsymbol{B})(\boldsymbol{A}+\boldsymbol{B})=\begin{pmatrix}0&-4&0\\2&-14&2\\-5&-11&-5\end{pmatrix}$, $\boldsymbol{A}^2-\boldsymbol{B}^2=\begin{pmatrix}-4&-8&2\\-3&-11&5\\-4&-10&-4\end{pmatrix}$.

8. $\begin{cases}x_1=3z_1-5z_2-z_3\\x_2=z_1-z_2+z_3\\x_3=5z_1-9z_2-z_3\end{cases}$.

9. (1) $\boldsymbol{A}^k=\begin{pmatrix}1&k\lambda\\0&1\end{pmatrix}$;(2) $\boldsymbol{B}^k=\begin{pmatrix}1&0\\k\lambda&1\end{pmatrix}$.

10. 略.

习题 1.3

1. (1) $\begin{pmatrix}1&1\\2&3\end{pmatrix}$;(2) $\begin{pmatrix}1/2&0&0\\0&1/3&0\\0&0&1/4\end{pmatrix}$.

2. 因为$\begin{pmatrix}1&2&3\\2&2&1\\3&4&3\end{pmatrix}\begin{pmatrix}1&3&-2\\-3/2&-3&5/2\\1&1&-1\end{pmatrix}=\begin{pmatrix}1&0&0\\0&1&0\\0&0&1\end{pmatrix}$,所以 $\boldsymbol{A}^{-1}=\begin{pmatrix}1&3&-2\\-3/2&-3&5/2\\1&1&-1\end{pmatrix}$.

$(\boldsymbol{A}^{\mathrm{T}})^{-1}=(\boldsymbol{A}^{-1})^{\mathrm{T}}=\begin{pmatrix}1&-3/2&1\\3&-3&1\\-2&5/2&-1\end{pmatrix}$.

3. $\boldsymbol{B}=\begin{pmatrix}4&0&0\\0&3&0\\0&0&4\end{pmatrix}$.

4. 证明:因为由 $\boldsymbol{A}^2-\boldsymbol{A}=2\boldsymbol{E}$ 可知 $\boldsymbol{A}(\boldsymbol{A}-\boldsymbol{E})=2\boldsymbol{E}$,所以 $\boldsymbol{A}$ 可逆,且 $\boldsymbol{A}^{-1}=\dfrac{\boldsymbol{A}-\boldsymbol{E}}{2}$. 同理有 $(\boldsymbol{A}+2\boldsymbol{E})(\boldsymbol{A}-3\boldsymbol{E})=-4\boldsymbol{E}$,所以 $\boldsymbol{A}+2\boldsymbol{E}$ 可逆,且 $(\boldsymbol{A}+2\boldsymbol{E})^{-1}=-\dfrac{1}{4}(\boldsymbol{A}-3\boldsymbol{E})$.

习题 1.4

1. $\boldsymbol{AB}=\begin{pmatrix}6&0&3&0\\0&6&0&3\\6&3&0&0\\-9&3&0&0\end{pmatrix}$, $\boldsymbol{BA}=\begin{pmatrix}5&0&2&1\\0&5&-3&1\\10&-1&1&0\\3&11&0&1\end{pmatrix}$.

2. 略.

3. (1) $\begin{pmatrix} 1 & -2 & 0 & 0 \\ -2 & 5 & 0 & 0 \\ 0 & 0 & 2 & -3 \\ 0 & 0 & -5 & 8 \end{pmatrix}$，(2) $\dfrac{1}{24}\begin{pmatrix} 24 & 0 & 0 & 0 \\ -12 & 12 & 0 & 0 \\ -12 & -4 & 8 & 0 \\ 3 & -5 & -2 & 6 \end{pmatrix}$.

习题 2.1

1. (1) D； (2) A；(3) B.

2. (1) $(x_1 \quad x_2 \quad x_3)^{\mathrm{T}} = \left(\dfrac{17}{3} \quad \dfrac{4}{3} \quad -2\right)^{\mathrm{T}}$；(2) $(x_1 \quad x_2 \quad x_3)^{\mathrm{T}} = (5 \quad 0 \quad 3)^{\mathrm{T}}$.

3. (1) $\begin{pmatrix} 1 & 0 & 0 & 5 \\ 0 & 0 & 1 & -3 \\ 0 & 0 & 0 & 0 \end{pmatrix}$；(2) $\begin{pmatrix} 0 & 1 & 0 & 5 \\ 0 & 0 & 1 & 3 \\ 0 & 0 & 0 & 0 \end{pmatrix}$；(3) $\begin{pmatrix} 1 & -1 & 0 & 2 & -3 \\ 0 & 0 & 1 & -2 & 2 \\ 0 & 0 & 0 & 0 & 0 \\ 0 & 0 & 0 & 0 & 0 \end{pmatrix}$.

4. $\boldsymbol{X} = \begin{pmatrix} 0 & 1 & 0 \\ 1 & 0 & 0 \\ 1 & 0 & 1 \end{pmatrix}$.

5. (1) $\begin{pmatrix} 2 & 3 \\ 1 & 4 \end{pmatrix}$；(2) $\begin{pmatrix} 1 & 1 & 2 \\ 0 & 1 & 1 \\ 0 & 0 & 1 \end{pmatrix}$；(3) $\begin{pmatrix} 22 & -6 & -26 & 17 \\ -17 & 5 & 20 & -13 \\ -1 & 0 & 2 & -1 \\ 4 & -1 & -5 & 3 \end{pmatrix}$.

6. (1) $\boldsymbol{X} = \begin{pmatrix} -3 & -1 \\ 2 & 1 \end{pmatrix}$；(2) $\boldsymbol{X} = \begin{pmatrix} 3/2 & 1/2 \\ 7/2 & 1/2 \end{pmatrix}$；(3) $\boldsymbol{X} = \begin{pmatrix} 32/41 & 20/41 \\ -18/41 & -1/41 \\ 15/41 & 35/41 \end{pmatrix}$.

7. $\boldsymbol{B} = \begin{pmatrix} -3 & 6 & 12 \\ -2 & 3 & 6 \\ 0 & 2 & 3 \end{pmatrix}$.

8. $\begin{cases} y_1 = -7x_1 - 4x_2 + 9x_3 \\ y_2 = 6x_1 + 3x_2 - 7x_3 \\ y_3 = 3x_1 + 2x_2 - 4x_3 \end{cases}$.

习题 2.2

1. (1) 3；(2) 2；(3) −3；(4) 2.

2. (1) $\begin{pmatrix}1&0&0&0&0\\0&1&0&0&0\\0&0&1&0&0\\0&0&0&0&0\end{pmatrix}$;(2) $\begin{pmatrix}1&0&0\\0&1&0\\0&0&1\\0&0&0\end{pmatrix}$.

3. (1) 2;(2) 3;(3) 3.

4. $a=1,b=-1$.

5. $\boldsymbol{P}=\begin{pmatrix}1&-1&0\\0&1&-1\\0&0&1\end{pmatrix}$;$\boldsymbol{Q}=\begin{pmatrix}1&0&0&2\\0&1&0&-1\\0&0&0&1\\0&0&1&0\end{pmatrix}$.

习题 2.3

1. (1) 0;(2) $-2,2$;(3) 1000;(4) 0;(5) 16,4.

2. (1) $(x_1,x_2)^{\mathrm{T}}=(-3,2)^{\mathrm{T}}$;(2) $(x_1,x_2)^{\mathrm{T}}=(5,7)^{\mathrm{T}}$.

3. (1) 0;(2) 1;(3) -2;(4) $1+a^3+b^3-3ab$.

4. $x=2$ 或 $x=3$.

5. (1) $-abcd$;(2) 25;(3) $(-1)^{n+1}n!$;(4) $(-1)^{n+1}n!$.

6. (1) -2;(2) -10;(3) 48;(4) 0.

7. (1) 0;(2) a^5+b^5;(3) $\left(a_1-\sum_{i=2}^{n}a_i^{-1}\right)\prod_{i=2}^{n}a_i$;(4) $-2(n-2)!$.

8. 略.

9. (1) -4;(2) 0.

习题 2.4

1. DDBCAA

2. $\boldsymbol{A}$ 可逆,$\boldsymbol{A}^{-1}=\begin{pmatrix}3/2&-1&1/2\\-5/2&2&-1/2\\-1/2&1&-1/2\end{pmatrix}$.

3. -27.

4. (1) ×;(2) √;(3) √;(4) ×;(5) ×;(6) √.

5. $r(\boldsymbol{A})=3$,最高阶非零子式 $\begin{vmatrix}1&-2&1\\3&-1&2\\2&1&3\end{vmatrix}=10$.

6. $(\boldsymbol{A}^*)^{-1}=\dfrac{1}{10}\begin{pmatrix}1&0&0\\2&2&0\\3&4&5\end{pmatrix}$.

7. $(\boldsymbol{A}^*)^{-1}=\begin{pmatrix}5&-2&-1\\-2&2&0\\-1&0&1\end{pmatrix}$.

8. $(x_1,x_2,x_3,x_4)^{\mathrm{T}}=\left(-\dfrac{6}{5},-\dfrac{12}{5},-\dfrac{18}{5},-\dfrac{9}{5}\right)^{\mathrm{T}}$.

9. $k=2,5,8$.

习题 3.1

1. (2)(5)是无解的;(4)有唯一解;(1)(3)有无穷多解.

2. D,D,C

3. (1) 无解;(2) 无穷解$(-2c,c+1,c)^{\mathrm{T}}$,c 为任意常数;(3) 唯一解$(0,1,0)^{\mathrm{T}}$.

4. (1) 通解为$(-c,c,c,0)^{\mathrm{T}}$,c 为任意常数;

(2) $(-c_1,c_1,0,0)^{\mathrm{T}}+(-2c_2,0,c_2,c_2)^{\mathrm{T}}$,$c_1,c_2$ 为任意常数.

5. $\lambda=1$.

6. 当 $p\neq2$ 时,方程组有唯一解;当 $p=2,t\neq1$ 时,方程组无解;当 $p=2,t=1$ 时,方程组有无穷多解,且解为$(0,-2c,c,0)^{\mathrm{T}}+(-8,3,0,2)^{\mathrm{T}}$,$c$ 为任意常数.

7. $\begin{cases}x_{11}+x_{12}=3\\x_{21}+x_{22}=2\\x_{31}+x_{32}=1\\x_{11}+x_{21}+x_{31}=4\\x_{12}+x_{22}+x_{32}=2\\x_{11}+x_{12}+x_{21}+x_{22}+x_{31}+x_{32}=6\end{cases}$, $\begin{pmatrix}x_{11}\\x_{12}\\x_{21}\\x_{22}\\x_{31}\\x_{32}\end{pmatrix}=\begin{pmatrix}1\\2\\2\\0\\1\\0\end{pmatrix}+\begin{pmatrix}c_1\\-c_1\\c_1\\c_1\\0\\0\end{pmatrix}+\begin{pmatrix}c_2\\-c_2\\0\\0\\-c_2\\c_2\end{pmatrix}$,$c_1,c_2$ 为任意常数.

习题 3.2

1. $\boldsymbol{\beta}=(6,-5,-1/2,1)^{\mathrm{T}}$.

2. 证明略,$\boldsymbol{\beta}=\alpha_1+2\alpha_2-\alpha_3$.

3. (1) $\boldsymbol{\beta}=4\boldsymbol{\alpha}_1+2\boldsymbol{\alpha}_2+3\boldsymbol{\alpha}_3$,(2) 不可以,(3) $\boldsymbol{\beta}=2\boldsymbol{\alpha}_1+3\boldsymbol{\alpha}_2+\boldsymbol{\alpha}_3$.

4. $k\neq0$,且 $k\neq-3$

习题 3.3

1. 向量组 $\boldsymbol{\alpha}_1,\boldsymbol{\alpha}_2,\boldsymbol{\alpha}_3$ 线性相关. 向量组 $\boldsymbol{\alpha}_1,\boldsymbol{\alpha}_2$ 线性无关.

2. (1) 线性无关;(2) 线性相关;(3) 线性相关;(4) 线性无关.

3. 证明略.

4. 证明略.

5. $t=-1$ 或 $t=2$.

6. $t\neq 5$.

7. -17

习题 3.4

1. 记 $\boldsymbol{A}=(\boldsymbol{\alpha}_1,\boldsymbol{\alpha}_2,\boldsymbol{\alpha}_3,\boldsymbol{\alpha}_4,\boldsymbol{\alpha}_5)$，$\boldsymbol{\alpha}_1,\boldsymbol{\alpha}_2,\boldsymbol{\alpha}_4$ 为一个极大无关组，且 $\boldsymbol{\alpha}_3=-\boldsymbol{\alpha}_1-\boldsymbol{\alpha}_2$，$\boldsymbol{\alpha}_5=4\boldsymbol{\alpha}_1+3\boldsymbol{\alpha}_2-3\boldsymbol{\alpha}_4$.

2. (1) $r(\boldsymbol{\alpha}_1,\boldsymbol{\alpha}_2,\boldsymbol{\alpha}_3,\boldsymbol{\alpha}_4)=2$，$\boldsymbol{\alpha}_1,\boldsymbol{\alpha}_2$ 是极大无关组；$\boldsymbol{\alpha}_3=-\boldsymbol{\alpha}_1+2\boldsymbol{\alpha}_2$，$\boldsymbol{\alpha}_4=-2\boldsymbol{\alpha}_1+3\boldsymbol{\alpha}_2$.

(2) $r(\boldsymbol{\alpha}_1,\boldsymbol{\alpha}_2,\boldsymbol{\alpha}_3,\boldsymbol{\alpha}_4)=2$，且 $\boldsymbol{\alpha}_1,\boldsymbol{\alpha}_2$ 是极大无关组；$\boldsymbol{\alpha}_3=\frac{3}{2}\boldsymbol{\alpha}_1-\frac{7}{2}\boldsymbol{\alpha}_2$，$\boldsymbol{\alpha}_4=\boldsymbol{\alpha}_1+2\boldsymbol{\alpha}_2$.

(3) $r(\boldsymbol{\alpha}_1,\boldsymbol{\alpha}_2,\boldsymbol{\alpha}_3,\boldsymbol{\alpha}_4)=2$，且 $\boldsymbol{\alpha}_1,\boldsymbol{\alpha}_2$ 是极大无关组；$\boldsymbol{\alpha}_3=\frac{4}{3}\boldsymbol{\alpha}_1-\frac{1}{3}\boldsymbol{\alpha}_2$，$\boldsymbol{\alpha}_4=\frac{13}{3}\boldsymbol{\alpha}_1+\frac{2}{3}\boldsymbol{\alpha}_2$.

3. $a=2,b=5$.

4. (1) $t=3$ 时，则 $r(\boldsymbol{\alpha}_1,\boldsymbol{\alpha}_2,\boldsymbol{\alpha}_3,\boldsymbol{\alpha}_4)=2$，且 $\boldsymbol{\alpha}_1,\boldsymbol{\alpha}_2$ 是极大无关组.

(2) $t\neq 3$ 时，则 $r(\boldsymbol{\alpha}_1,\boldsymbol{\alpha}_2,\boldsymbol{\alpha}_3,\boldsymbol{\alpha}_4)=3$，且 $\boldsymbol{\alpha}_1,\boldsymbol{\alpha}_2,\boldsymbol{\alpha}_3$ 是极大无关组.

5. 证明略.

6. 证明略.

习题 3.5

1. (1) $\xi=\left(\frac{4}{3},-3,\frac{4}{3},1\right)^{\mathrm{T}}$

(2) $\xi_1=\left(-\frac{1}{2},1,0,0\right)^{\mathrm{T}}$，$\xi_2=\left(\frac{1}{2},0,1,0\right)^{\mathrm{T}}$.

2. (1)原方程组的一个特解：$\boldsymbol{\eta}=\left(\frac{3}{5},0,\frac{4}{5},0,0\right)^{\mathrm{T}}$，导出组的基础解系为：

$$\xi_1=(-3,1,0,0,0)^{\mathrm{T}},\xi_2=(\frac{7}{5},0,\frac{1}{5},1,0)^{\mathrm{T}},\xi_3=(\frac{1}{5},0,-\frac{2}{5},0,1)^{\mathrm{T}}$$

原方程组的全部解为：$\boldsymbol{x}=c_1\xi_1+c_2\xi_2+c_3\xi_3+\boldsymbol{\eta}$.

(2) 特解：$\boldsymbol{\eta}=(-1,2,0)^{\mathrm{T}}$，基础解系：$\xi=(-2,1,1)^{\mathrm{T}}$. 即得方程组的全部解为：$\boldsymbol{x}=c\xi+\boldsymbol{\eta}$.

3. 证明略.

4. 证明略.

5. 通解为：$(1,2,3,4)^{\mathrm{T}}+c(2,3,4,5)^{\mathrm{T}}$.

习题 4.1

1. (1) $\lambda_1=-1, \boldsymbol{p}_1=(-1,1)^{\mathrm{T}}$; $\lambda_2=6, \boldsymbol{p}_2=(2,5)^{\mathrm{T}}$;

(2) $\lambda_1=2, \boldsymbol{p}_1=(-1,1,1)^{\mathrm{T}}$; $\lambda_2=\lambda_3=1, \boldsymbol{p}_2=(-2,1,0)^{\mathrm{T}}$;

(3) $\lambda_1=-1, \boldsymbol{p}_1=(-4,1,1)^{\mathrm{T}}$; $\lambda_2=\lambda_3=2, \boldsymbol{p}_2=(0,1,0)^{\mathrm{T}}, \boldsymbol{p}_3=(-1,0,1)^{\mathrm{T}}$.

2. $x=4, y=-1$.

3. 证明略.

4. 证明略.

5. (1) $-2,2,-4$; (2) $1,5,11$.

6. A

习题 4.2

1. $5, \dfrac{1}{25}$.

2. $x=-17, y=-12$.

3. (1) 不能对角化.

(2) 能, $\boldsymbol{P}=\begin{pmatrix}-4 & 0 & -1\\ 1 & 1 & 0\\ 1 & 0 & 1\end{pmatrix}, \boldsymbol{\Lambda}=\begin{pmatrix}-1 & 0 & 0\\ 0 & 2 & 0\\ 0 & 0 & 2\end{pmatrix}$.

4. $\begin{pmatrix}\dfrac{5}{6}4^n+\dfrac{1}{6}(-2)^n & \dfrac{1}{6}4^n-\dfrac{1}{6}(-2)^n\\ \dfrac{5}{6}4^n-\dfrac{5}{6}(-2)^n & \dfrac{1}{6}4^n+\dfrac{5}{6}(-2)^n\end{pmatrix}$

5. 证明略.

6. $\begin{pmatrix}3-3\cdot 2^n+3^n & -\dfrac{5}{2}+2^{n+2}-\dfrac{3^{n+1}}{2} & \dfrac{1}{2}-2^n+\dfrac{3^n}{2}\\ 3-3\cdot 2^{n+1}+3^{n+1} & -\dfrac{5}{2}+2^{n+3}-\dfrac{3^{n+2}}{2} & \dfrac{1}{2}-2^{n+1}+\dfrac{3^{n+1}}{2}\\ 3-3\cdot 2^{n+2}+3^{n+2} & -\dfrac{5}{2}+2^{n+4}-\dfrac{3^{n+3}}{2} & \dfrac{1}{2}-2^{n+2}+\dfrac{3^{n+2}}{2}\end{pmatrix}$.

7. $x=0, y=1$. $\boldsymbol{P}=\begin{pmatrix}1 & 0 & 0\\ 0 & 1 & 1\\ 0 & 1 & -1\end{pmatrix}$.

习题 4.3

1. (1)(2)(3)都是.

2. $a=\dfrac{1}{3}, b=0$.

3. 证明略.

4. 证明略.

5. $\boldsymbol{e}_1=\dfrac{1}{\sqrt{2}}\begin{pmatrix}1\\-1\\0\end{pmatrix}, \boldsymbol{e}_2=\dfrac{1}{\sqrt{6}}\begin{pmatrix}1\\1\\2\end{pmatrix}, \boldsymbol{e}_3=\dfrac{1}{\sqrt{3}}\begin{pmatrix}1\\1\\-1\end{pmatrix}$.

6. (1) 6,1;(2) $\sqrt{7}$, $\sqrt{15}$, $\sqrt{10}$;

(3) $t_1(-5,3,1,0)^{\mathrm{T}}+t_2(5,-3,0,1)^{\mathrm{T}}$.

习题 4.4

1. (1) $(1,0,1)^{\mathrm{T}}$;(2)$\mathbf{A}=\dfrac{1}{6}\begin{pmatrix}13 & -2 & 5\\-2 & 10 & 2\\5 & 2 & 13\end{pmatrix}$.

2. (1) $\boldsymbol{Q}=\begin{pmatrix}-2/\sqrt{5} & 2/3\sqrt{5} & -1/3\\1/\sqrt{5} & 4/3\sqrt{5} & -2/3\\0 & 5/3\sqrt{5} & 2/3\end{pmatrix}$. (2)$\boldsymbol{Q}=\begin{pmatrix}1/\sqrt{6} & -1/\sqrt{2} & 1/\sqrt{3}\\1/\sqrt{6} & 1/\sqrt{2} & 1/\sqrt{3}\\-2/\sqrt{6} & 0 & 1/\sqrt{3}\end{pmatrix}$.

3. (1)$x=4, y=5$,

(2)$\boldsymbol{Q}=\begin{pmatrix}2/3 & -1/\sqrt{2} & -1/3\sqrt{2}\\1/3 & 0 & 4/3\sqrt{2}\\2/3 & 1/\sqrt{2} & -1/3\sqrt{2}\end{pmatrix}$.

习题 5.1

1. 不是

2. 3;平方项.

3. B

4. (1) $\begin{pmatrix}0 & 1 & 1\\1 & 1 & -3\\1 & -3 & 0\end{pmatrix}$ (2) $\begin{pmatrix}1 & 2 & 0 & 0\\2 & 2 & 1 & 0\\0 & 1 & 3 & 0\\0 & 0 & 0 & 0\end{pmatrix}$

5. (1) $f(x_1,x_2,x_3)= x_2^2+ 2x_1x_3$

(2) $f(x_1,x_2,x_3,x_4)=x_1^2+x_2^2+x_3^2+x_4^2-2x_1x_2+4x_1x_3-2x_1x_4+6x_2x_3-4x_2x_4$

6. $t=\pm\sqrt{2}$

习题 5.2

1. (1) **A** 的所有特征值为 $\lambda_1=a,\lambda_2=a-2,\lambda_2=a+1$

(2) $a=2$

2. 标准型：$y_1^2+y_2^2+5y_3^2$.

3. 标准型：$f=y_1^2-2y_2^2+2y_3^2$，正惯性指数：$p=2$，负惯性指数：$q=1$

规范性：$f=z_1^2-z_2^2+z_3^2$

习题 5.3

1. >1
2. D
3. C
4. (1) 否　(2) 是
5. 略.
6. 略.